图解 室内设计

效果图手绘表现技法

线条 · 透视 · 比例 · 结构 · 构图 · 笔触 · 着色

高鑫　张啸风　吴珊 —— 编著

人民邮电出版社
北京

图书在版编目（CIP）数据

图解室内设计效果图手绘表现技法 / 高鑫，张啸风，
吴珊编著. -- 北京 : 人民邮电出版社，2021.4（2022.11 重印）
ISBN 978-7-115-54885-6

Ⅰ. ①图… Ⅱ. ①高… ②张… ③吴… Ⅲ. ①室内装
饰设计－绘画技法 Ⅳ. ①TU204.11

中国版本图书馆CIP数据核字(2020)第175472号

内 容 提 要

这是一本讲解室内设计效果图手绘表现技法的专业教程。全书共 6 章：第 1 章概述了室内设计手绘，第 2 章讲解的是室内设计手绘基础知识，第 3 章讲解的是室内家具陈设表现技法，第 4 章讲解的是室内空间线稿图表现技法，第 5 章讲解的是室内设计效果图上色技法，第 6 章讲解的是手绘在室内快题设计中的应用。

本书适合室内设计专业的学生和初级室内设计师使用，也可以作为室内设计手绘培训机构的教材。

◆ 编　　著　高　鑫　张啸风　吴　珊
责任编辑　王振华
责任印制　马振武
◆ 人民邮电出版社出版发行　北京市丰台区成寿寺路 11 号
邮编　100164　电子邮件　315@ptpress.com.cn
网址　https://www.ptpress.com.cn
天津图文方嘉印刷有限公司印刷
◆ 开本：787×1092　1/16
印张：12　　2021 年 4 月第 1 版
字数：400 千字　　2022 年 11 月天津第 4 次印刷

定价：99.80 元

读者服务热线：(010)81055410　印装质量热线：(010)81055316
反盗版热线：(010)81055315
广告经营许可证：京东市监广登字 20170147 号

推荐

看过这本书后很受触动，本书不同于传统的技法类图书，它从一个全新的视角很好地诠释了“新”字，以全面、专业、新颖的方式讲解室内设计手绘的表现技法，并力图把手绘技法与设计思维结合起来。本书用了较大篇幅对马克笔的各类技法进行了全面详尽的阐述，将作者在手绘教学中发现的各类常见问题进行收集、归纳、整理，分析问题产生的原因，并采用了直观的对比讲评方式，深入浅出、循序渐进，让学生更易于理解与接受，从而达到事半功倍的效果。书中的作品线稿透视严谨，着色干净利落，材质表达贴切，是一本专业性和针对性都很强的专业教程。

——耿庆雷　山东理工大学美术学院教授

艺道酬痴，业精于悟。本书作者多年来坚持不懈，用心灵去感知、体悟手绘艺术的真谛，继而以纸笔为载体向我们诠释室内设计手绘的美好。

——梁树森　画家、山西省美术家协会会员

曾经有人说过：“建筑课第一年中那些令人厌烦的描点画线练习，在建筑上确实有其重要性。”而本书的作者就将这些看似枯燥无趣的练习变得轻松有趣，化腐朽为神奇，潜移默化地带你走入设计殿堂。

——刘峥　腾远建筑设计有限公司第一设计研究院景观院长

在科技发展日新月异的今天，数字化的标志、海报、效果图占据了主流设计市场，同时也使人们产生了审美疲劳。传统的手绘表现依然以独有的艺术魅力，跨越时间与空间的界限，在设计领域不断地传承与创新。无论是设计草图的随手勾勒还是设计创意的完整展现，又或是与客户沟通中的灵光一闪，像本书作者这样的设计师们依然在用行云流水般的线条表达着自己对设计事业的执着与热爱。

——张博　山东青年政治学院设计艺术学院院长

前言

在室内设计发展的历程中，室内设计手绘扮演着十分重要的角色。手绘效果图是将设计想法快速表达出来的最佳方式。首先，设计效果图是搭建在设计师和客户之间的重要桥梁，设计师用线条、色块、空间将自己的设计理念表现出来，与客户进行沟通、交流。其次，手绘能力是室内设计师必须具备的专业技能，是设计师专业素质、人文修养和审美能力的体现。手绘效果图比用计算机软件绘制的效果图更自然生动，更具有艺术感染力。因此，手绘表达形式在前期方案设计阶段具有举足轻重的作用，并且成为设计领域不可替代的一种内容表达方式。基于设计艺术的不断深化，本书在内容和结构上力求将艺术性和专业性融会贯通，体现了多视角、多层次的审美取向，激发学生对设计手绘基础知识和手绘技法应用的深层次思考，并使之牢固掌握室内设计手绘的技法和设计应用。

室内设计手绘作为一种创意表达方式，能够快速捕捉设计灵感，提高设计效率。对于艺术设计专业的学生来讲，用手绘草图的形式搜集资料也是一种非常实用的方法，它能全方位地提高学生的观察能力、感受能力、造型能力和审美能力，以及创造性思维能力；对于设计师来讲，手绘草图具有不可替代的作用，是设计师表达方案构思的一种直观、生动的方式，也是方案从构思到落地的一个重要参考。总之，一名优秀的室内设计师，不仅要有好的构思和创意，还需要通过恰当的表现形式将其表达出来。手绘这一图解方式是表达设计创意与构思，以及捕捉记忆最直接、最有效的手段。

虽然我们在本书的编写过程中力求完美，但由于水平有限，难免会有疏漏之处，敬请广大读者指正，并提出宝贵意见。

编者

资源与支持

本书由“数艺设”出品，“数艺设”社区平台（www.shuyishe.com）为您提供后续服务。

配套资源

室内设计效果图手绘讲解视频

资源获取请扫码

“数艺设”社区平台，为艺术设计从业者提供专业的教育产品。

与我们联系

我们的联系邮箱是 szys@ptpress.com.cn。如果您对本书有任何疑问或建议，请您发邮件给我们，并请在邮件标题中注明本书书名及 ISBN，以便我们更高效地做出反馈。

如果您有兴趣出版图书、录制教学课程，或者参与技术审校等工作，可以发邮件给我们；有意出版图书的作者也可以到“数艺设”社区平台在线投稿（直接访问 www.shuyishe.com 即可）。如果学校、培训机构或企业想批量购买本书或“数艺设”出版的其他图书，也可以发邮件联系我们。

如果您在网上发现针对“数艺设”出品图书的各种形式的盗版行为，包括对图书全部或部分内容的非授权传播，请您将怀疑有侵权行为的链接通过邮件发给我们。您的这一举动是对作者权益的保护，也是我们持续为您提供有价值的内容的动力之源。

关于“数艺设”

人民邮电出版社有限公司旗下品牌“数艺设”，专注于专业艺术设计类图书出版，为艺术设计从业者提供专业的图书、U 书、课程等教育产品。出版领域涉及平面、三维、影视、摄影与后期等数字艺术门类，字体设计、品牌设计、色彩设计等设计理论与应用门类，UI 设计、电商设计、新媒体设计、游戏设计、交互设计、原型设计等互联网设计门类，环艺设计手绘、插画设计手绘、工业设计手绘等设计手绘门类。更多服务请访问“数艺设”社区平台 www.shuyishe.com。我们将提供及时、准确、专业的学习服务。

目录

目录

目录

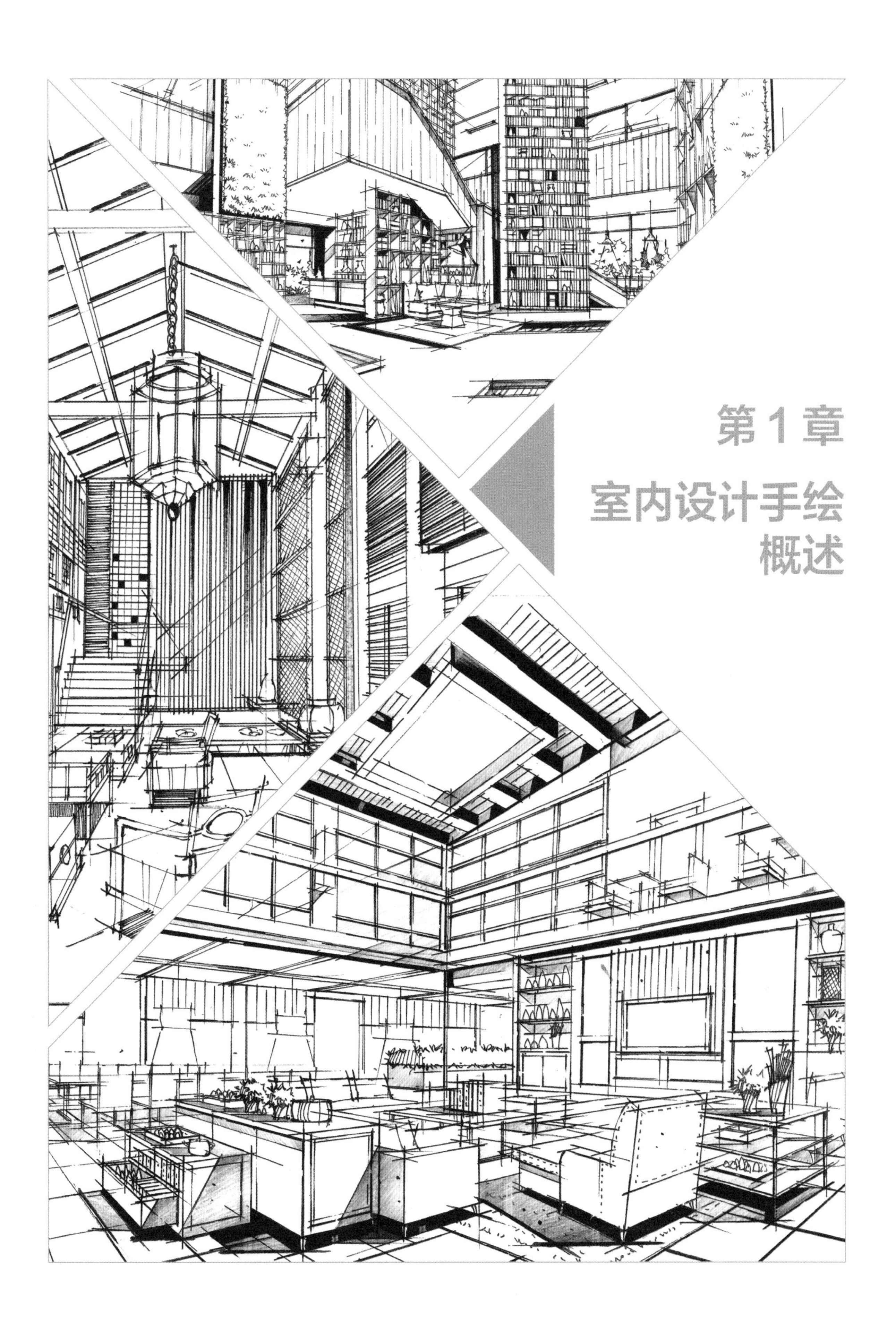

第1章 室内设计手绘概述

1.1 学习手绘的意义

第 1 点，手绘是表达设计最直接、简单、有效的方法。只要有纸和笔就可以随时交流设计想法，不会受到外在设备的限制。

第 2 点，掌握了手绘技能，就可以随时积累设计素材，提高设计素养，有助于养成良好的学习习惯。

第 3 点，纸面手绘是软件手绘表现的基础，掌握了纸面手绘技法可以提高软件手绘的表现能力。

1.2 如何快速掌握手绘方法与技巧

1.2.1 摆正心态

“欲速则不达，慢就是快”。笔者从事培训教育工作多年，接触了大量的手绘学习者，一般初学者的心态变化过程为兴奋→焦虑→烦躁→无感→心态放平→小有成就感。

冰冻三尺非一日之寒。学习手绘是一个循序渐进的过程，不可操之过急。很多初学者学习手绘不能坚持下去的主要原因是方法不对和“求胜心切”，希望一两天就能掌握手绘的方法和技巧。其实只要掌握了正确、系统的学习方法，学好手绘并不难，而且很快。一般情况下，设计表现用 15~20 天即可掌握，但很多人断断续续地用了一年的时间也没学好，主要原因是心态不够平稳。

1.2.2 系统学习

系统学习手绘需要依次解决以下问题：线条、透视、比例、结构、构图、笔触和着色等。线稿是根本，没有扎实的线稿绘制能力，就无法理解空间的结构与细节，在不理想的线稿上着色肯定也会出问题。

1.3 手绘的常用工具

“工欲善其事，必先利其器”，想要学好手绘就需要掌握不同手绘工具的特点和使用方法。本节将对常用的工具材料进行详细讲解，主要包括绘图纸张、手绘线稿工具、手绘着色工具和辅助绘图工具等。

1.3.1 绘图纸张

室内设计手绘所用的纸张一般为复印纸、绘图纸和硫酸纸等。复印纸根据纸张尺寸分为 A3、A4、B5 等，根据克重分为 70 克和 80 克等。绘图纸根据纸张尺寸一般分为 A3、A1、A2、A0 等，根据克重分为 100 克、120 克和 150 克等。下面简单介绍 3 种绘图纸的特点和用途。

注：克重是纸张定量的俗称，如“70 克”是指纸张定量为每平方米 70 克。

1. 80 克 A3 复印纸

这种纸的纸面光滑、吸色，纸张较薄，但韧性较好，适合绝大部分场景的线稿绘制。初学者学习马克笔着色时也可以使用这种纸，虽然马克笔的颜色会在纸面上产生渗透，但是熟练后是可以控制的。

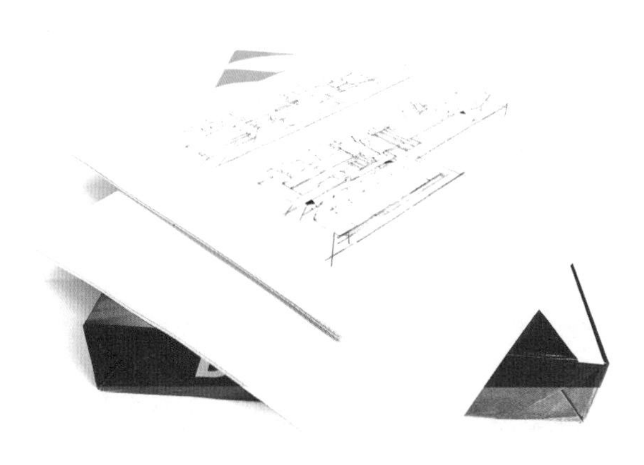

2. 120 克 A3 绘图纸

这种纸比较厚实，吸水性强，适合所有的线稿和马克笔着色练习使用，是相对比较理想的纸张。着色时一般不会出现渗透现象，笔触明确，表现力强，推荐使用。

3. 硫酸纸

这种纸呈半透明状态，适合设计初期的方案构思和草图绘制，方便叠加笔迹和修改方案。

1.3.2 手绘线稿工具

室内设计手绘线稿的常用工具有自动铅笔和绘图笔。自动铅笔适合初学者前期起稿使用，熟练后可以直接用绘图笔绘制。接下来分别介绍几种常用的自动铅笔和绘图笔。

1. 自动铅笔

自动铅笔适用于前期的草图绘制和起稿，建议选用 0.5mm HB 型号的自动铅笔。自动铅笔的种类和品牌较多，推荐使用笔头端相对重一点的笔，使用起来会更加顺手，如防疲劳的自动铅笔。

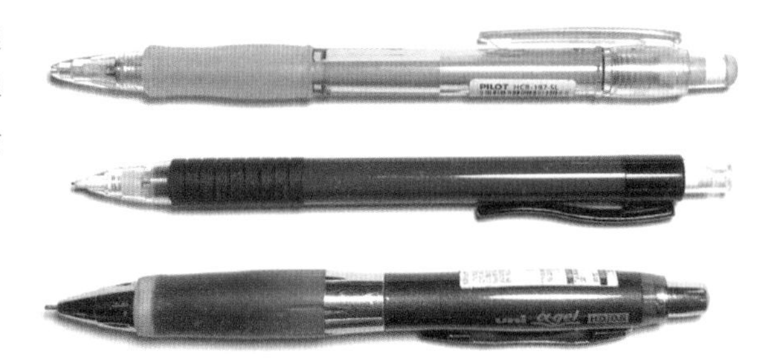

2. 绘图笔

绘图笔的种类很多，根据笔者多年的使用经验，推荐使用晨光会议笔、派通草图笔和红环一次性针管笔这 3 种。晨光会议笔又称“小红帽”，是初学者常用的线稿绘制工具，笔头耐磨，性价比高；派通草图笔的笔头是鸭嘴形，可宽可窄，便于表达局部结构的素描关系，但初学者刚开始使用不是很顺手，需要适应一段时间；红环一次性针管笔建议使用 0.4mm 笔头的，其特点是出水顺畅、不卡顿，笔头不易磨损，同样这种笔也适合有一定基础的学习者使用。

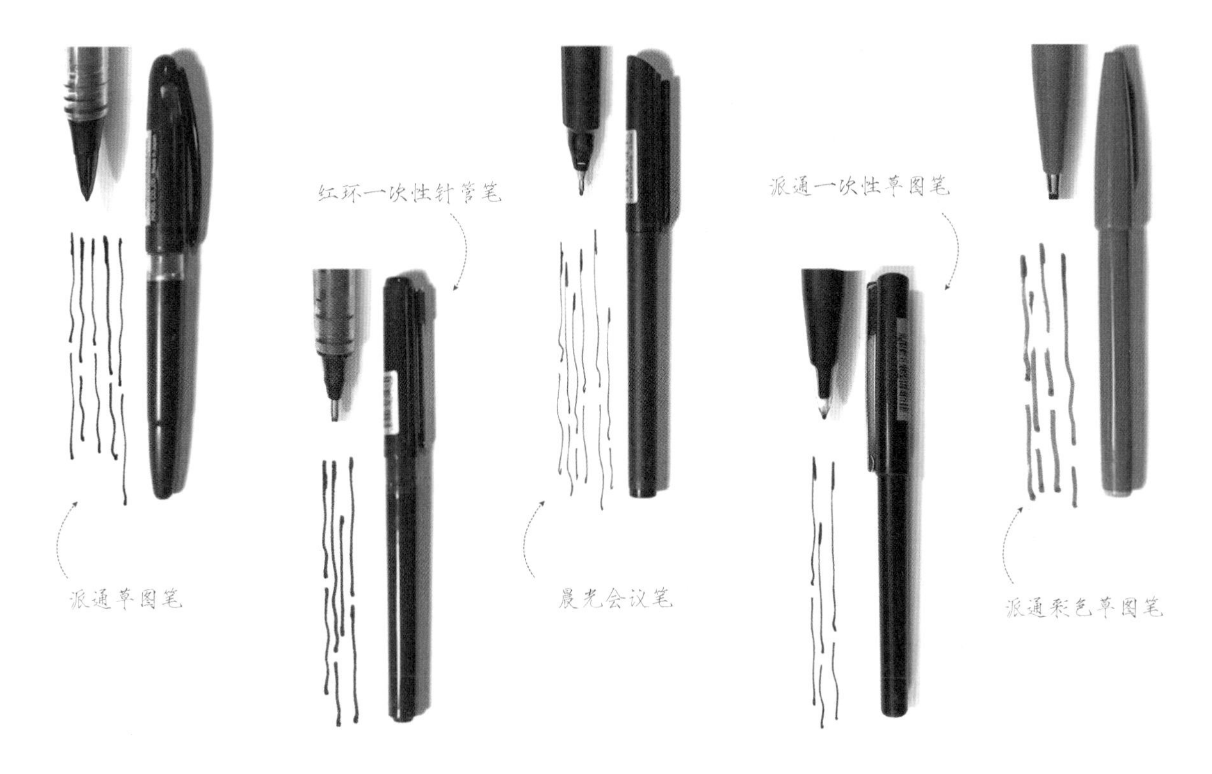

几种绘图笔所绘线条的特点

派通草图笔绘制出的线条笔触犀利，线条棱角分明、表现力强；红环针管笔所绘线条的特点是笔触圆润，线条更加流畅；晨光会议笔所绘线条和派通草图笔的效果接近，线条比较犀利，适合初学者使用；转动派通一次性草图笔的笔头可以画出粗细不同的线条，绘制出的线条有动态变化，推荐成图绘制时使用；派通彩色草图笔绘制的线条较粗，适合画草图时使用。

1.3.3 手绘着色工具

室内设计手绘着色工具一般包括马克笔、彩铅和提亮笔，下面分别介绍一下这些笔的特点和用途。

1. 马克笔

马克笔是室内设计手绘效果图的主要色彩表达工具，其特点是使用方便、快捷，颜色种类较多，笔触明显、覆盖力强，适合设计表现和快速表达。但是对使用者的要求较高，需要系统练习一段时间才能上手使用，特别是对笔触的练习和掌握。

马克笔的品牌很多，常用的品牌有 AD、斯塔、千彩乐、Touch 和法卡勒等。不同品牌的马克笔的颜色和笔头大小稍有差异，初学者可以根据自己的需要进行选择。

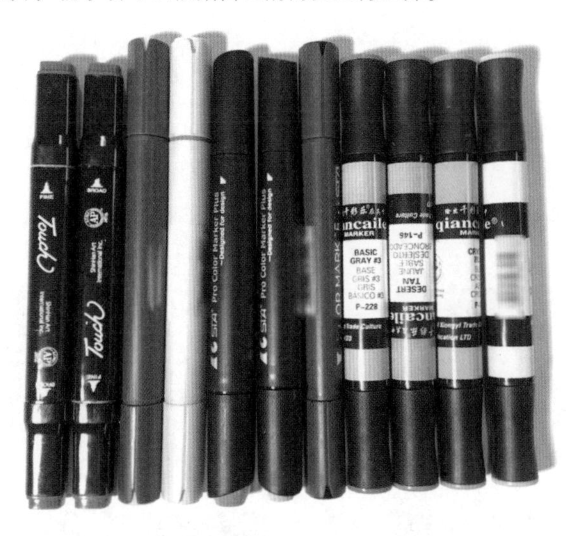

下面和下页所示为笔者常用的马克笔色号，供初学者参考。

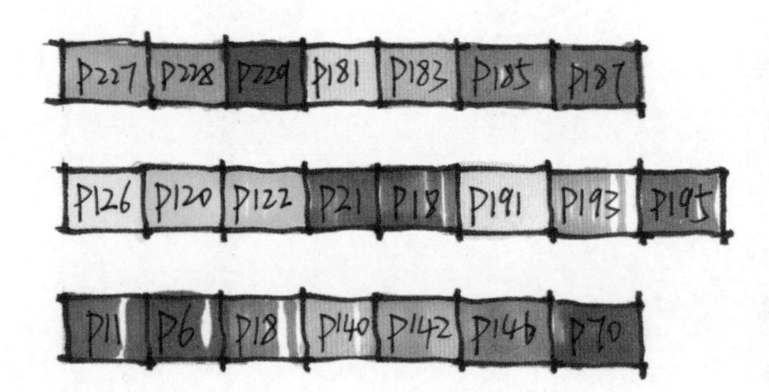

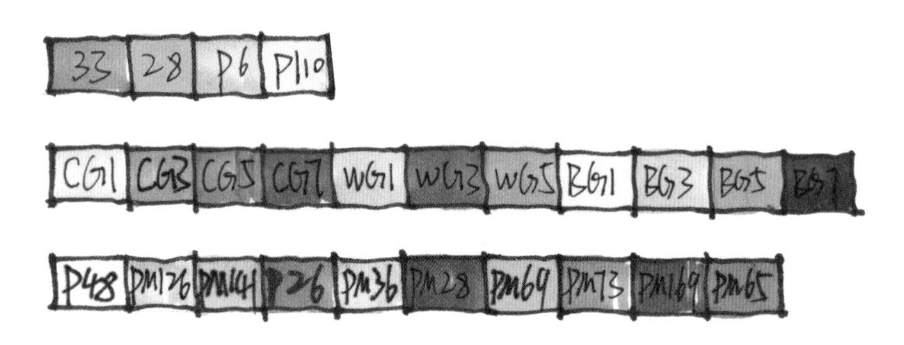

2. 彩铅

彩铅在室内快速表达过程中主要作为辅助工具，其特点是能够细致地还原材质的效果，但刻画物体所需的时间较长，因此一般在着色阶段配合马克笔使用。用彩铅绘制的物体过渡细腻，在线稿阶段也可以配合黑色马克笔使用来强调光影关系。

彩铅主要分为油性和水溶性两大类。水溶性彩铅能够很好地与马克笔配合，是目前室内设计手绘常用的工具。市面上的彩铅品牌很多，有辉柏嘉、马可、利百代等，建议初学者使用 36 色的辉柏嘉彩铅，性价比较高。

3. 提亮笔

提亮笔的种类很多，比较好用的是三菱牌的提亮笔，出水很流畅。提亮笔主要用于对金属材质、玻璃等反光材质的刻画和修改，但不宜过度使用。笔者建议初学者少用提亮笔，因为很多时候可以用自然留白的方式来体现高光。

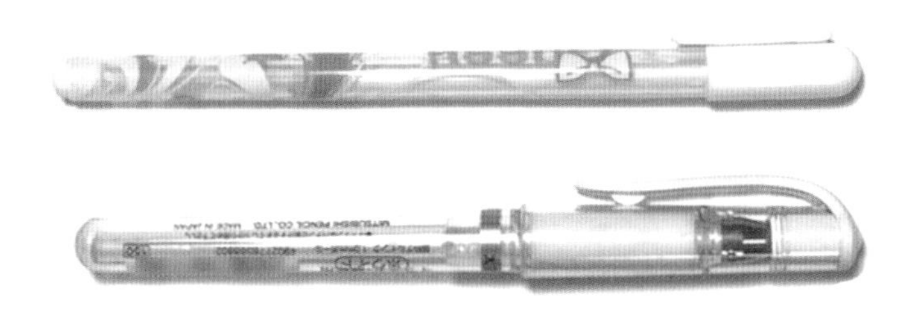

1.3.4 辅助绘图工具

辅助绘图工具包括绘图尺和其他辅助工具（如橡皮、转笔刀和桌面清洁工具等）。

1. 绘图尺

绘图尺主要有直尺、三角尺、平行尺等，这里重点介绍平行尺的使用方法。

平行尺在室内手绘中使用频率最高，其自带滚轮，推拉的过程中很容易绘制出平行线，能提高线稿的绘制速度。

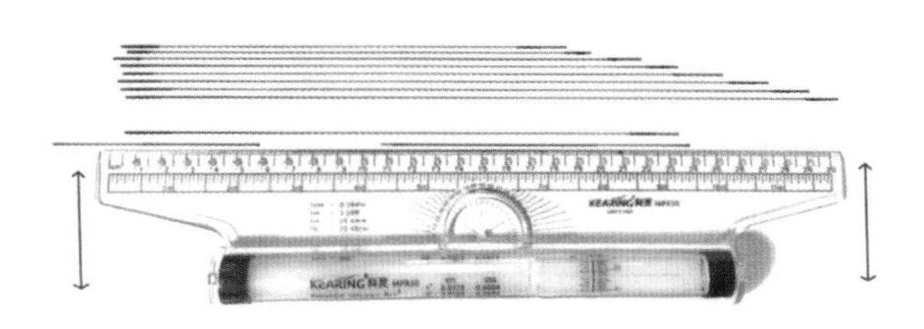

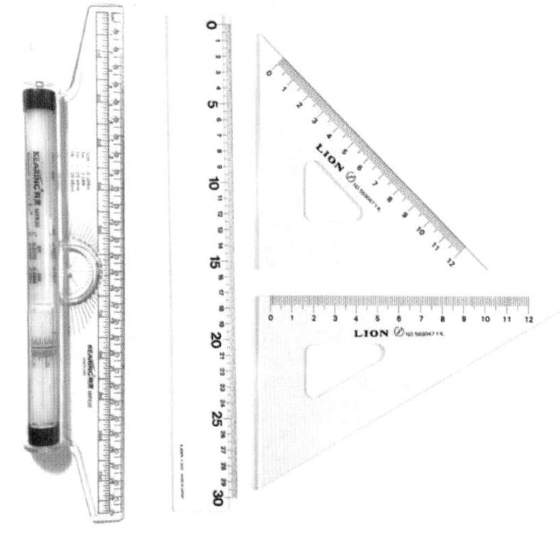

2. 其他辅助工具

橡皮、转笔刀、桌面清洁工具等种类繁多，初学者可以根据自己的需要自行购买。

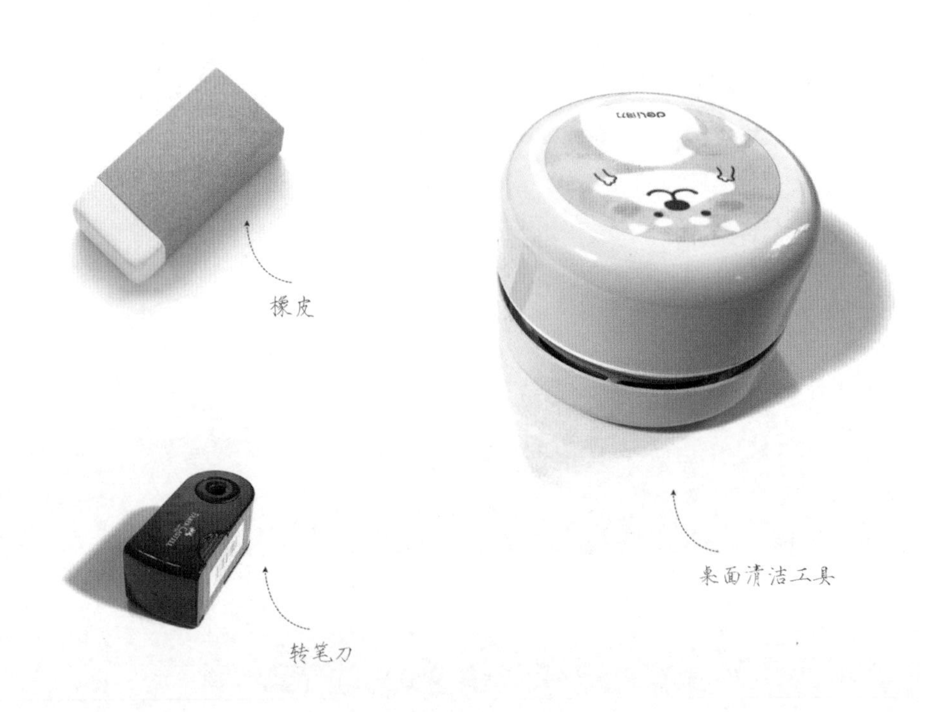

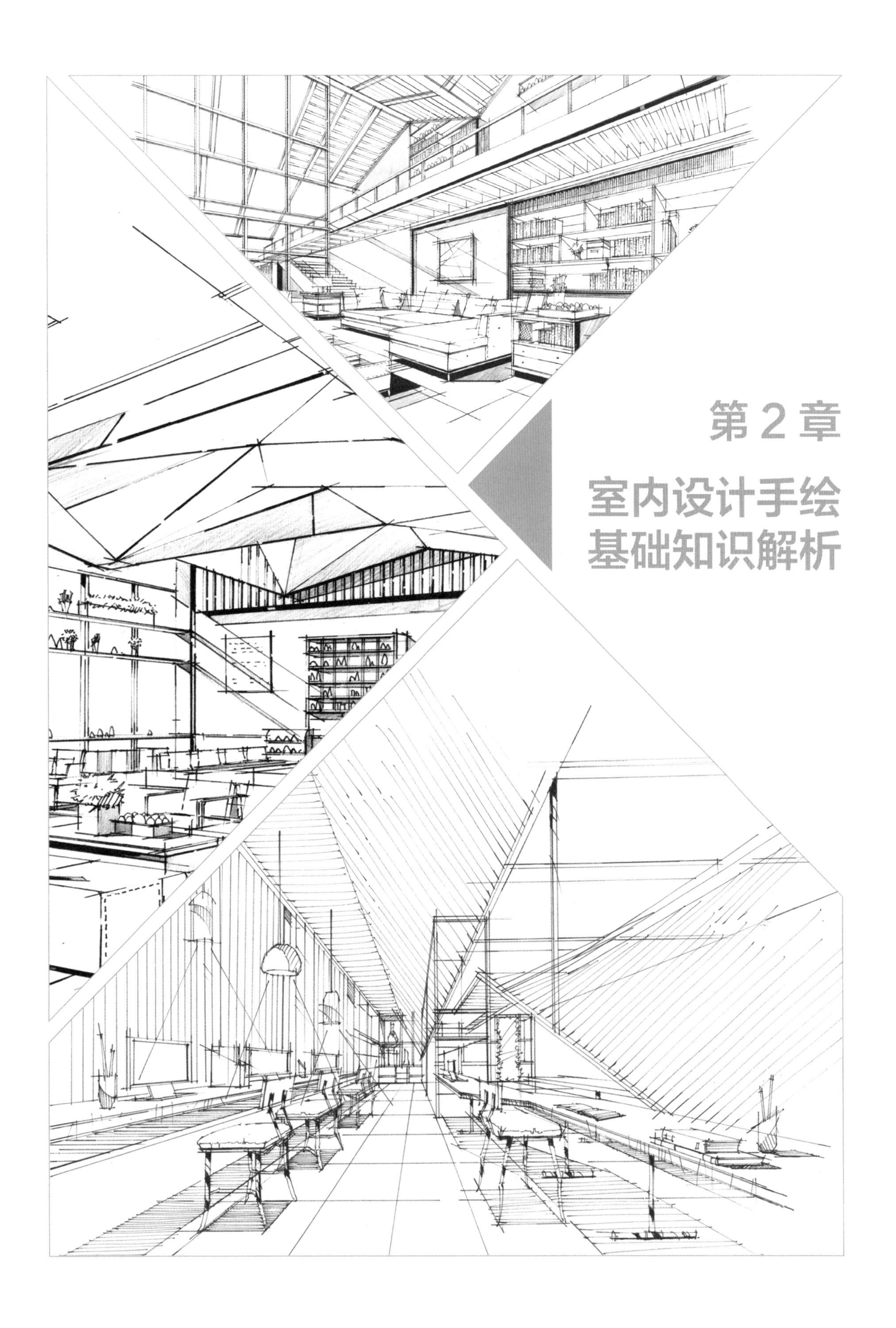

第 2 章

室内设计手绘基础知识解析

2.1 坐姿与握笔方式

练习手绘之前一定要注意坐姿和握笔的方式，初学者掌握了正确的绘图姿势和握笔方式能够受益终生，同时正确的姿势有助于快速掌握手绘技巧，从而达到事半功倍的效果。相反，如果绘图姿势不正确，握笔方式不对，那么想要快速掌握手绘技巧就很难。

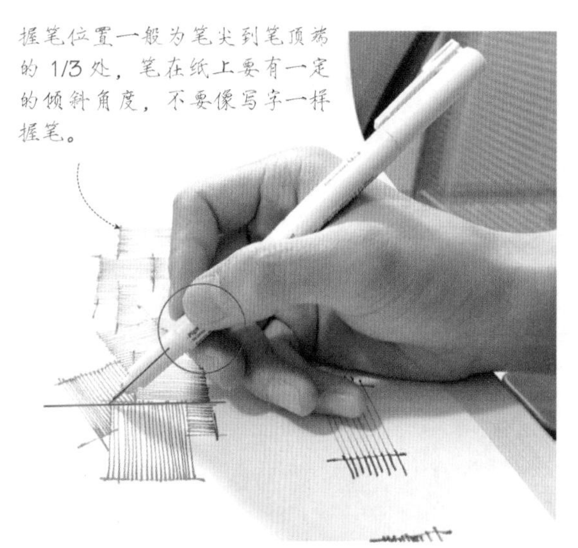

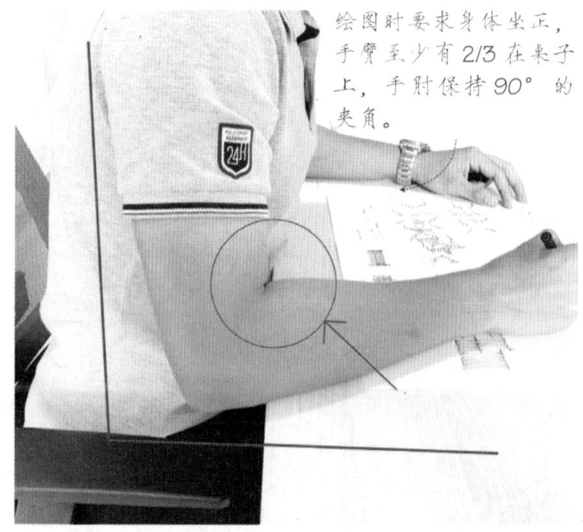

2.2 线条练习

本节重点讲解手绘练习中的基本组成元素——线条，通过对不同线条的特点和常见问题的讲解，使初学者能够快速掌握线条的绘制技巧。

2.2.1 直线的练习

直线包括快直线、慢直线、快竖线和慢竖线，绘制的线条要有粗细变化，不能画得太呆板。

只要是手绘的线条，无论快与慢，必须要有变化。快线的特点是有张力、干脆利索，慢线的特点是放松、生动。快线与慢线结合能满足对不同材质效果的表达需求。

1. 快直线

正确示范

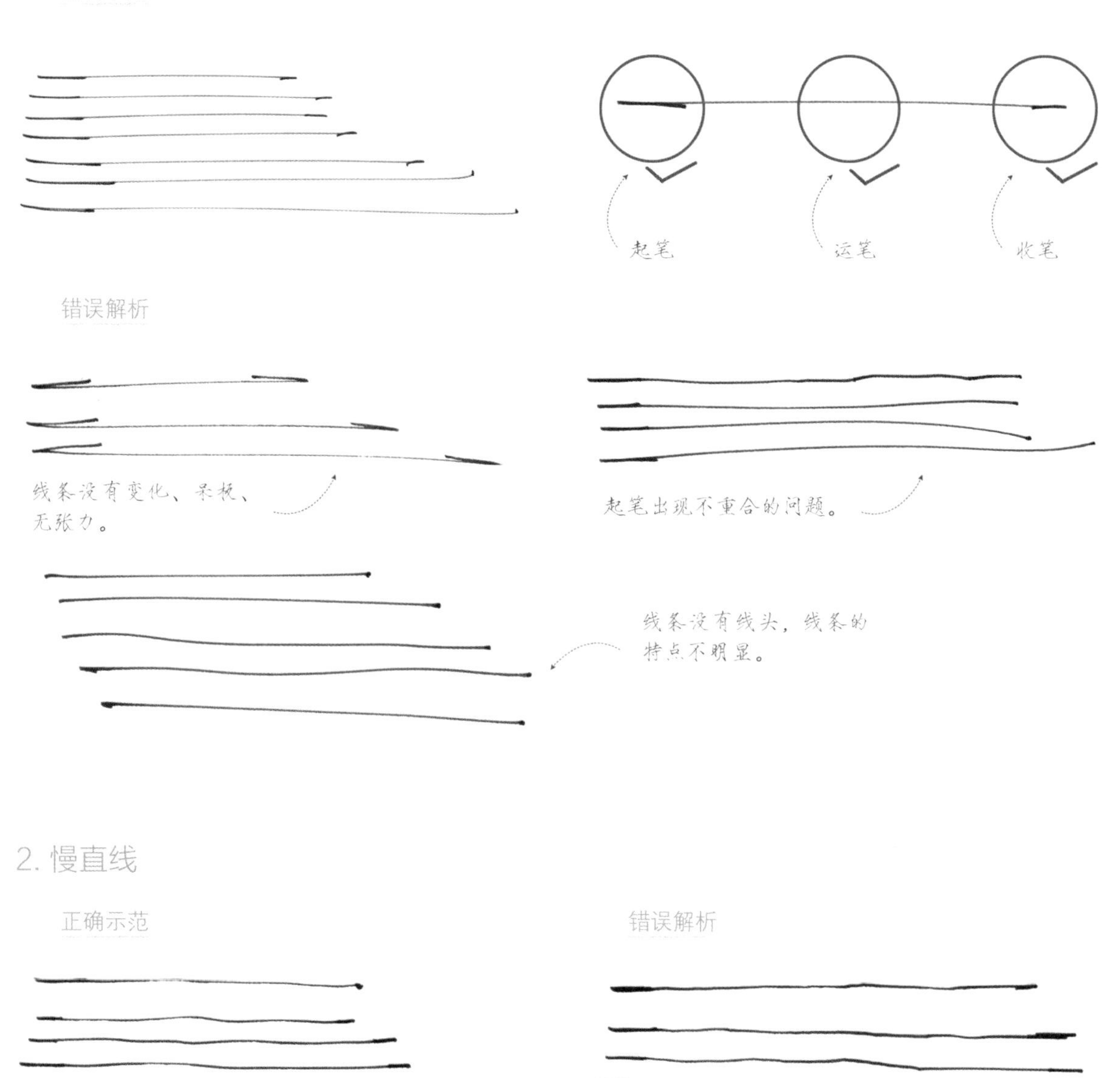

绘制线条时用力不均，线条断断续续的。

3. 快竖线

正确示范

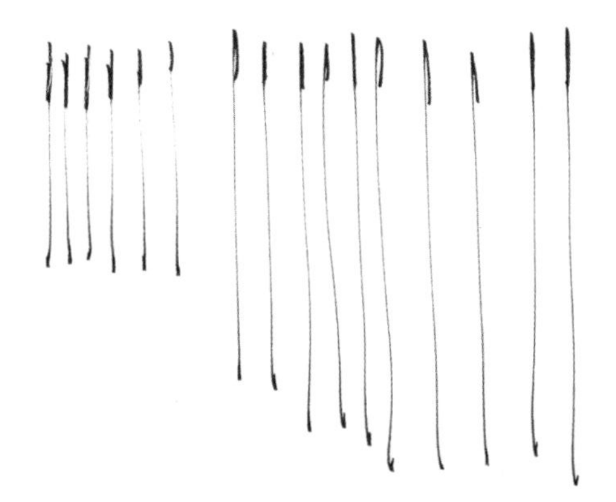

错误解析

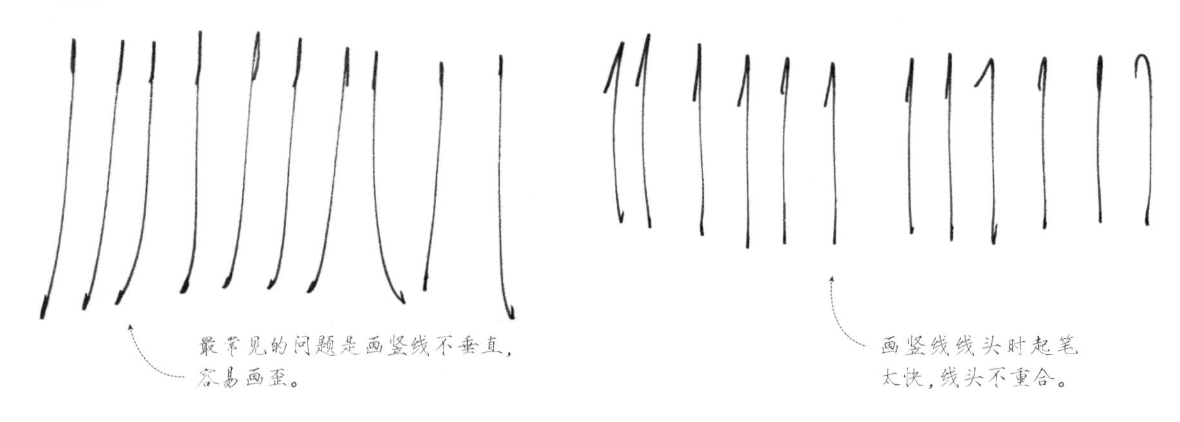

4. 慢竖线

慢竖线的特点是“小曲大直”，局部弯曲，但是整体垂直。

正确示范

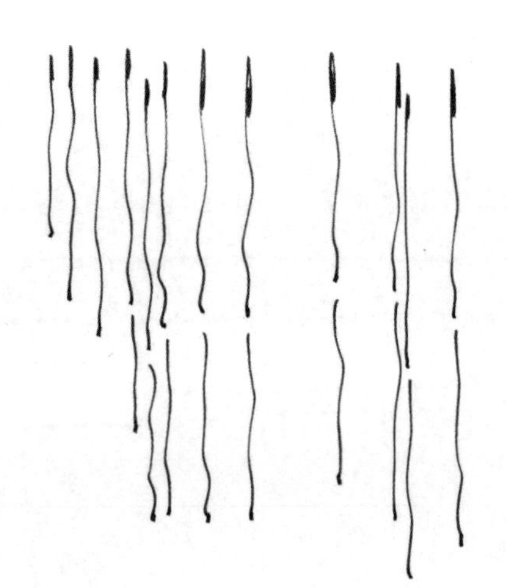

错误解析

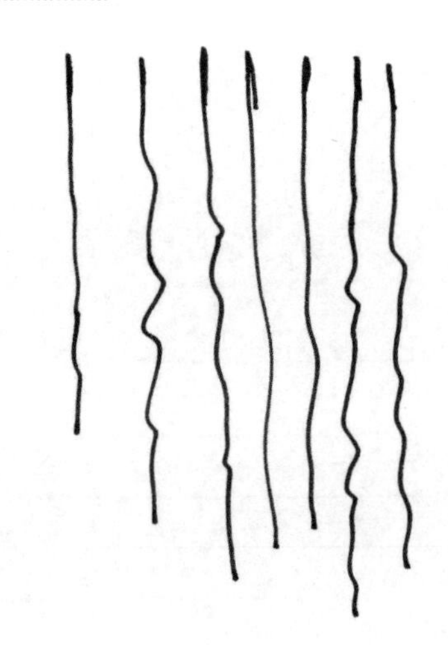

竖线抖动生硬，不生动，线条缺少粗细变化。

2.2.2 弧线和植物线的练习

弧线和植物线方向多变，更加灵活，与直线相比绘制难度稍大，发力点也不一样，绘制时手握笔的力度也要相对放松一些。

1. 弧线

绘制弧线时，要结合于臂的惯性画，画的线条要顺畅、随意 些。

正确示范

错误解析

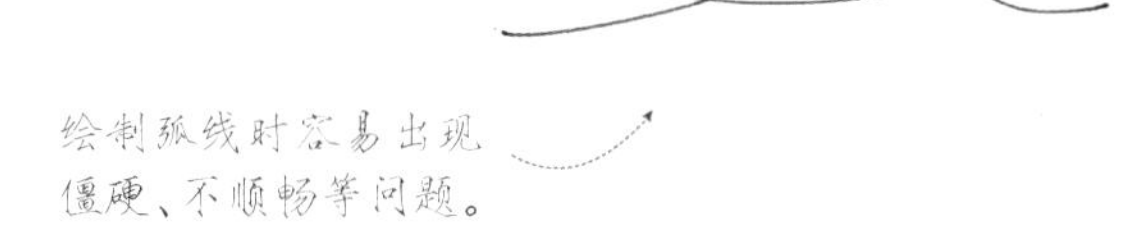

绘制弧线时容易出现僵硬、不顺畅等问题。

2. 植物线

植物线的特点是灵活多变，植物线除了能表达植物，还可以表达其他织物等。绘制植物线时要求握笔更加放松，尽量做到“手笔合一”。

正确示范

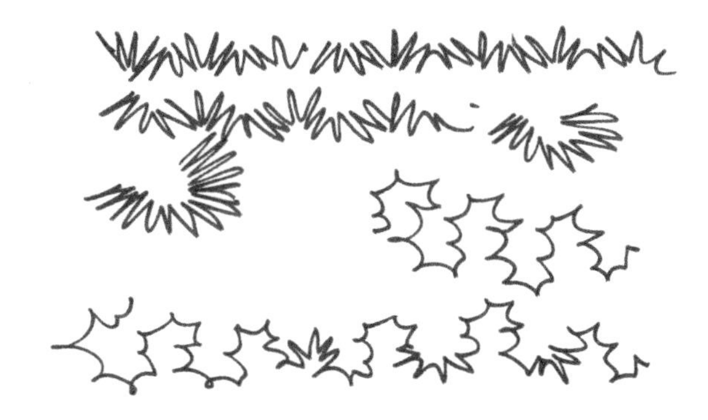

注意绘制植物线时的运笔方向。

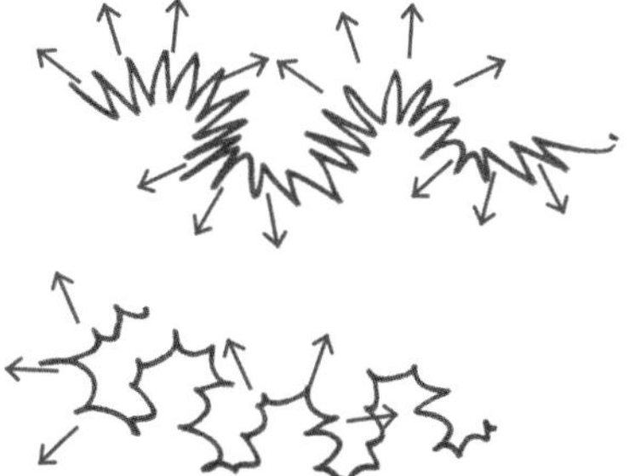

错误解析

绘制时容易出现控制不好线条走向造成植物线混乱，没有植物线的特点，以及植物线的形态不准确等问题。

2.2.3 组合线条的练习

组合线条练习是在单线的基础上，进一步强化训练初学者对线条的控制能力，要求把线条画好的同时还要控制好图形的比例。

练习组合线条之前要注意线条与线条的搭接方式。

1. 线条搭接方式（一）

这是一种比较常见的线条搭接方式，这种方式适用于阴影排线之外的线条搭接。

正确示范

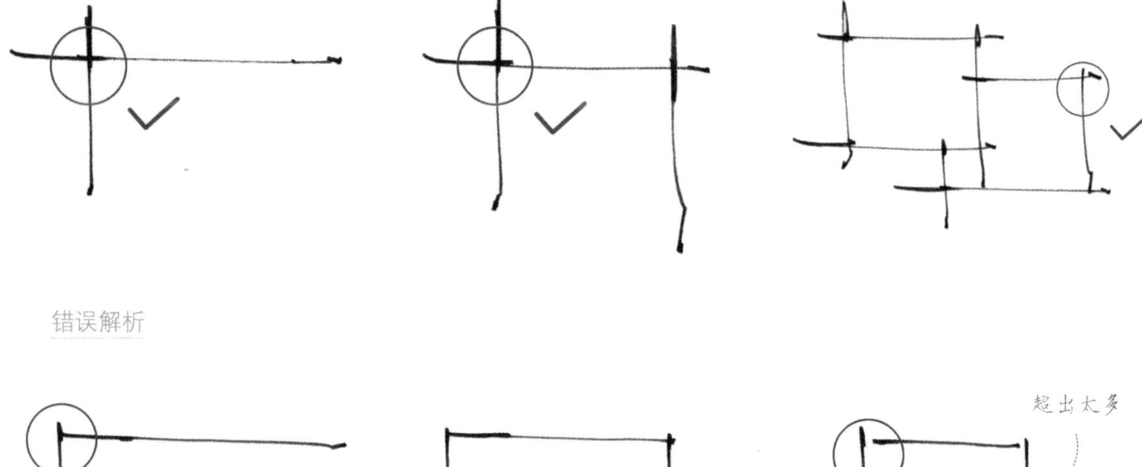

错误解析

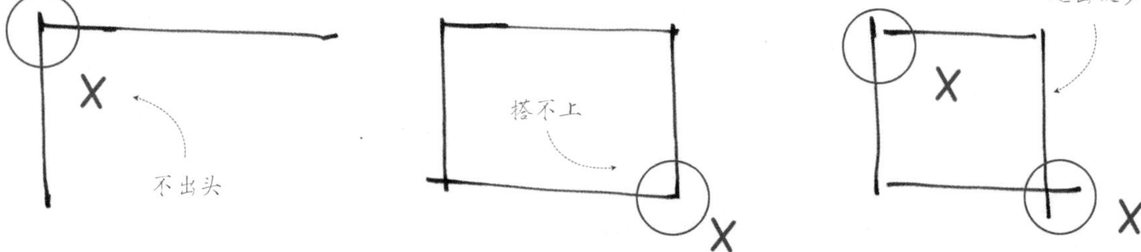

2. 线条搭接方式（二）

弱化线条的线头，控制好线条的绘制范围，不出头。此种搭接方式适用于阴影排线。

正确示范

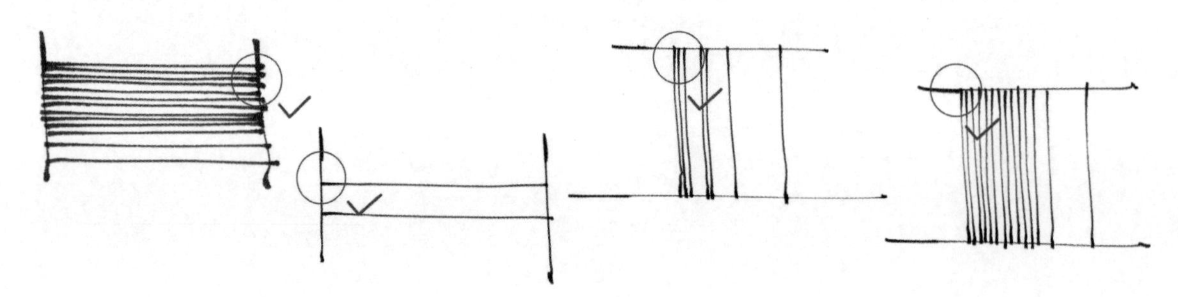

错误解析

3. 线条组合方式

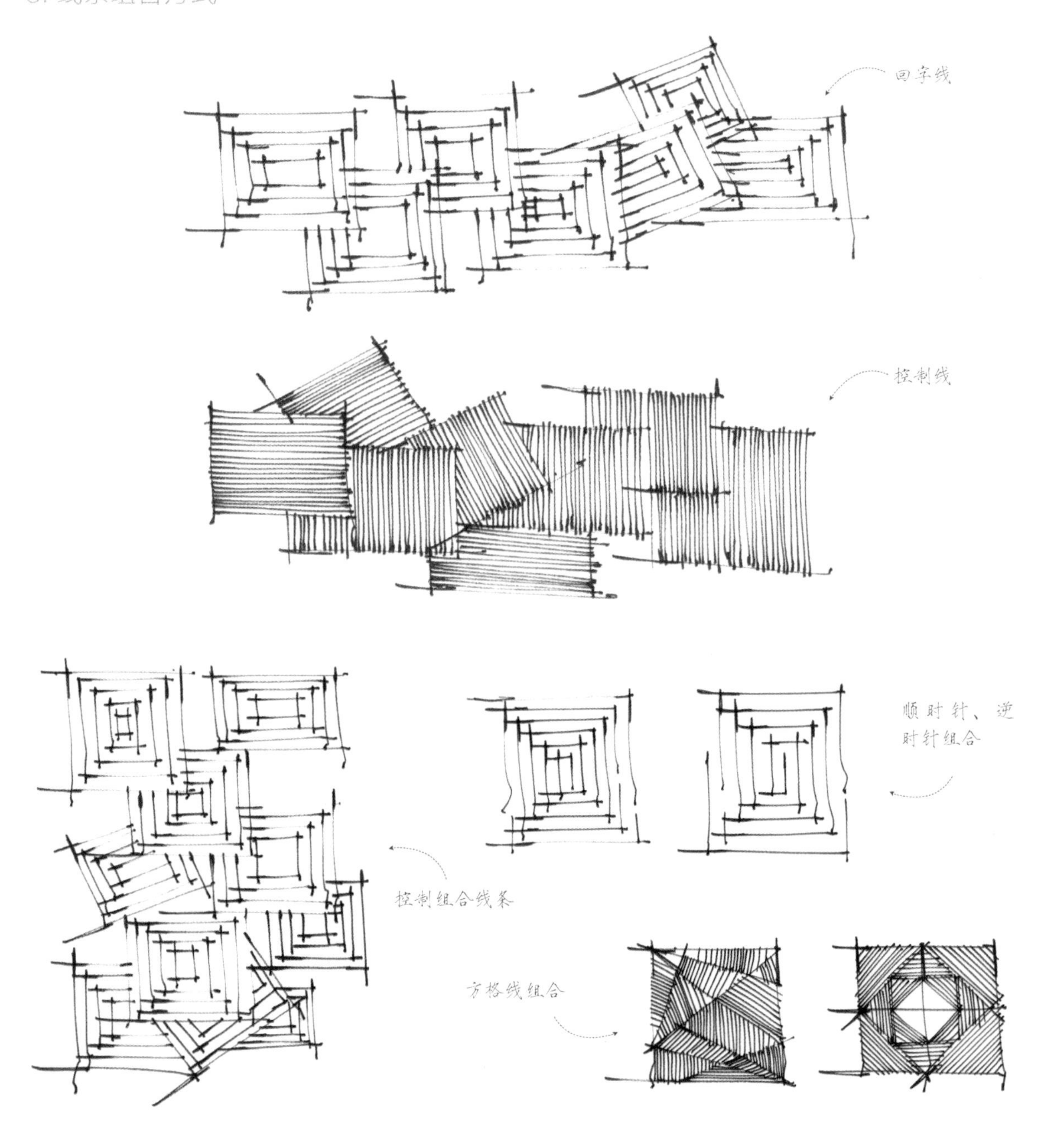

4. 组合线条练习

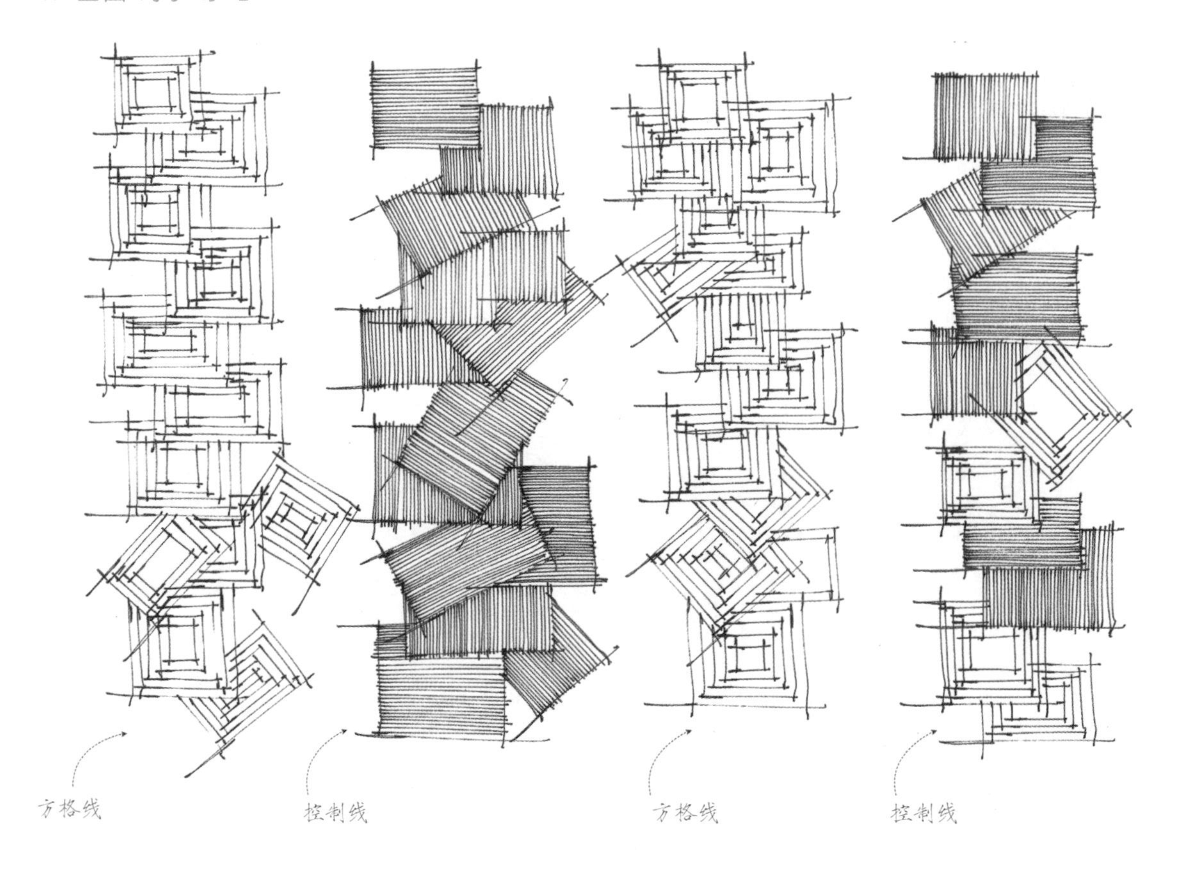

2.3 阴影的画法

阴影是表现素描关系的重要元素，也是最终线稿图中容易忽视的一个细节，本节重点讲解阴影的几种表现方式，并举例说明。

2.3.1 阴影的表现方式

阴影的表现方式有很多种，最常用的是用排线的方法。排线时要求近实远虚，线条要有疏密变化，不能乱排，可以根据透视的方向排线，也可以垂直排线或对角排线。除了用排线的方式表现阴影，还可以直接借助马克笔和彩铅结合来绘制阴影。用排线的方式表现阴影的优点是简单易掌握，缺点是与马克笔和彩铅结合绘制的阴影相比效果会弱一点。使用彩铅和马克笔绘制出来的阴影冲击力更强，效果更好。因为用马克笔和彩铅上色具有不可逆性，所以需要熟练掌握马克笔和彩铅的用笔及表现技巧。

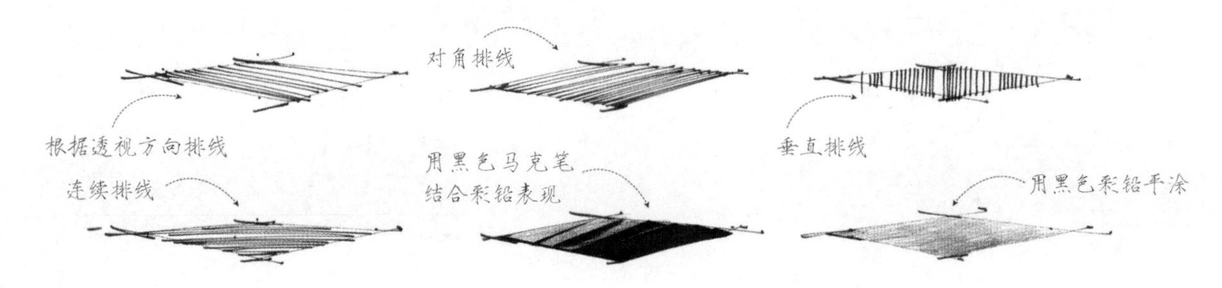

1. 应用举例

2. 常见错误解析

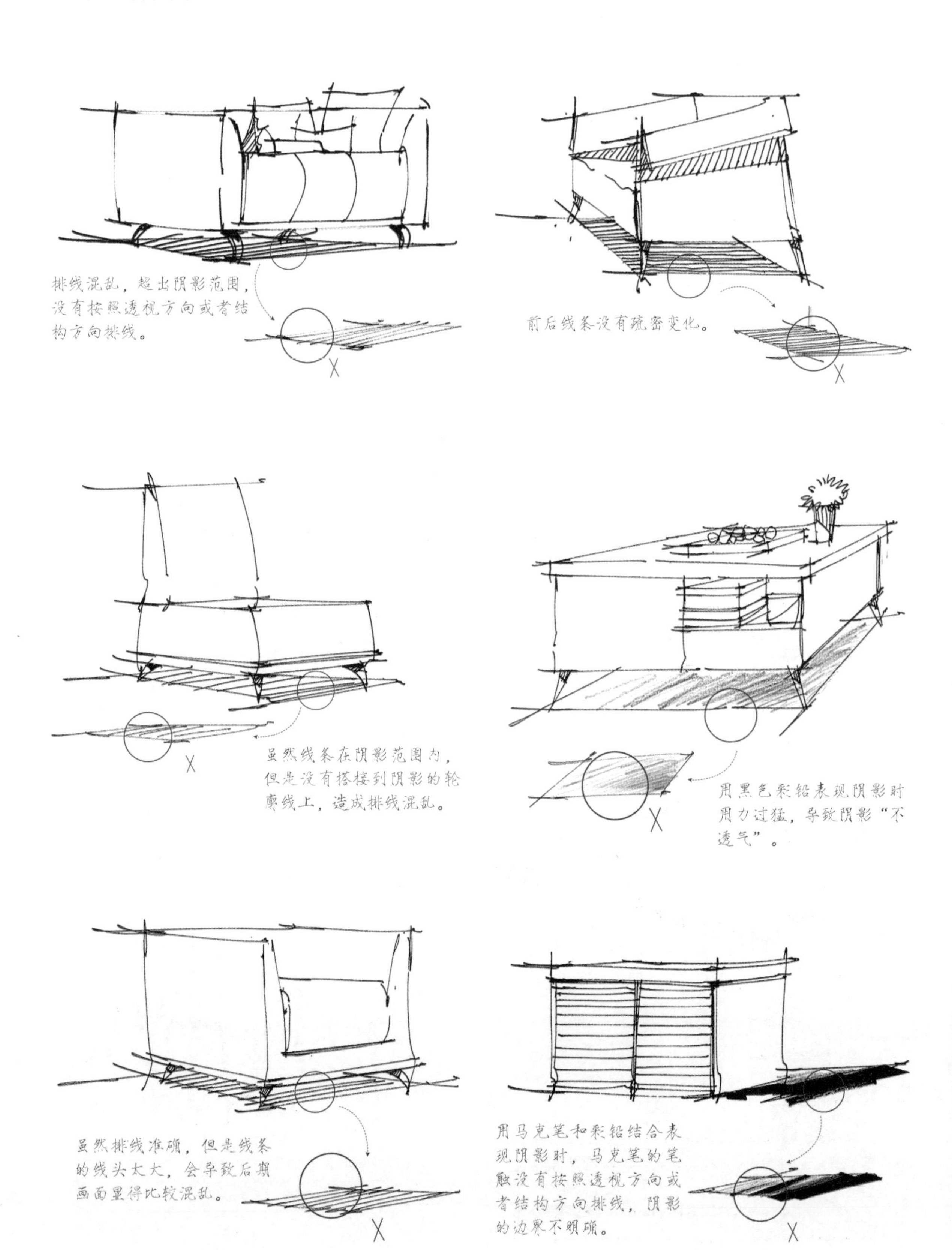

排线混乱，超出阴影范围，
没有按照透视方向或者结
构方向排线。
前后线条没有疏密变化。
虽然线条在阴影范围内，
但是没有搭接到阴影的轮
廓线上，造成排线混乱。
用黑色彩铅表现阴影时
用力过猛，导致阴影“不
透气”。
虽然排线准确，但是线条
的线头太大，会导致后期
画面显得比较混乱。
用马克笔和彩铅结合表
现阴影时，马克笔的笔
触没有按照透视方向或
者结构方向排线，阴影
的边界不明确。

2.3.2 阴影的使用场景示例

对于不同场景的阴影要灵活处理，要能生动地表现出阴影，以便更准确地表现物体和场景，下面列举几种常见的有阴影的场景。

1. 家具在地面的投影

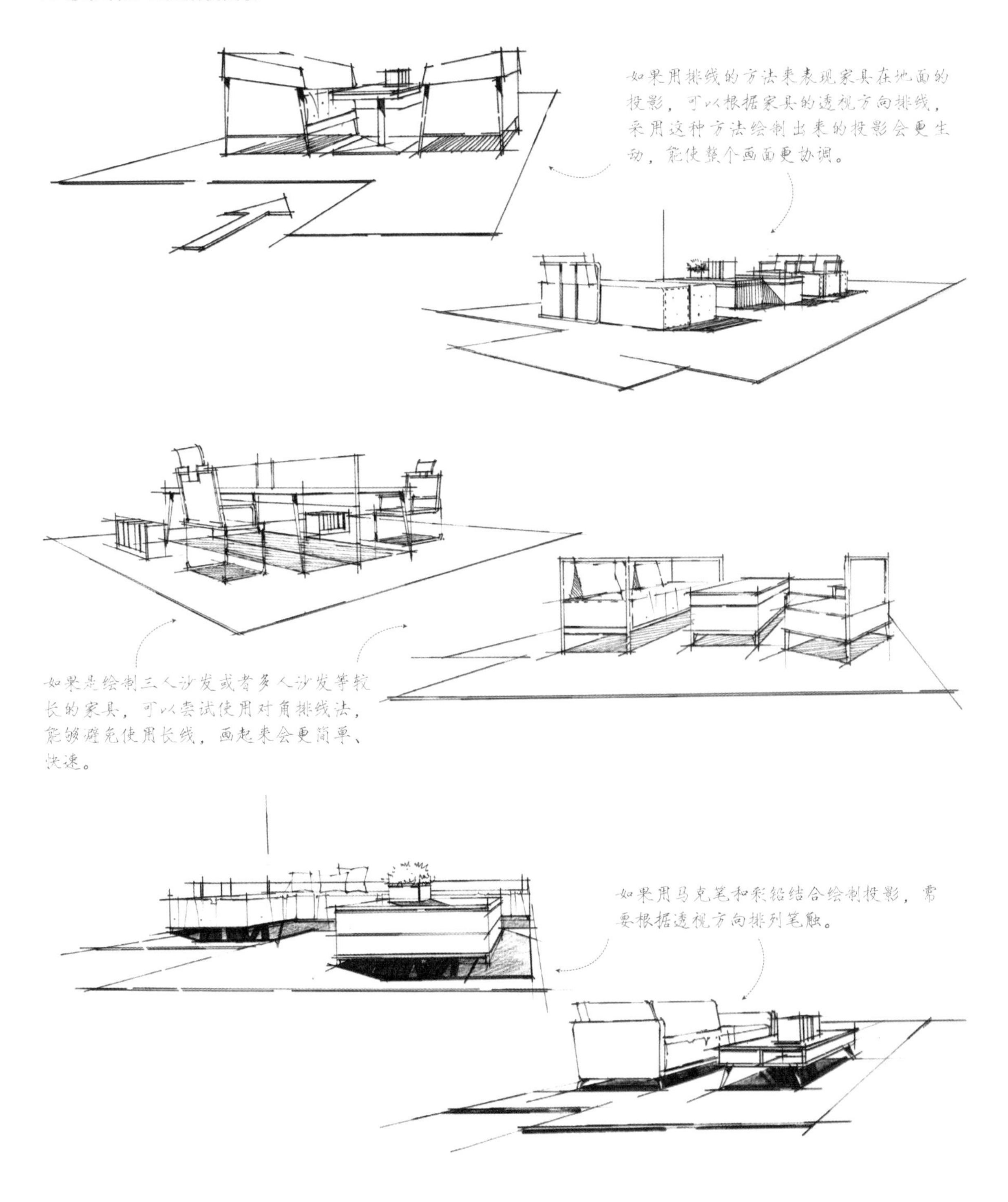

2. 家具在墙面的投影

2.4 室内设计手绘透视知识

透视是效果图表达中非常重要的一部分，是在纸面上表现三维空间最常见的方法。室内设计效果图中的透视有一点透视、两点透视和三点透视。三点透视在室内设计效果图中应用得不多，因此本书不展开讲解。下面重点讲解一点透视和两点透视在室内设计效果图中的应用。

2.4.1 透视的基本概念

透视在实际生活中最直观的现象就是近大远小、近实远虚、近高远低。透视学的知识比较复杂，在进行室内设计手绘时不宜考虑太多，常用的透视元素有消失点（灭点）、视平线和视高等。

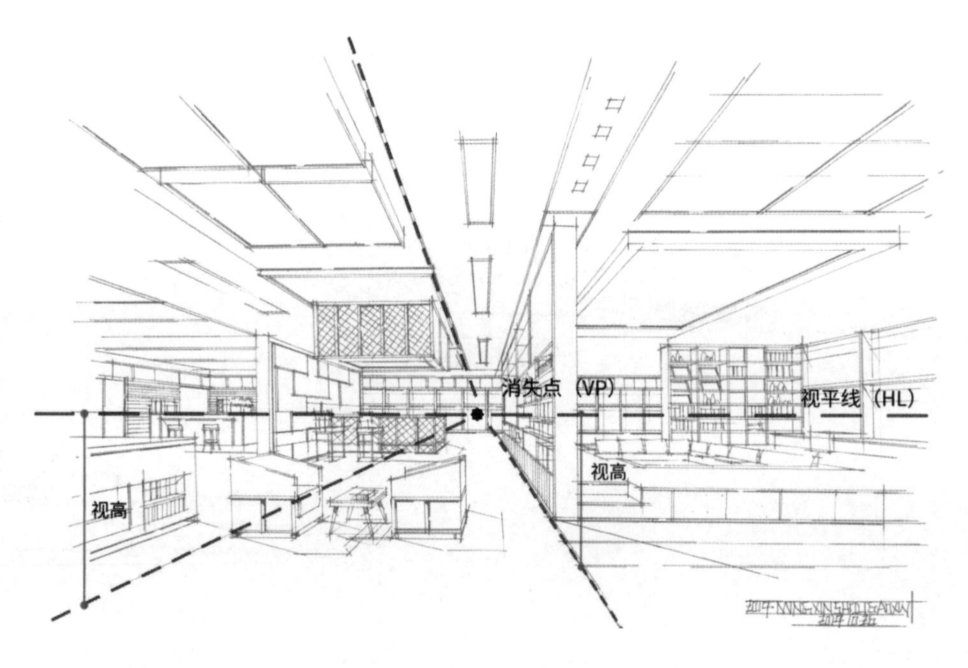

2.4.2 一点透视几何形体练习及应用示例

一点透视又称平行透视，在一点透视的画面中所有的横线都水平，竖线都垂直，所有的斜线都交于一点。

一点透视的特点可概括为“横平竖直，一点消失”。一点透视的效果图绘制起来相对简单，但是会显得有些呆板，不够灵活。

练习一点透视一般需要从绘制一点透视的几何形体开始，通过对立方体的练习，逐步掌握空间的比例和尺度。

下图是一点透视复杂几何形体的练习，只有画好这些几何形体才能灵活应对接下来的单体家具的绘制。

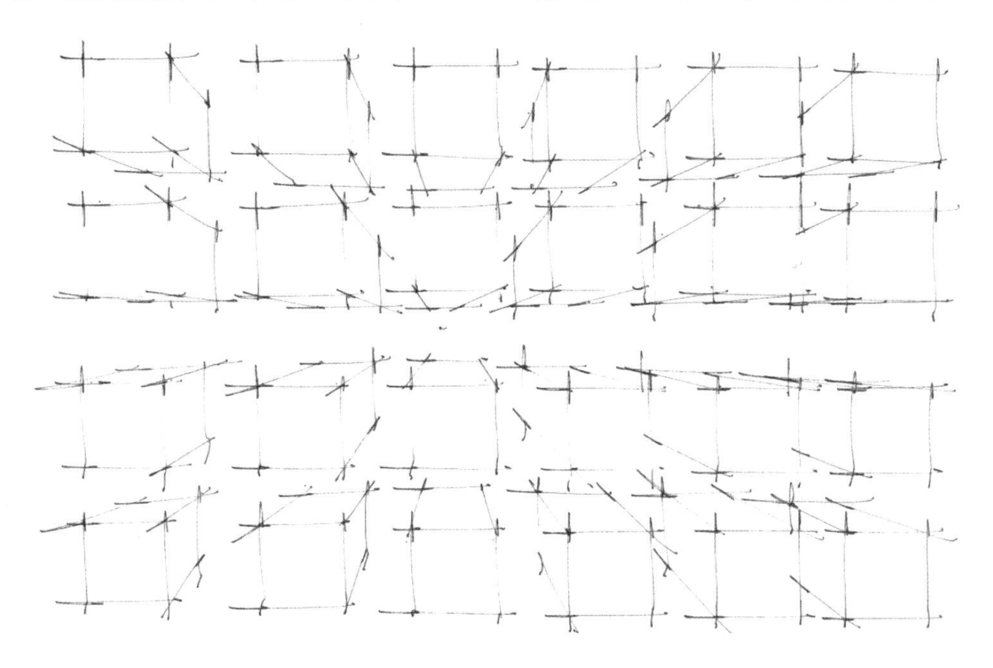

一点透视几何体常见错误解析

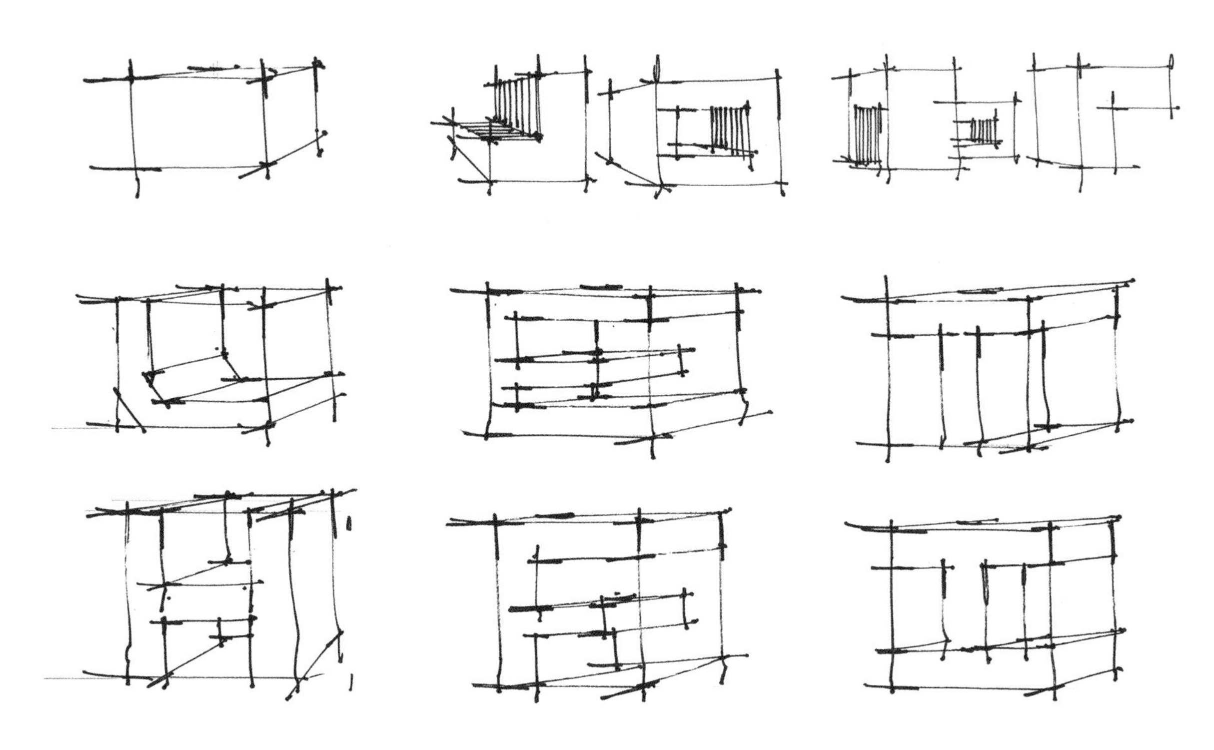

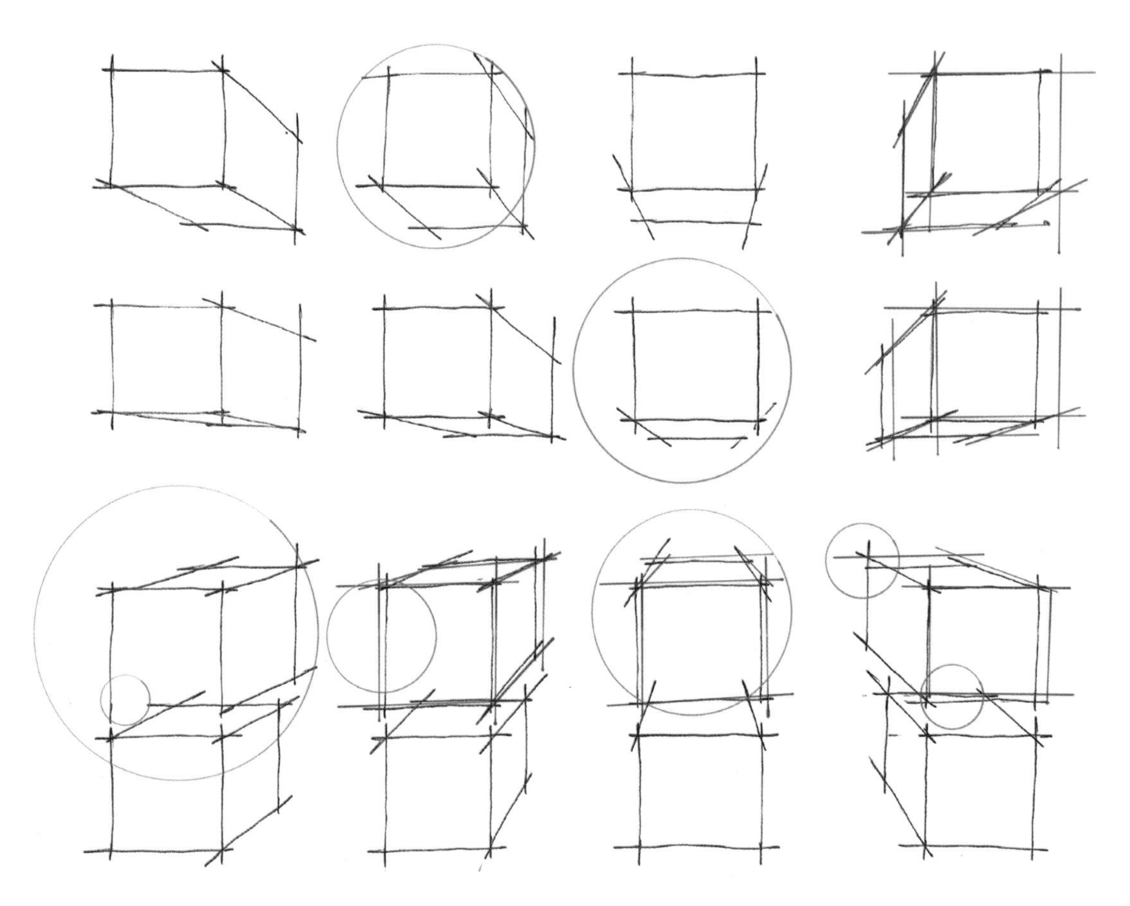

这一组透视盒子的整体比例和透视相对准确，但最大的问题在于线条，线条没有张力，线头的搭接错位。

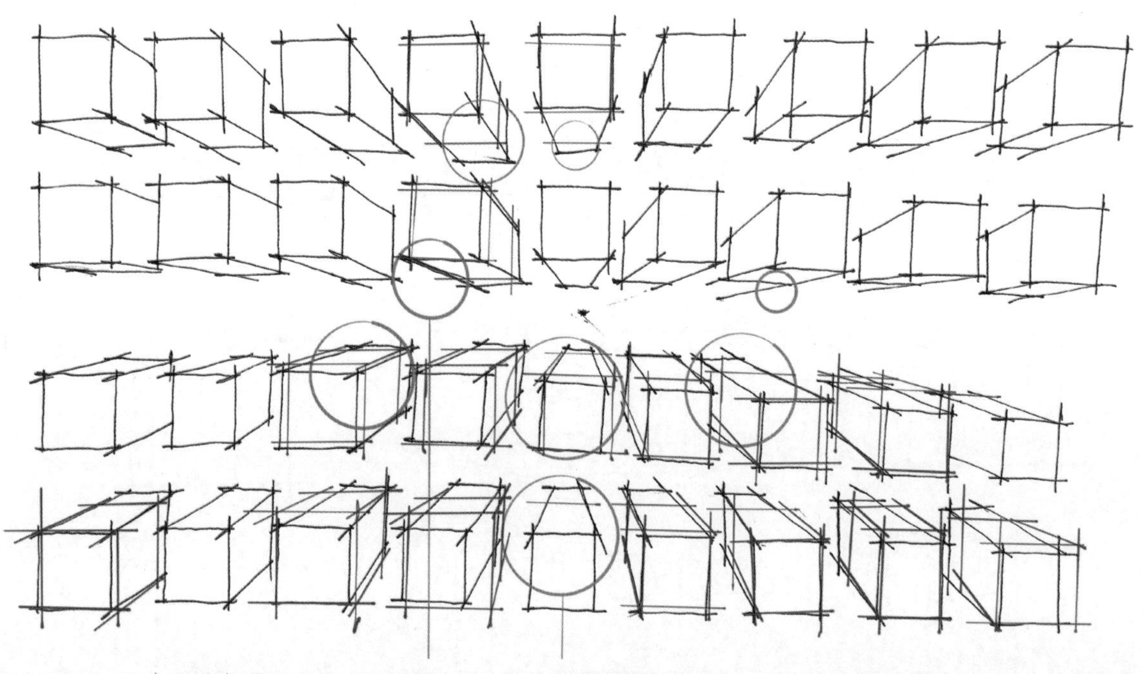

来回蹭笔，线条衔接时乱搭线头。　把立方体画成了长方体，原因在于中间第一个盒子出了问题，后面的盒子却还按照第一个盒子的方向去画。

把所有的家具都概括为几何形体，这样画起来就简单多了。下面分别是一点透视几何形体在单体家具、组合家具和最终效果中的应用示例。

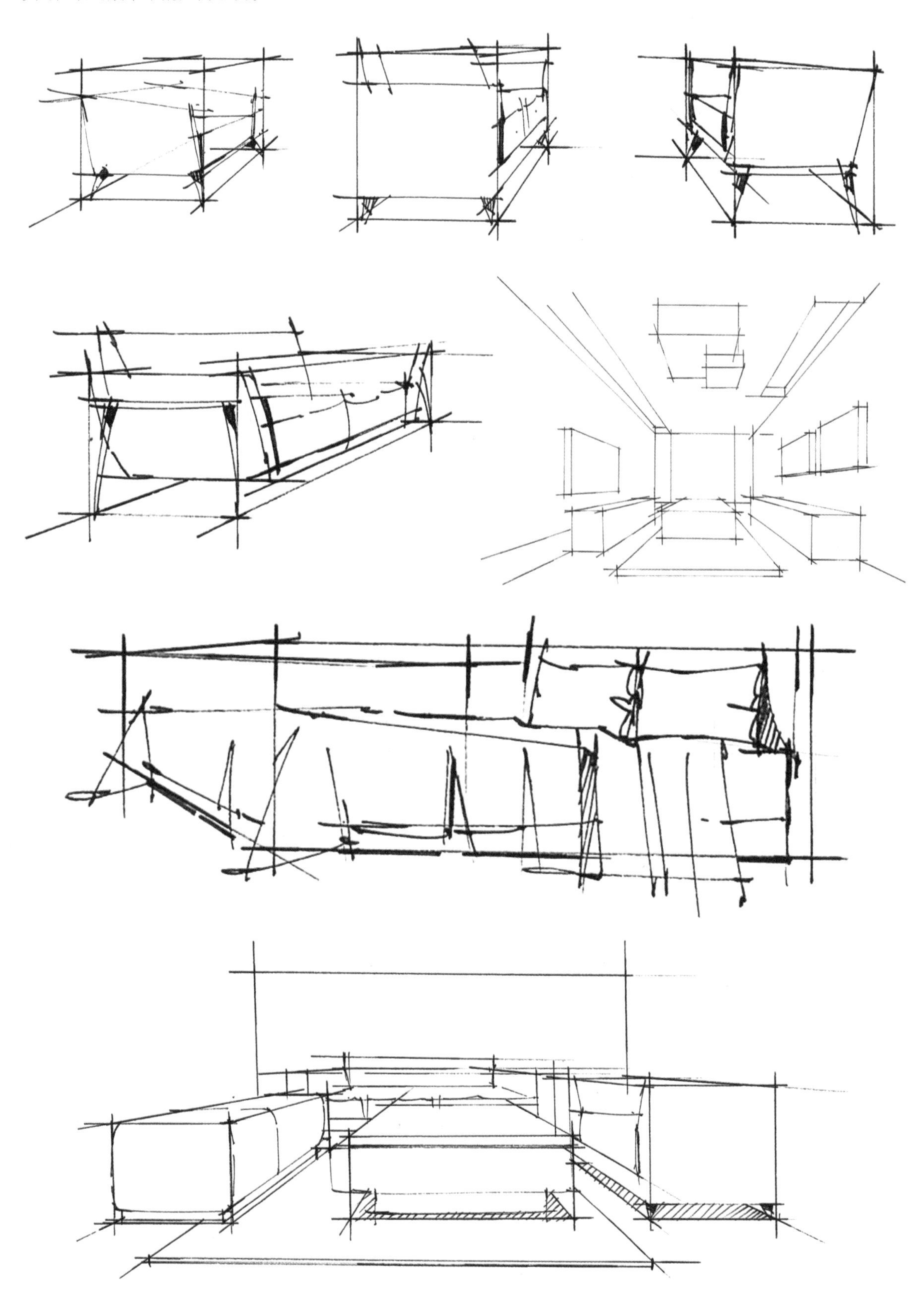

2.4.3 两点透视几何形体练习及应用示例

两点透视又称成角透视，在两点透视的画面中，所有的竖线都垂直，两条斜线分别交于左右两侧的灭点。两点透视的效果图相较于一点透视的效果图显得更加灵活，同时绘制起来也比一点透视难度大一些，两点透视的效果图使用场景比一点透视的更加广泛。

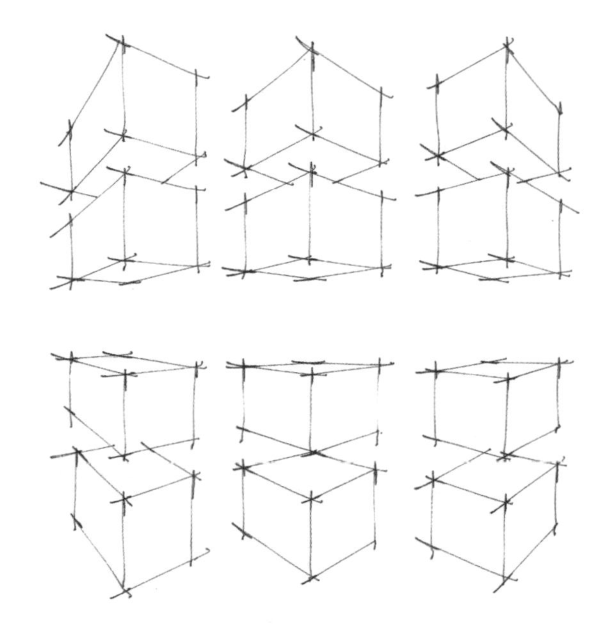

两点透视复杂几何形体练习

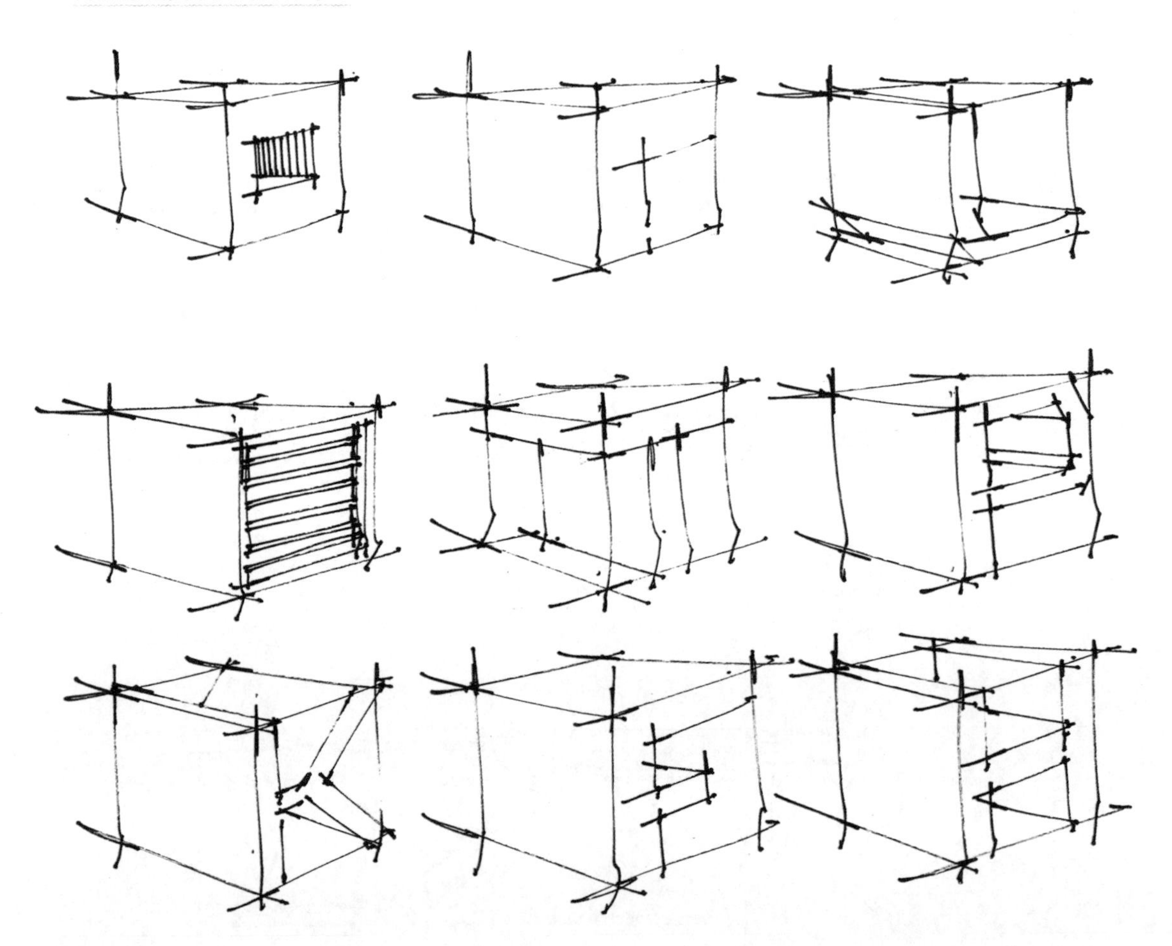

两点透视几何形体常见错误解析

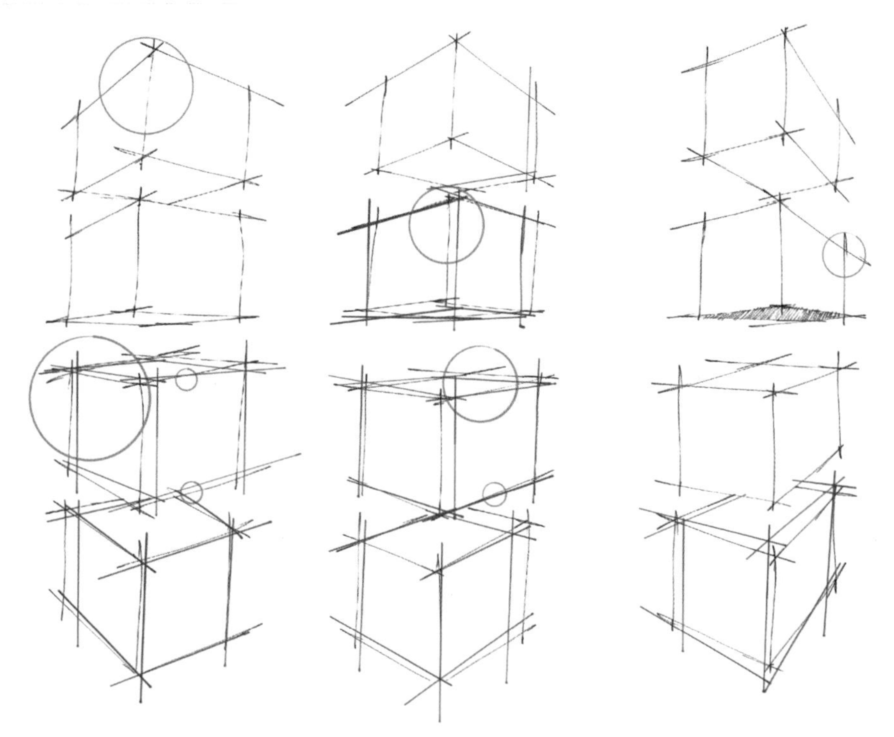

这一组透视盒子的透视都有问题，两点透视的盒子很容易出现两边的透视点不在一条直线上的问题，初学者练习时一定要注意。

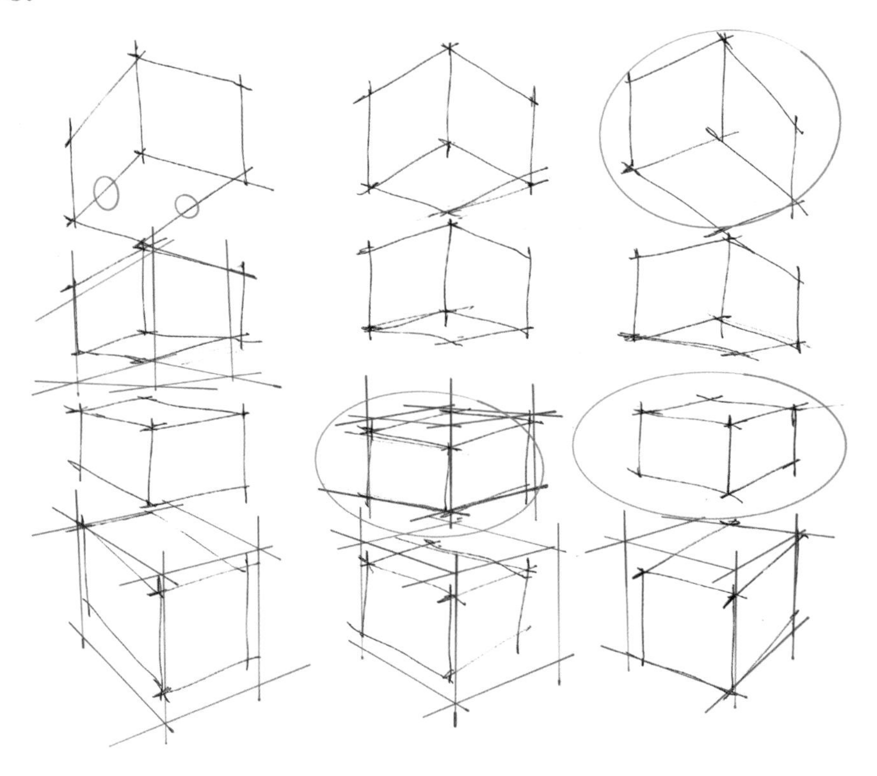

这一组透视盒子的透视和比例也都有问题，有些竖线还是斜的，这也是初学者在早期练习时最常见的表现。解决办法很简单，只要在画之前先想好形体的比例和透视方向再下笔即可。

下面分别是两点透视几何形体在单体家具、组合家具和最终效果图中的应用示例。

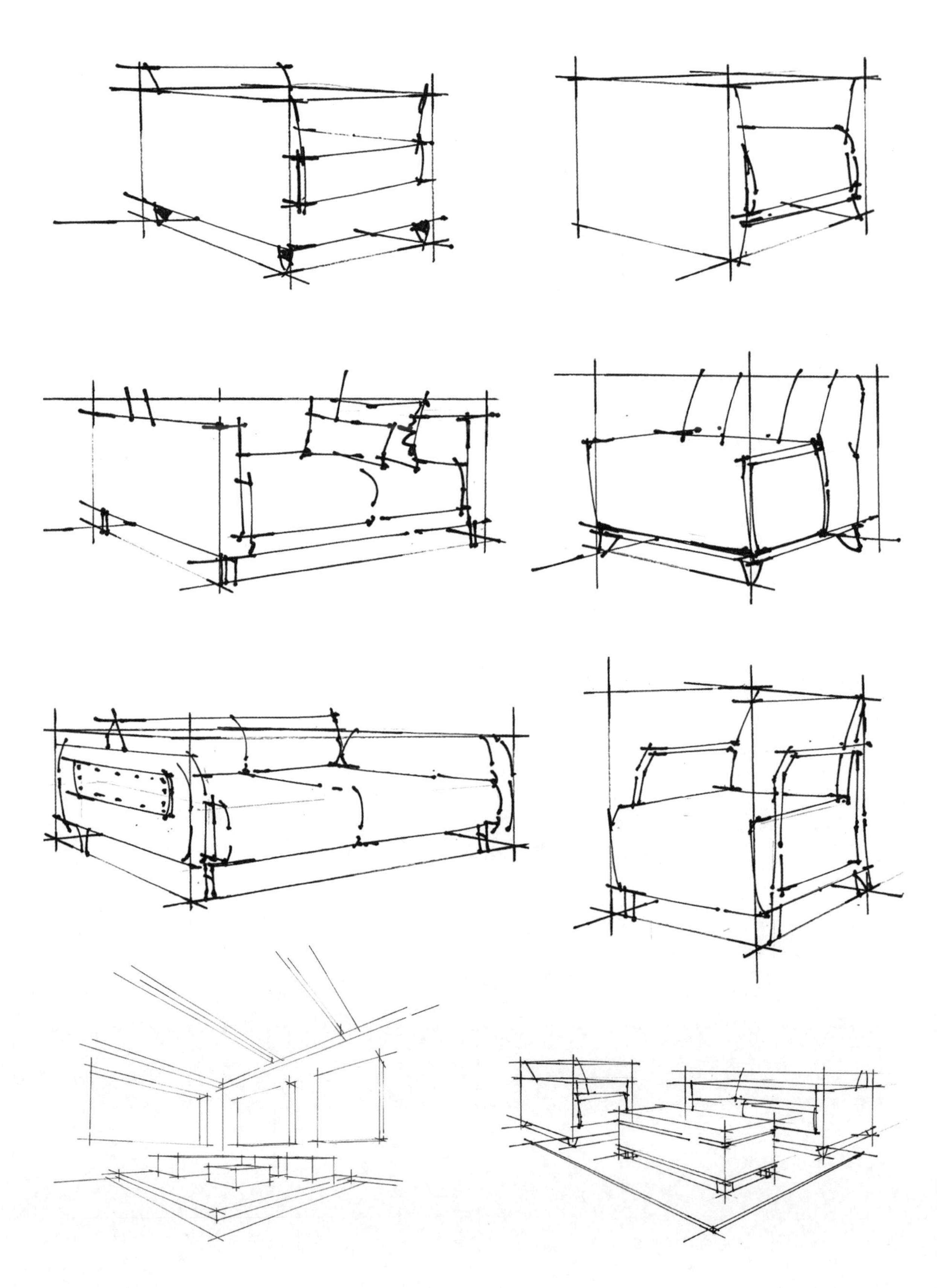

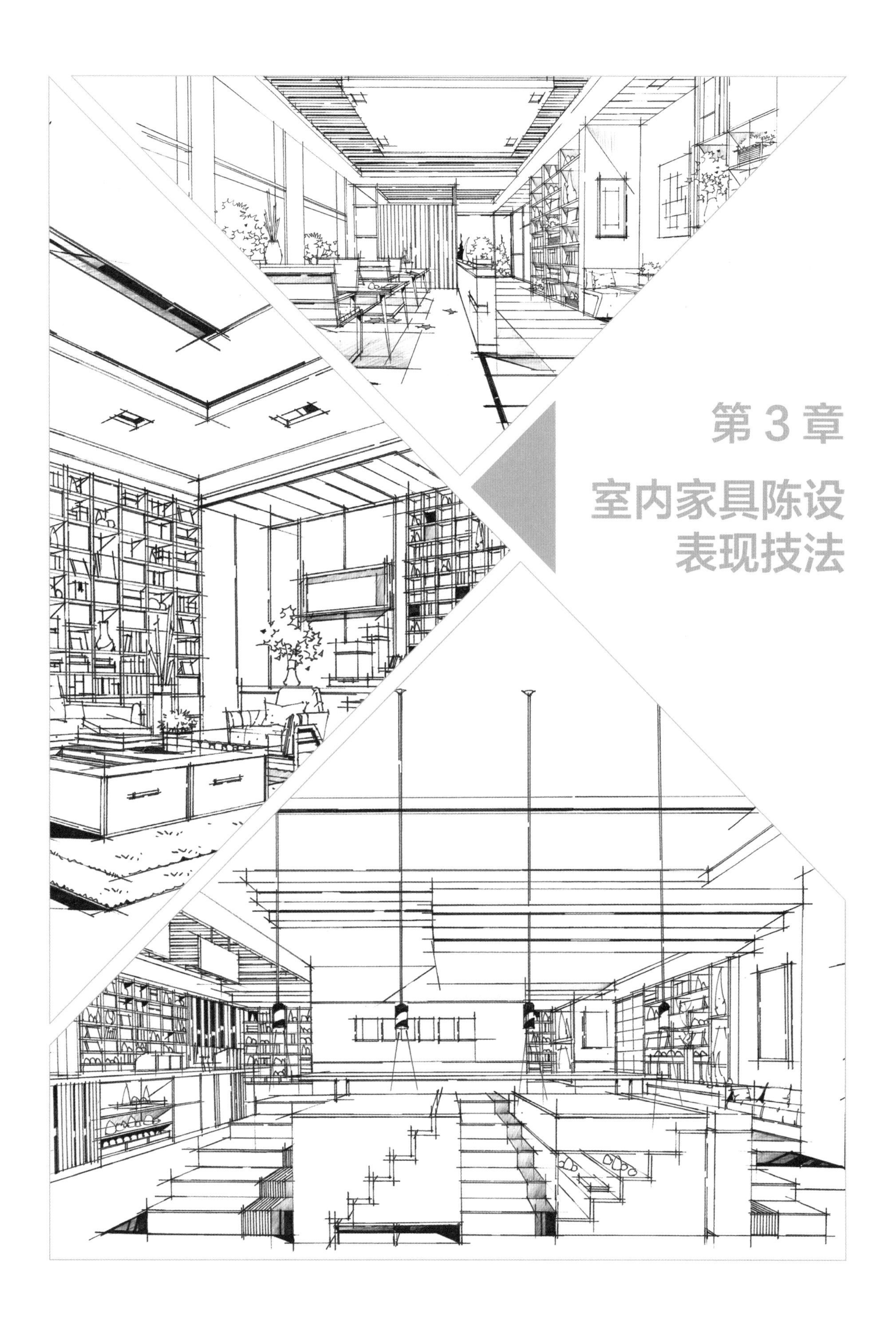

第3章

室内家具陈设表现技法

3.1 室内家具徒手绘制方法

初学者对于室内家具的绘制常常把握不好，最大的问题是缺乏整体性思维，绘制时只关注细节，画出来的家具整体比例和透视容易出错。想要快速、准确地绘制室内家具，必须要有整体性思维，可以把家具概括为几何形体，从整体出发刻画细节，使细节服从整体，这样才能少走弯路，快速掌握绘制技巧。

建议初学者分两个阶段进行学习。第一个阶段用铅笔起稿绘制：先用铅笔确定出物体的比例和透视关系，再用勾线笔绘制，这样相对简单，不易出错；第二个阶段是直接绘制：掌握了铅笔起稿绘制的方法后就可以尝试用勾线笔直接绘制，只要在绘制过程中有意识地注意透视和比例，再通过反复练习，就可以熟练掌握。

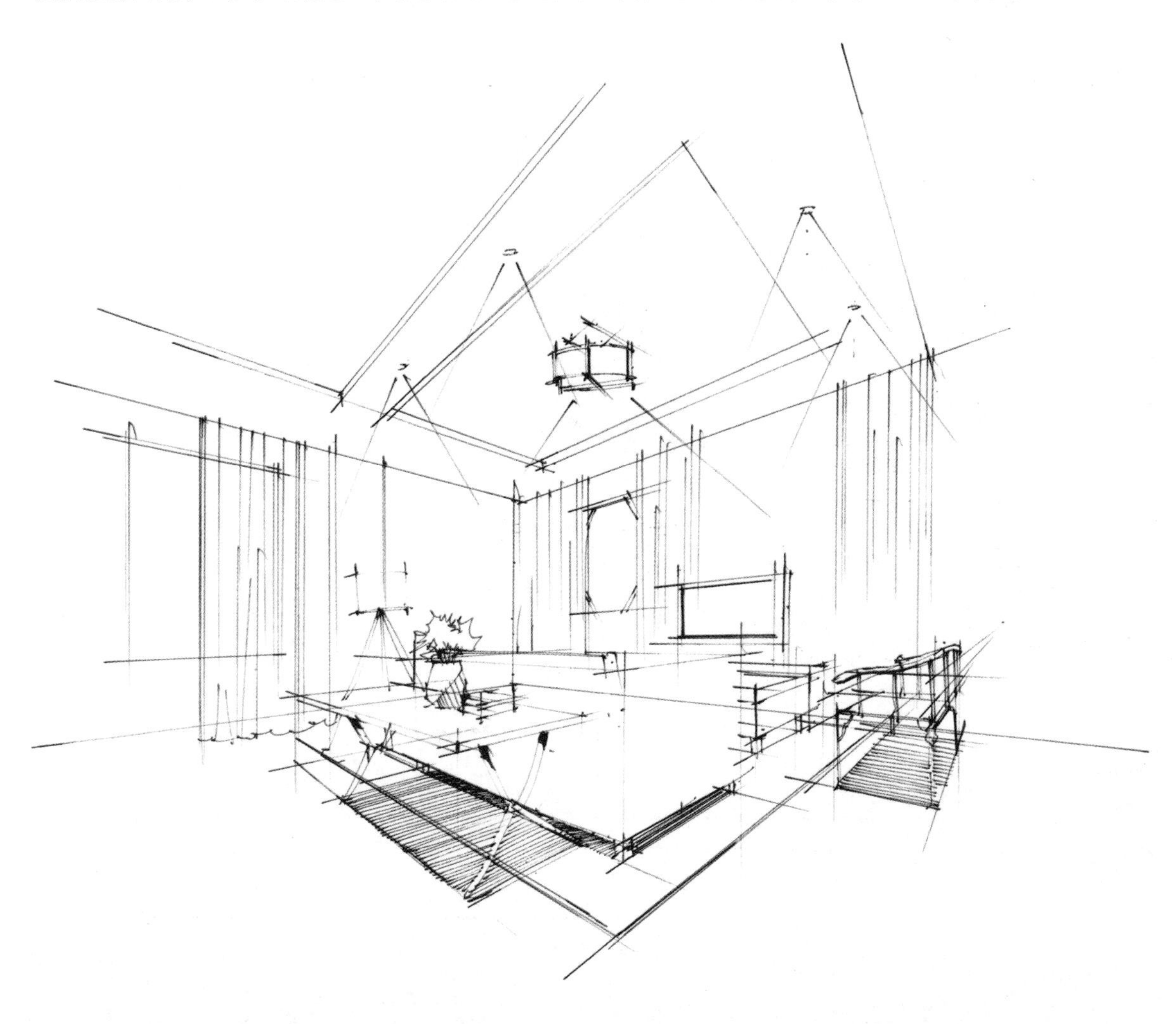

3.2 单体家具绘制方法

本节重点讲解单体家具的两种绘制方法：一种是铅笔辅助绘制法，另一种是勾线笔直接绘制法。不管用哪种绘制方法，在绘制时都要注意家具的比例和透视，此外还要注意材质的准确表达。

下面以沙发、椅子和床体为例演示上述两种方法的绘制过程。

3.2.1 沙发的绘制方法

1. 用铅笔辅助绘制双人沙发

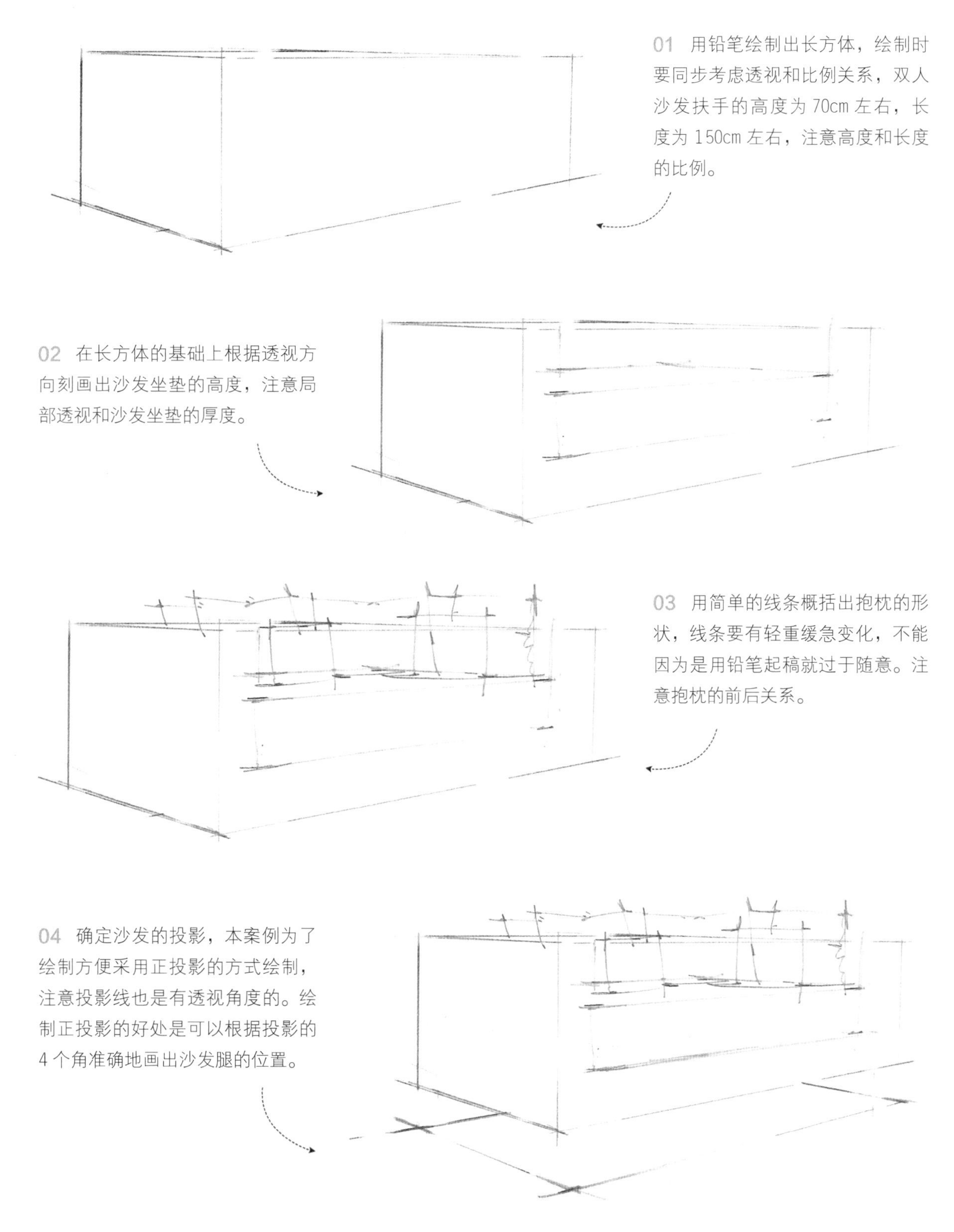

01 用铅笔绘制出长方体，绘制时要同步考虑透视和比例关系，双人沙发扶手的高度为 70cm 左右，长度为 150cm 左右，注意高度和长度的比例。

02 在长方体的基础上根据透视方向刻画出沙发坐垫的高度，注意局部透视和沙发坐垫的厚度。

03 用简单的线条概括出抱枕的形状，线条要有轻重缓急变化，不能因为是用铅笔起稿就过于随意。注意抱枕的前后关系。

04 确定沙发的投影，本案例为了绘制方便采用正投影的方式绘制，注意投影线也是有透视角度的。绘制正投影的好处是可以根据投影的 4 个角准确地画出沙发腿的位置。

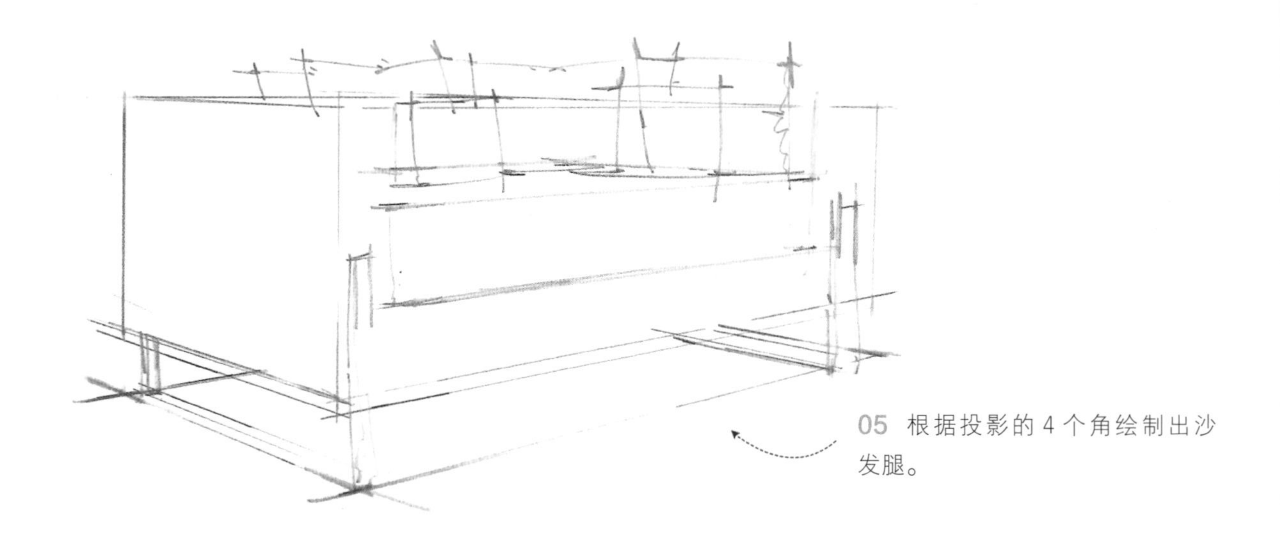

05 根据投影的 4 个角绘制出沙发腿。

06 用勾线笔绘制墨线，画墨线时要再次检查沙发的比例和透视是否有问题，如果有问题要及时调整。

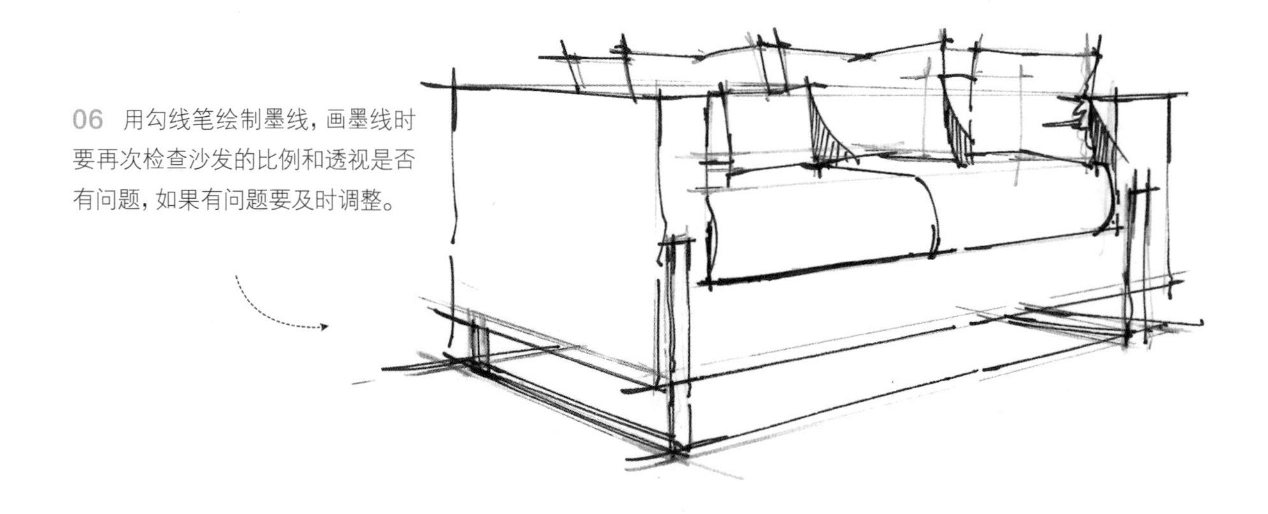

07 用排线的方式刻画投影，最后擦掉铅笔稿。

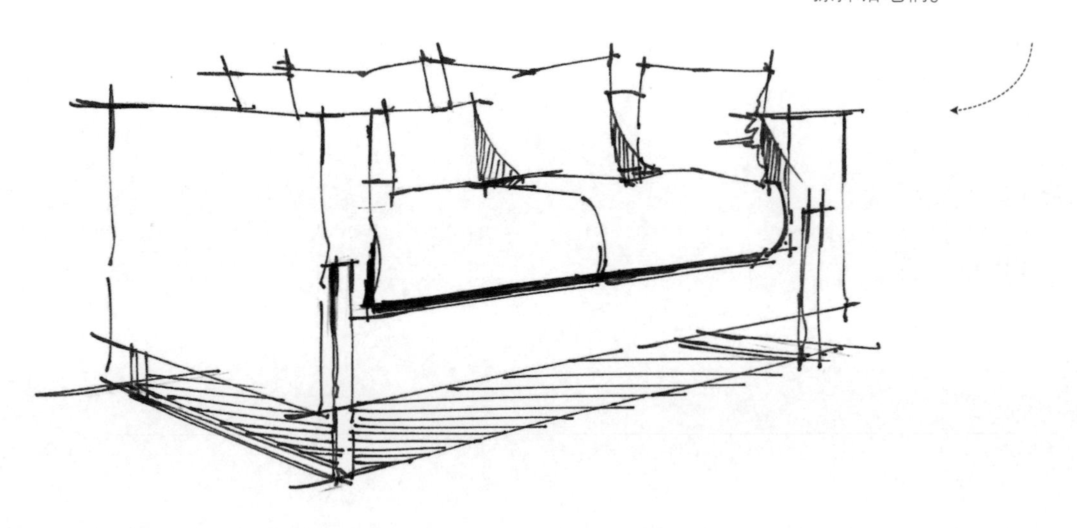

2. 用勾线笔直接绘制单人沙发

用勾线笔直接绘制时还是要从整体到局部进行充分考虑，这样才能准确把握比例和透视。

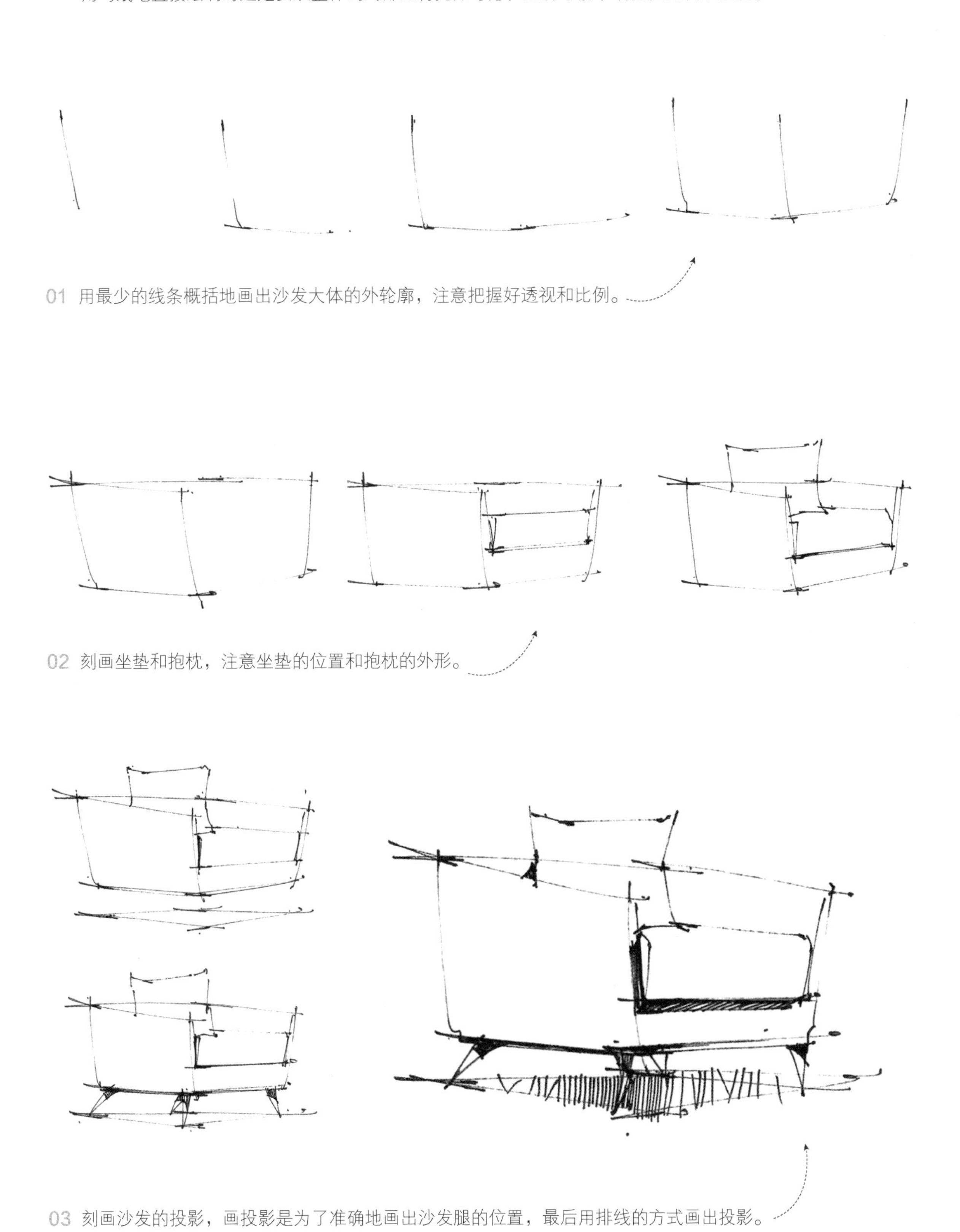

01 用最少的线条概括地画出沙发大体的外轮廓，注意把握好透视和比例。

02 刻画坐垫和抱枕，注意坐垫的位置和抱枕的外形。

03 刻画沙发的投影，画投影是为了准确地画出沙发腿的位置，最后用排线的方式画出投影。

3. 沙发绘制常见错误解析

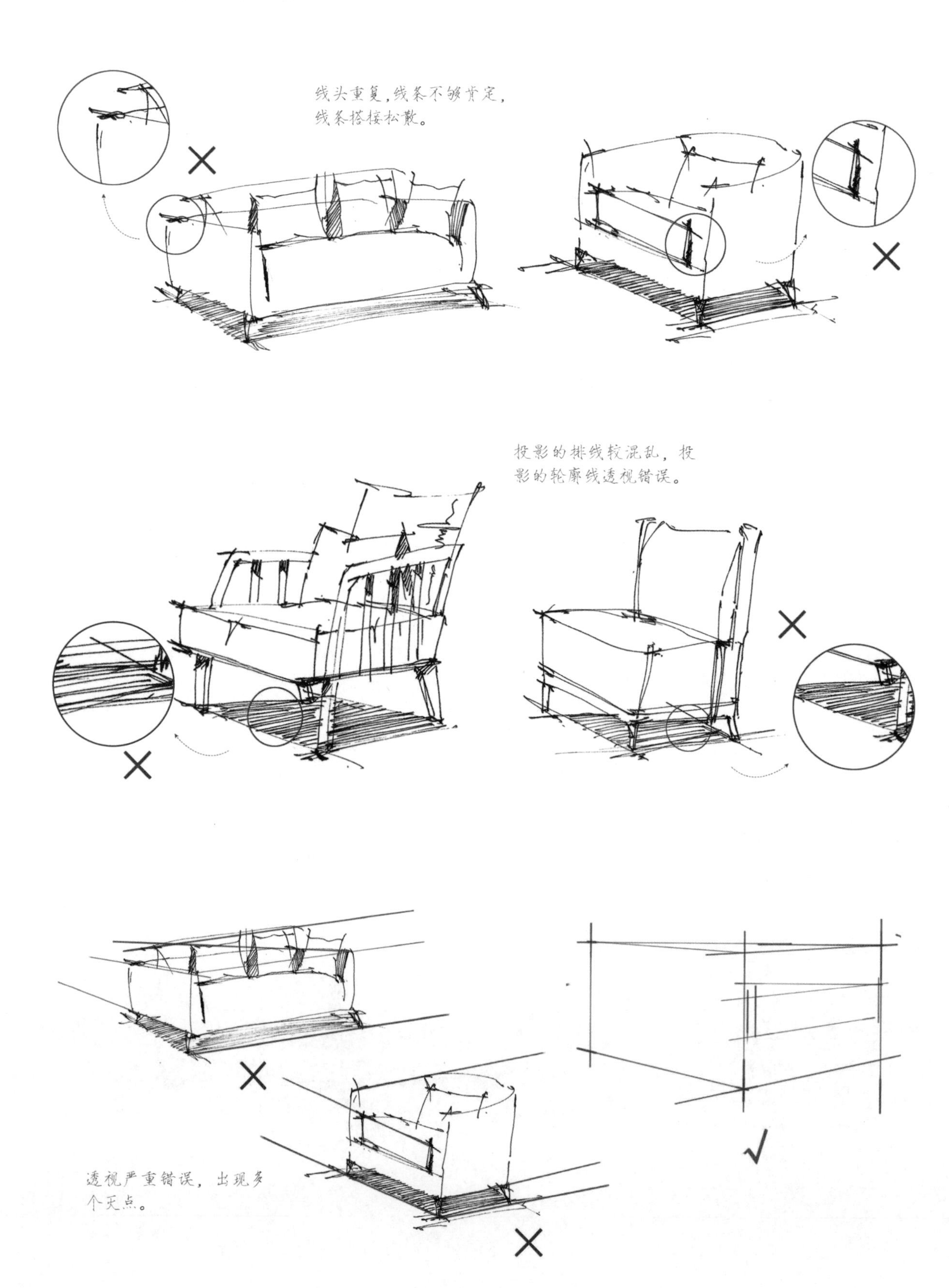

3.2.2 椅子的绘制方法

与沙发相比，椅子的结构更复杂一些，但是绘制方法一样，也是要先把椅子概括为几何形体。

1. 用铅笔辅助绘制沙发椅

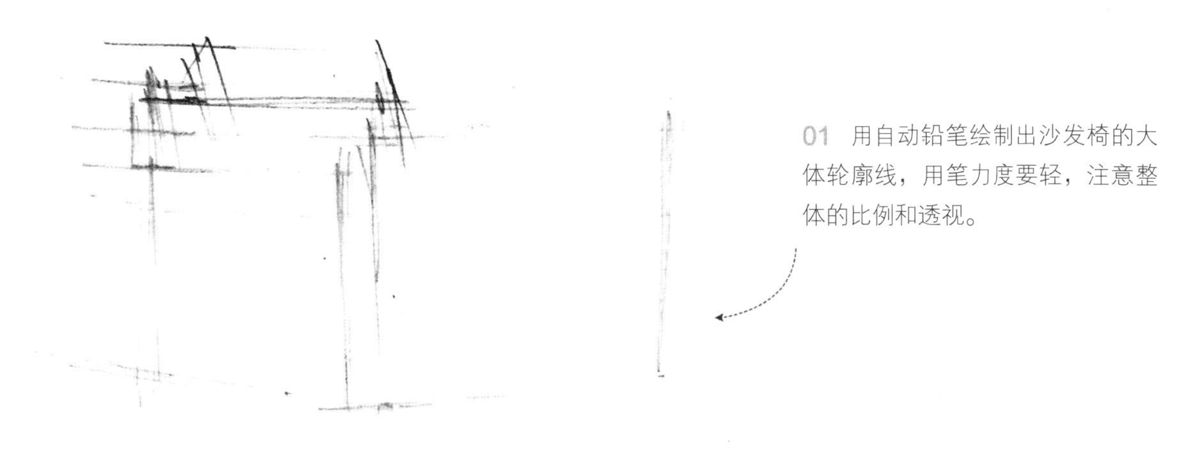

01 用自动铅笔绘制出沙发椅的大体轮廓线，用笔力度要轻，注意整体的比例和透视。

02 确定坐垫的位置，绘制时注意透视和比例，除了竖线之外，每一条线都要找准透视方向，如果有些线条是随意画的，一定要再次检查它的正确性。接着绘制抱枕，注意抱枕的线条要与沙发椅的线条有所区分，以便表现出抱枕的立体感。

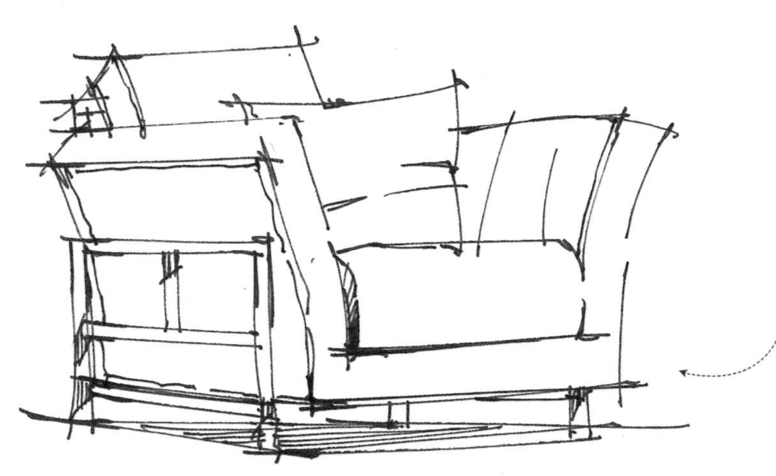

03 用勾线笔在铅笔稿的基础上绘制墨线，绘制时要再次检查透视和比例是否准确，还是要从整体入手，逐渐刻画细节，同时注意表现不同材质时所用的线条要有所区分。

2. 用勾线笔直接绘制休闲椅

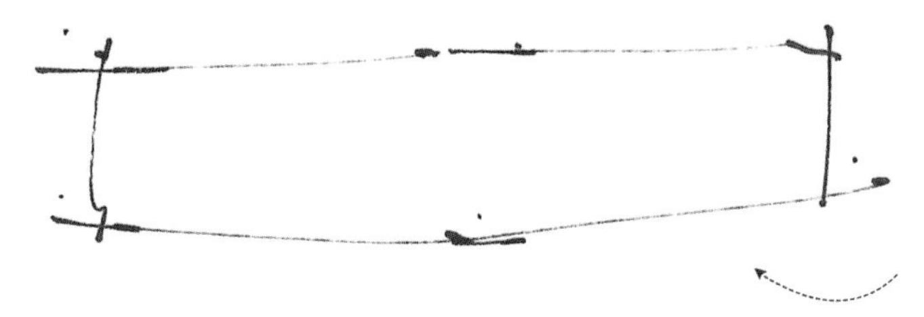

01 根据比例先画椅子的坐垫，绘制一个长方体。为了表现坐垫表面的材质，坐垫的边缘线可以不画。这样看似简单的几条线考验的是对透视和比例的准确把握，这就要求初学者在绘制时要做到心中有透视、有比例。

02 画出椅子的投影位置，目的是为了确定椅子扶手的位置。

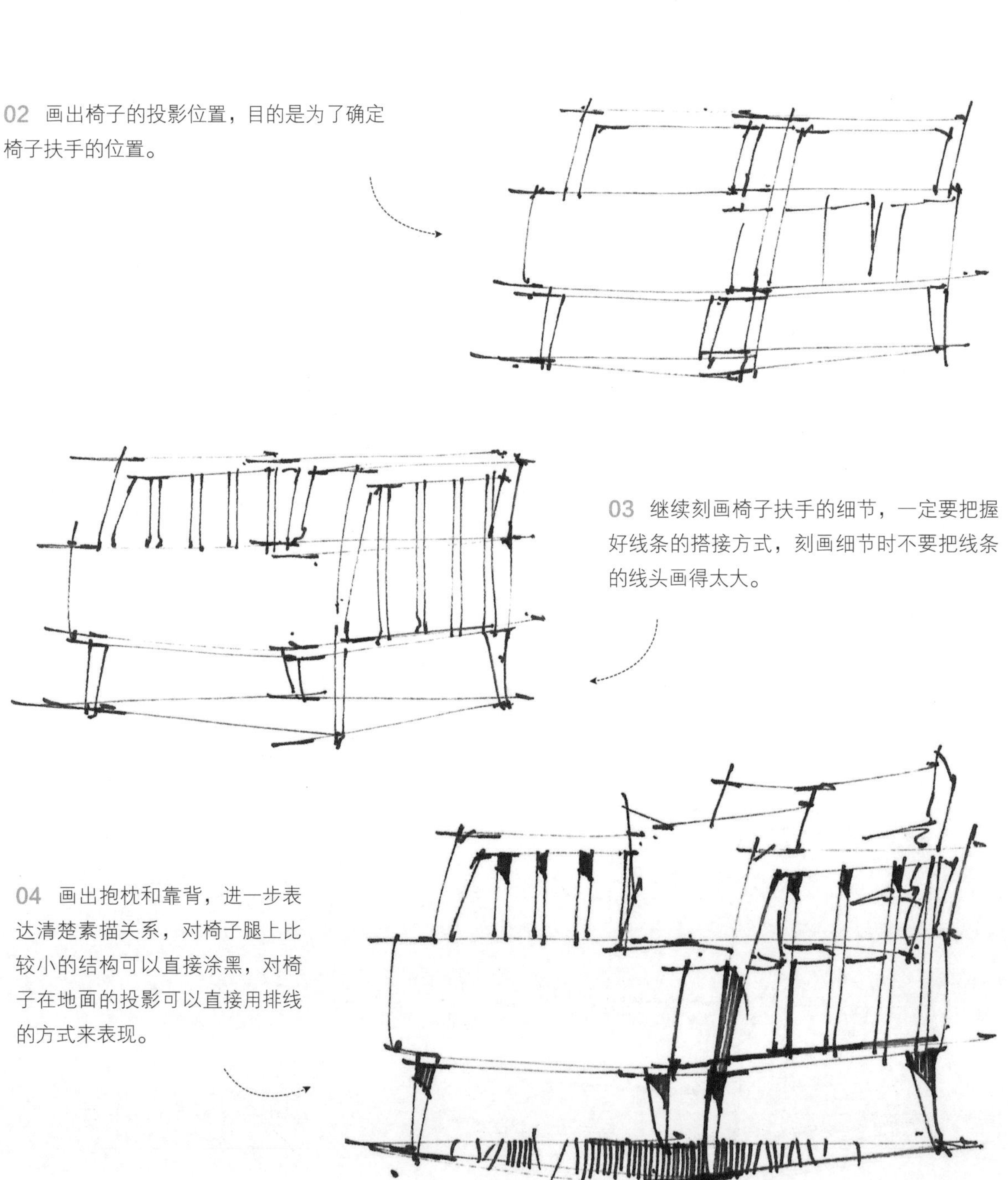

03 继续刻画椅子扶手的细节，一定要把握好线条的搭接方式，刻画细节时不要把线条的线头画得太大。

04 画出抱枕和靠背，进一步表达清楚素描关系，对椅子腿上比较小的结构可以直接涂黑，对椅子在地面的投影可以直接用排线的方式来表现。

3.2.3 床体的绘制方法

床体的画法与沙发的类似，也是先概括地画出基本形状，再刻画细节。

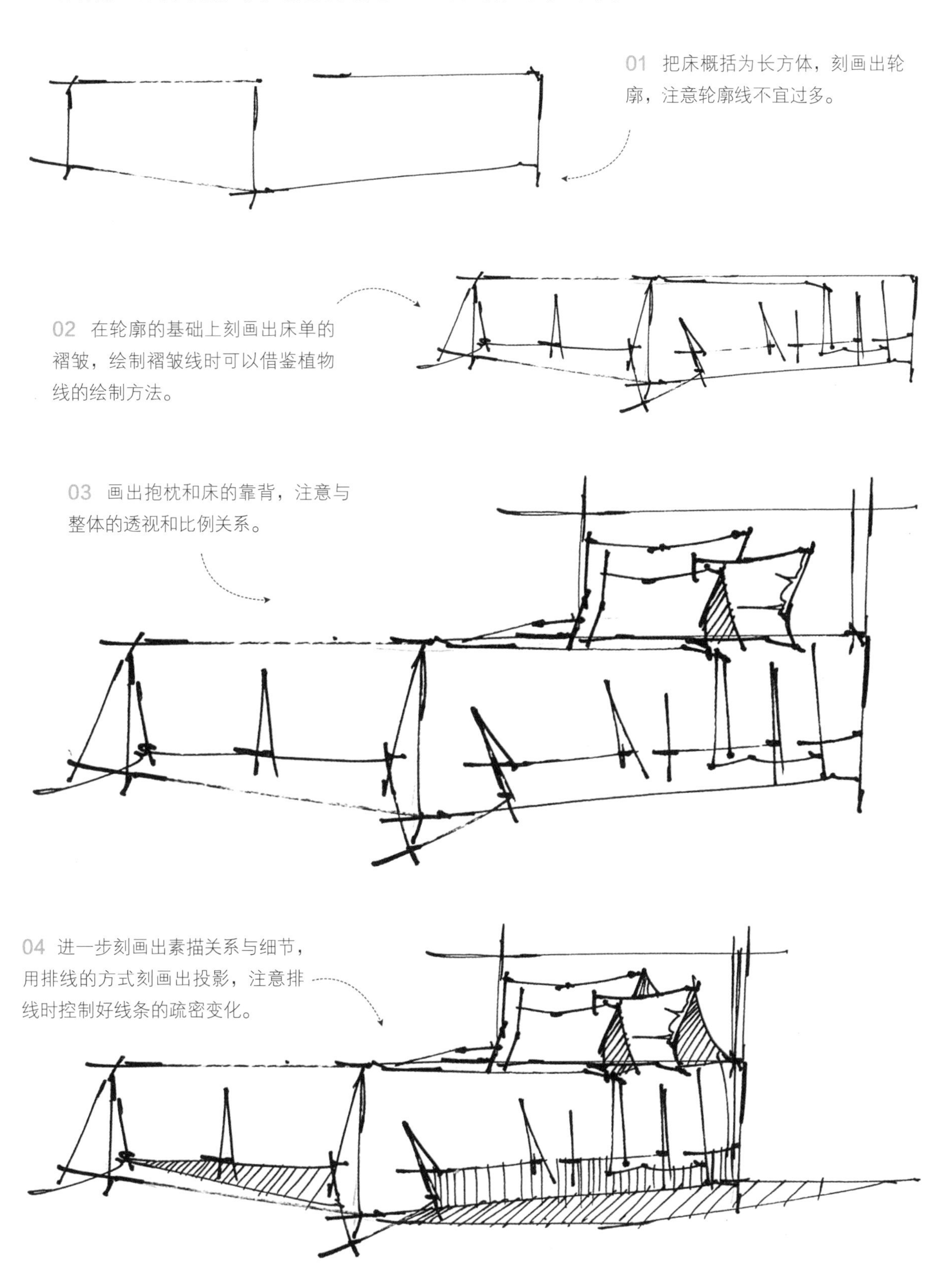

01 把床概括为长方体，刻画出轮廓，注意轮廓线不宜过多。

02 在轮廓的基础上刻画出床单的褶皱，绘制褶皱线时可以借鉴植物线的绘制方法。

03 画出抱枕和床的靠背，注意与整体的透视和比例关系。

04 进一步刻画出素描关系与细节，用排线的方式刻画出投影，注意排线时控制好线条的疏密变化。

3.3 室内单体家具线稿图案例评析

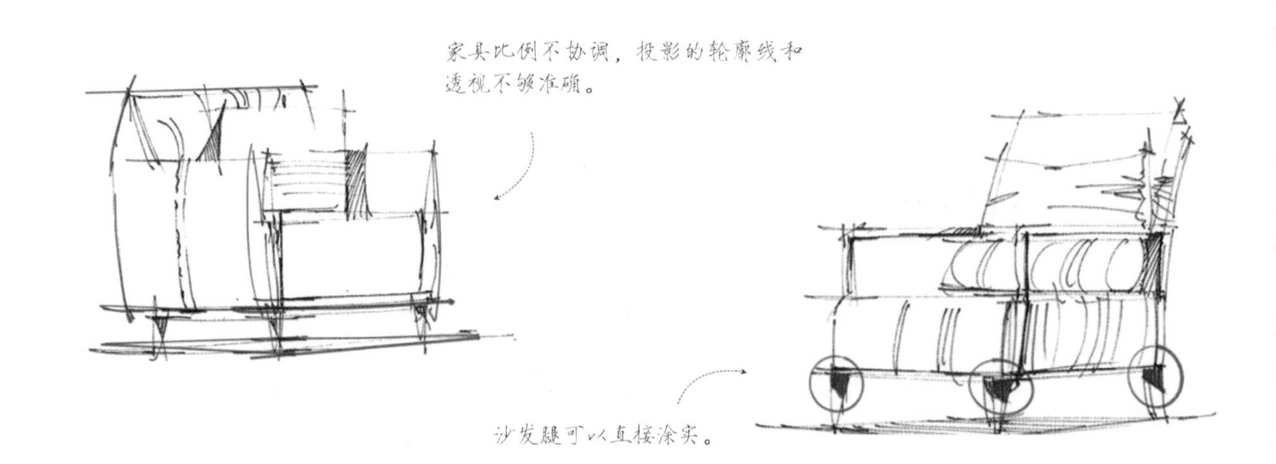

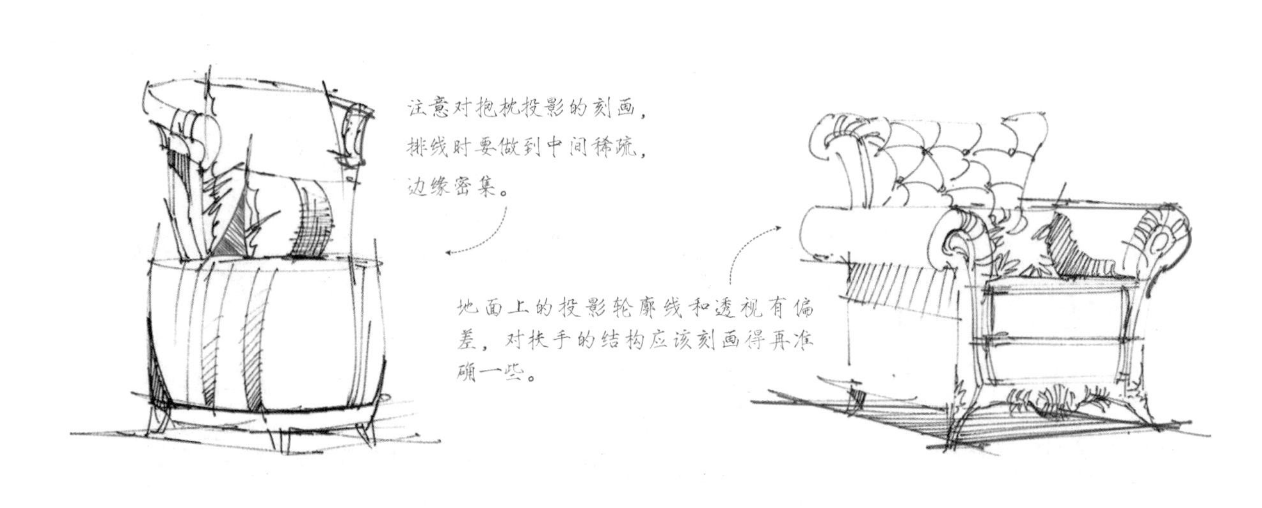

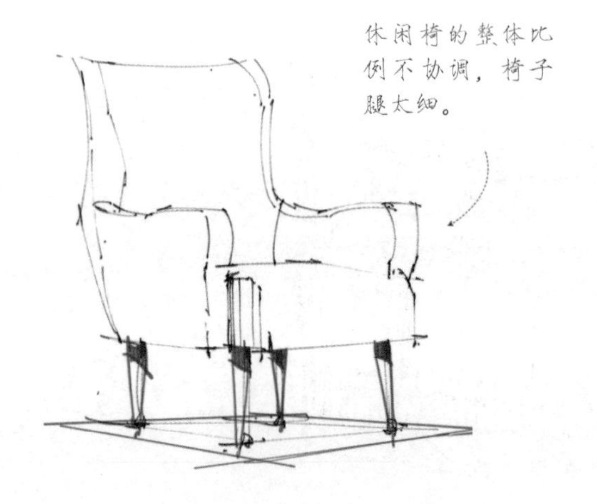

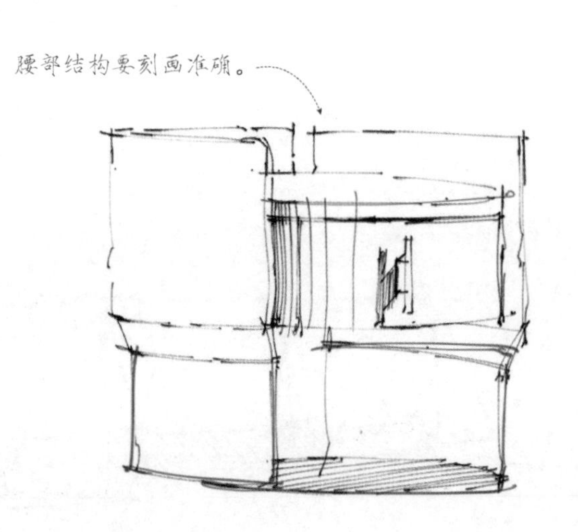

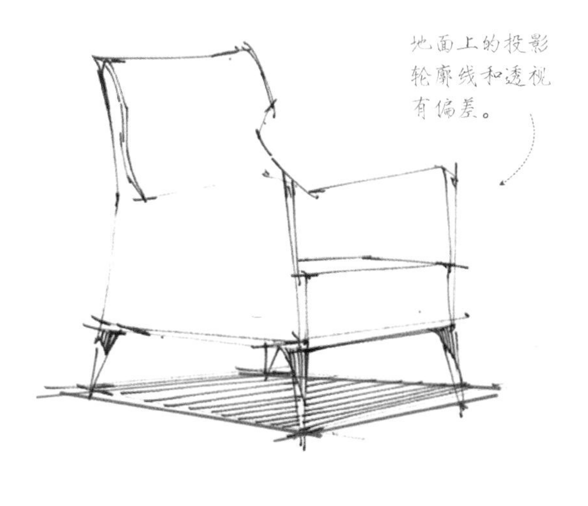
地面上的投影
轮廓线和透视
有偏差。

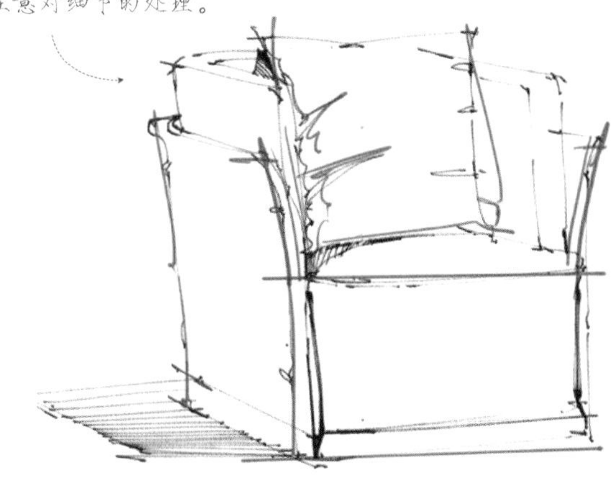
整体透视不够准确，
注意对细节的处理。

沙发腿的投影部
分应该加重，且沙
发腿的位置不对。

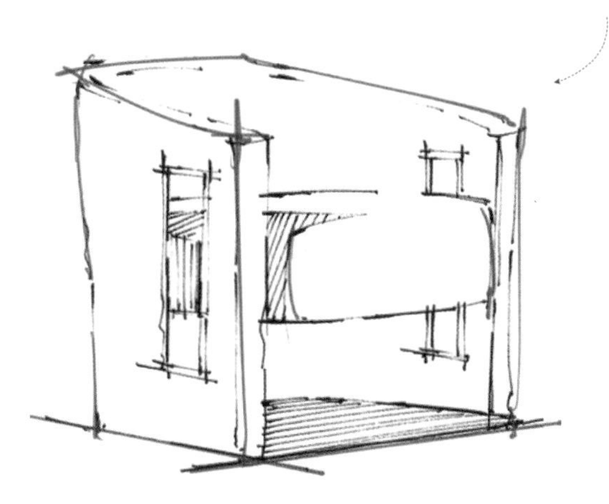
局部结构要刻画准确。

沙发腿应局部加重，地
面上的投影透视不准确。

沙发腿的投影部分应
该加重，沙发坐垫的
结构不对。

地面上的投影轮廓线和透视有偏差，抱枕的线条画得不够生动，注意对抱枕立体感的表现。

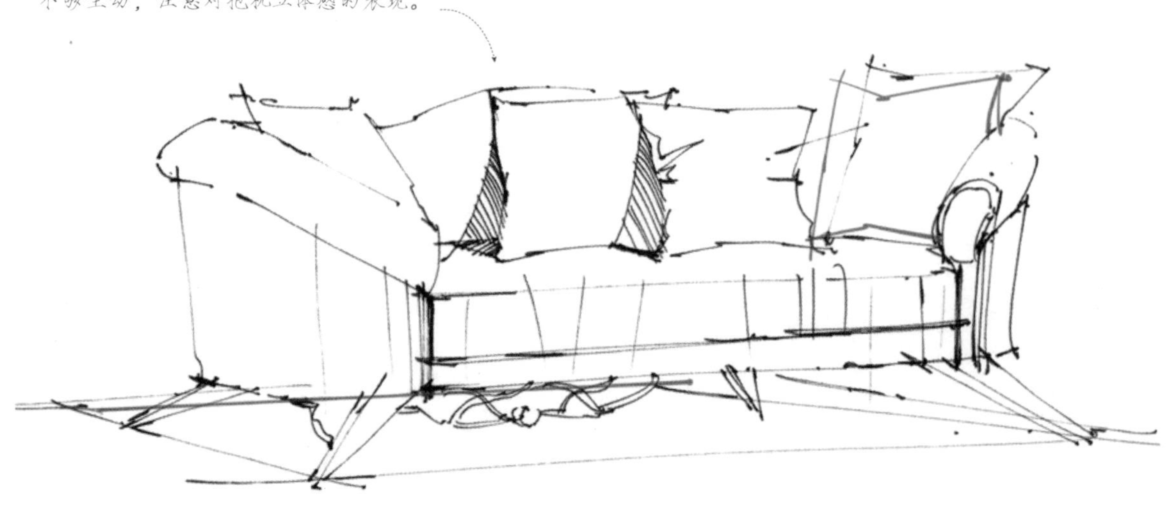

沙发整体比例失调，坐垫比例不对。

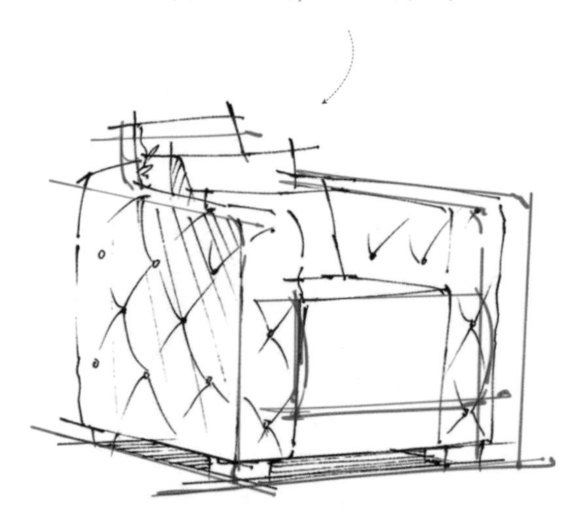

整体比例相对准确，但坐垫的结构不准确。

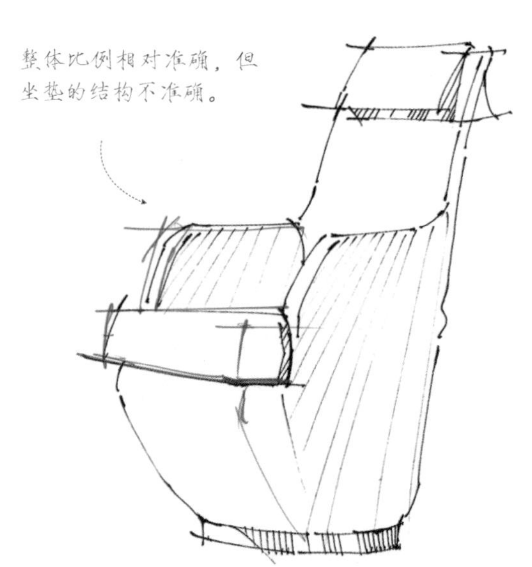

座椅的投影透视不对。

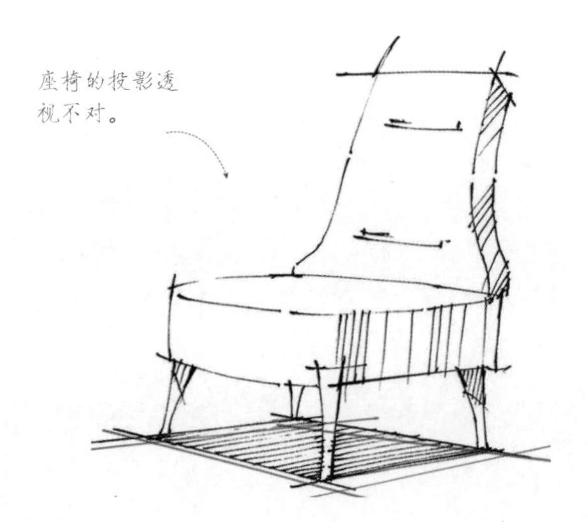

沙发坐垫的局部细节画得不准确。

地面上的投影透视不准确，座椅的扶手结构不对。

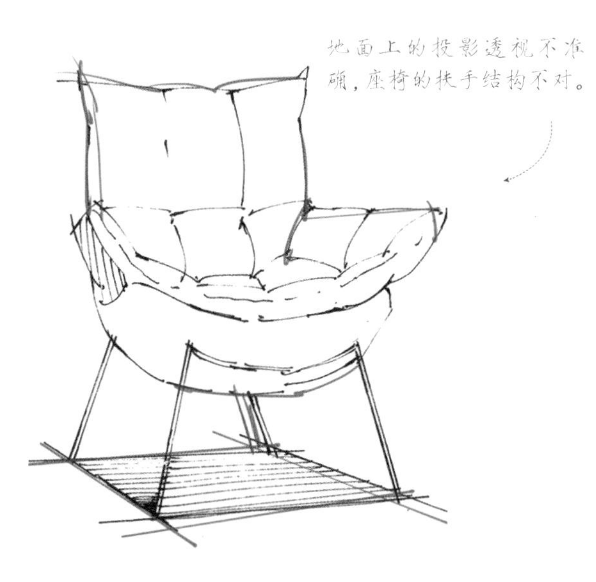

沙发腿应局部加重涂实，结构也不够准确，靠背的比例错误。

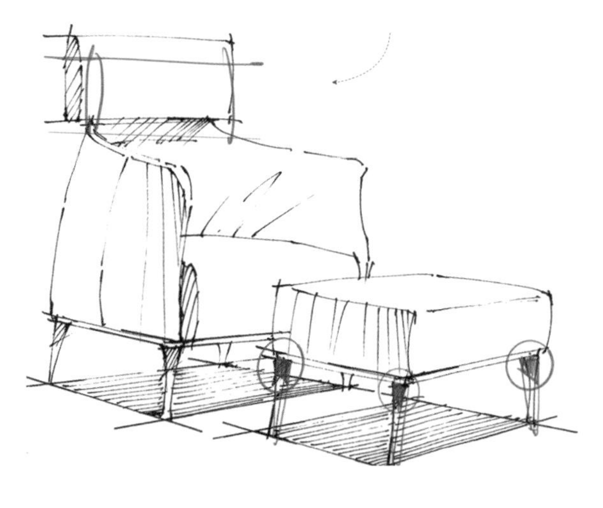

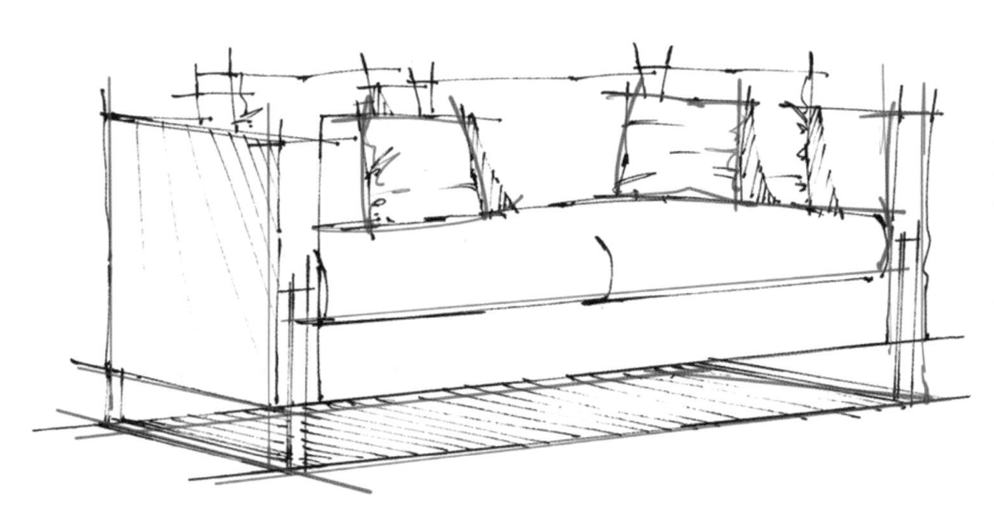

抱枕的形体不准，沙发的整体透视也有问题。

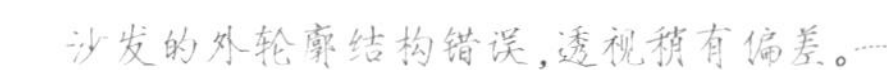

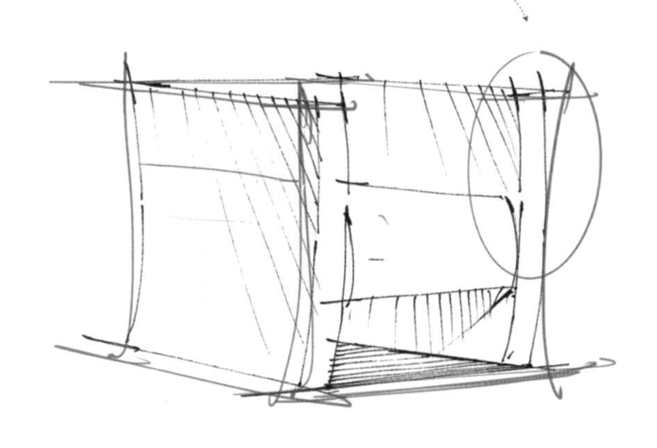

沙发的坐垫过窄，整体比例不够准确。

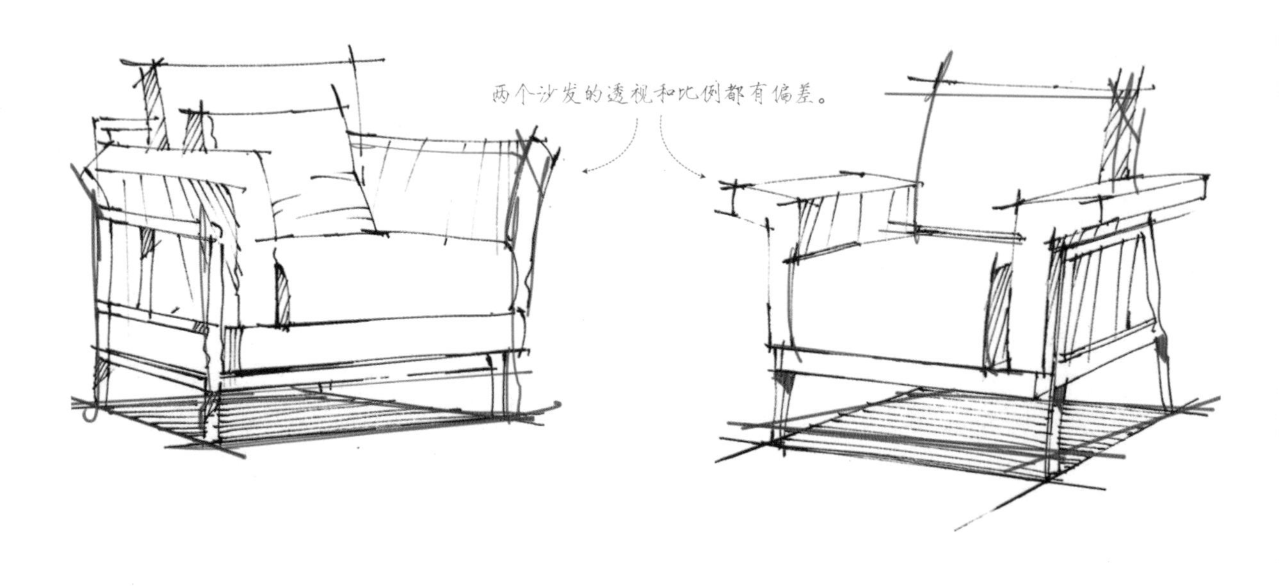

沙发腿的局部应该加重，右边的沙发两边的扶手转折点透视不准确，茶几的投影太小，透视有偏差。

投影的轮廓线透视有偏差。

注意素描关系的处理，投影的轮廓线透视有偏差。

家具在地面上的投影要和家具的整体比例相协调，注意弧形结构的转折点也要按照透视方向去画。

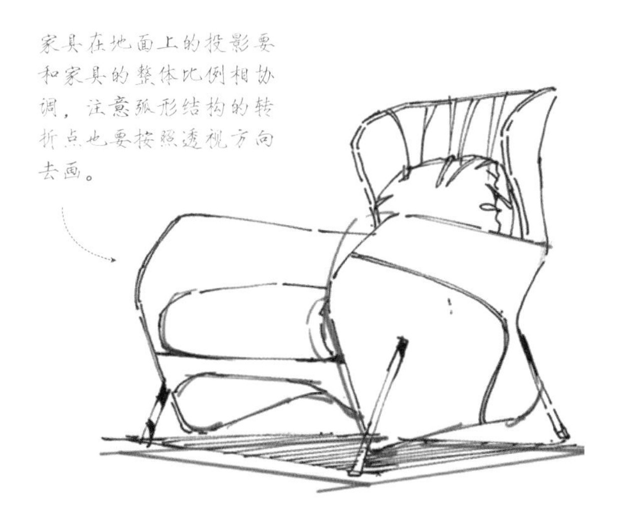

毯子的材质表现得不准确，椅子腿的位置有偏差。

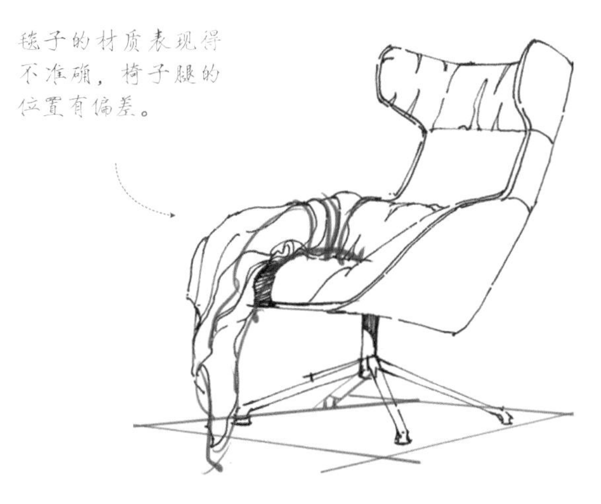

休闲椅的椅子腿的结构不准确，投影的透视错误。

椅子腿的结构不准确，投影的透视也不准确。

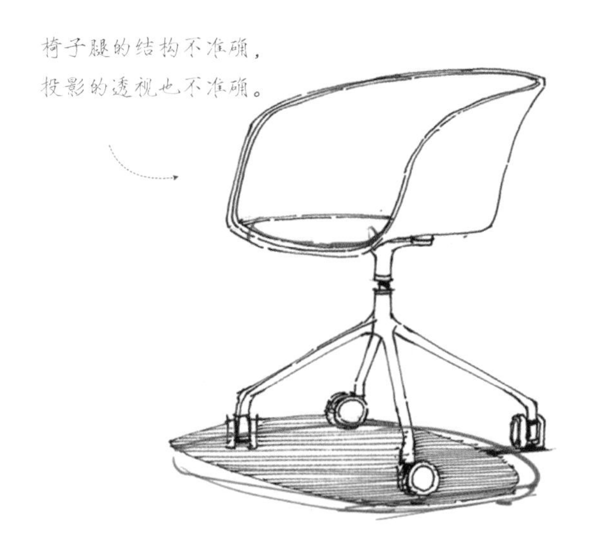

地面上的投影面积太小，椅子腿的结构和位置不准确。

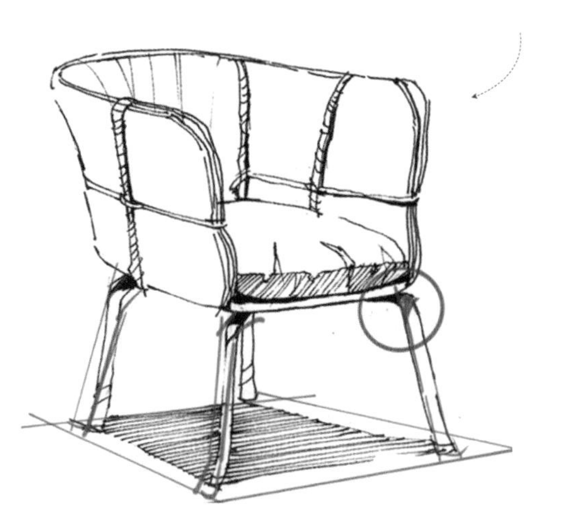

地面上的投影面积太小，椅子腿的结构和位置不准确。

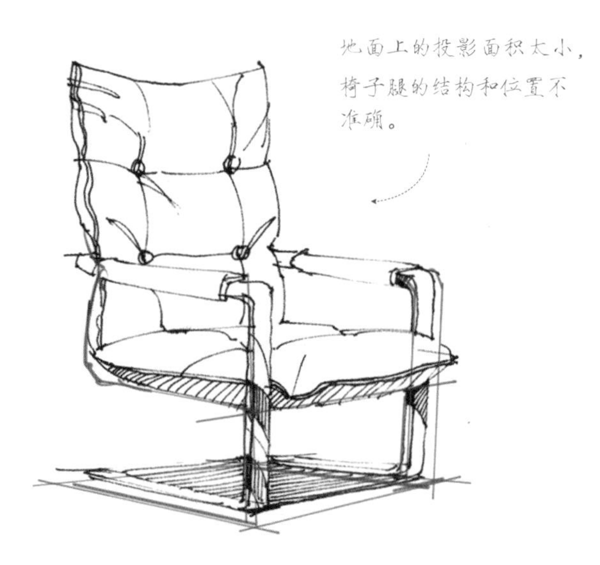

椅子腿的结构不准确，
投影透视错误。

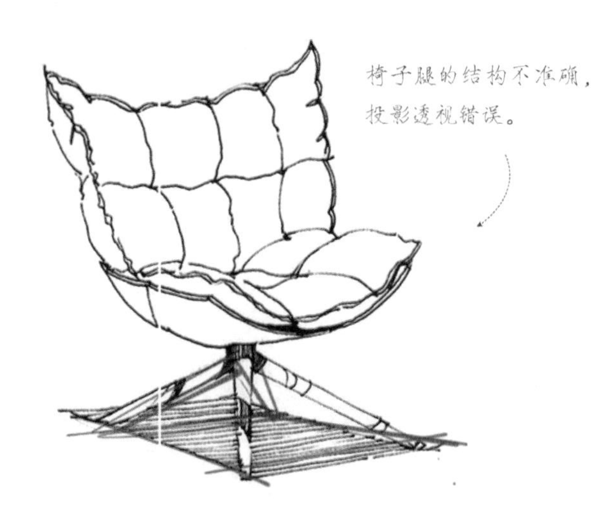

坐垫的轮廓不准确，沙发的结构透
视也不准确。

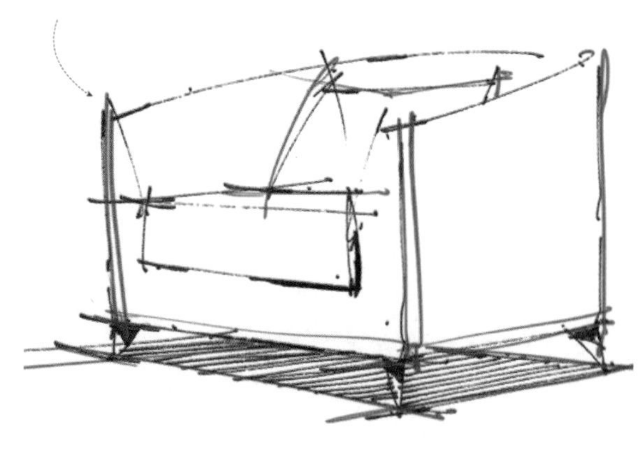

抱枕的材质表现得不准确，
椅子腿的位置有偏差。

沙发坐垫的细节刻
画不准确。

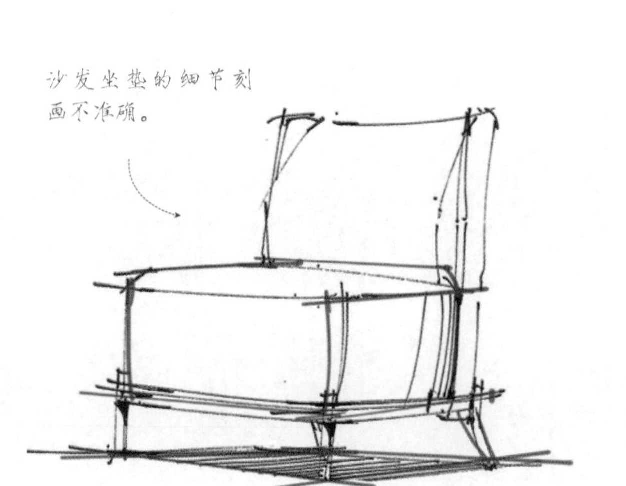

抱枕的形状不够准确。

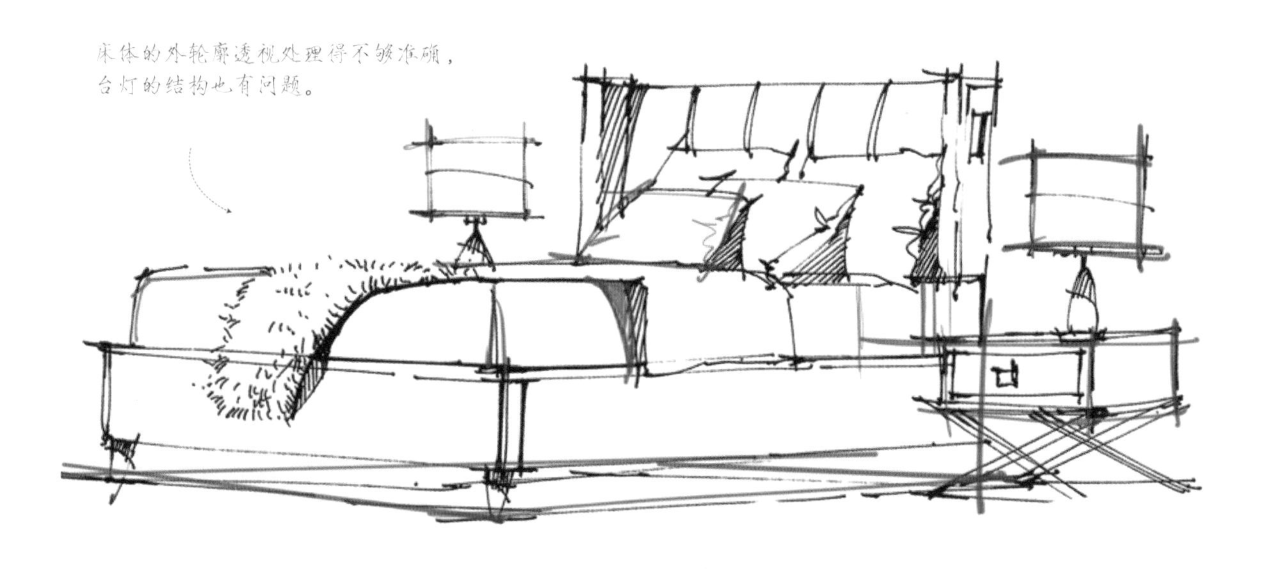

床体的外轮廓透视处理得不够准确，台灯的结构也有问题。

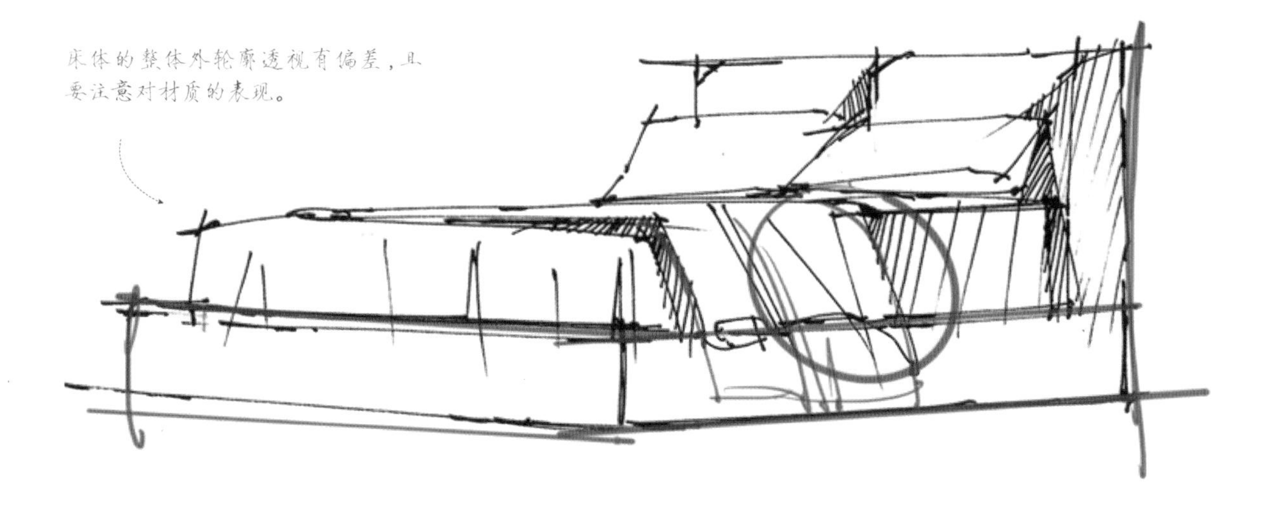

床体的整体外轮廓透视有偏差，且要注意对材质的表现。

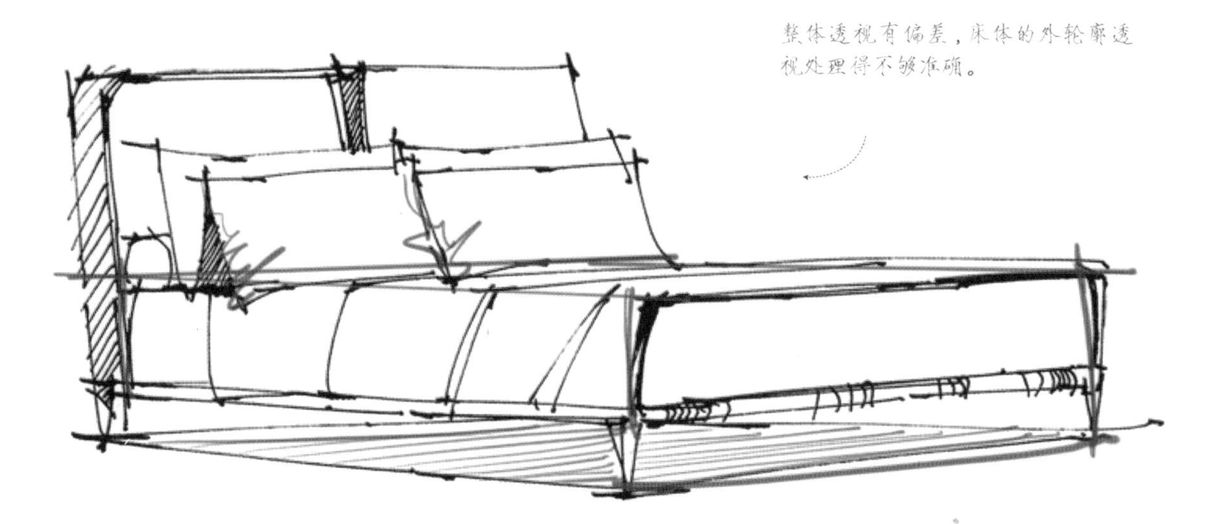

整体透视有偏差，床体的外轮廓透视处理得不够准确。

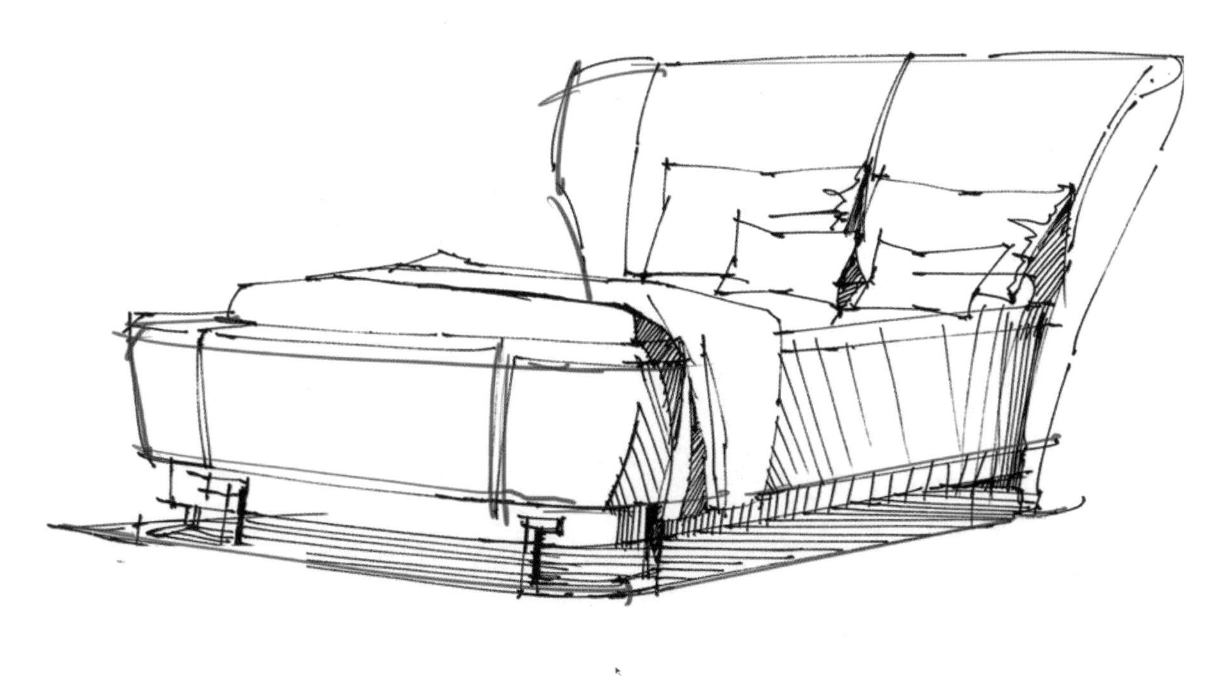

床的弧形靠背部分的左右两边的转折点透视不准确。

抱枕的外形画得不够准确，注意绘制投影时用线要有变化。

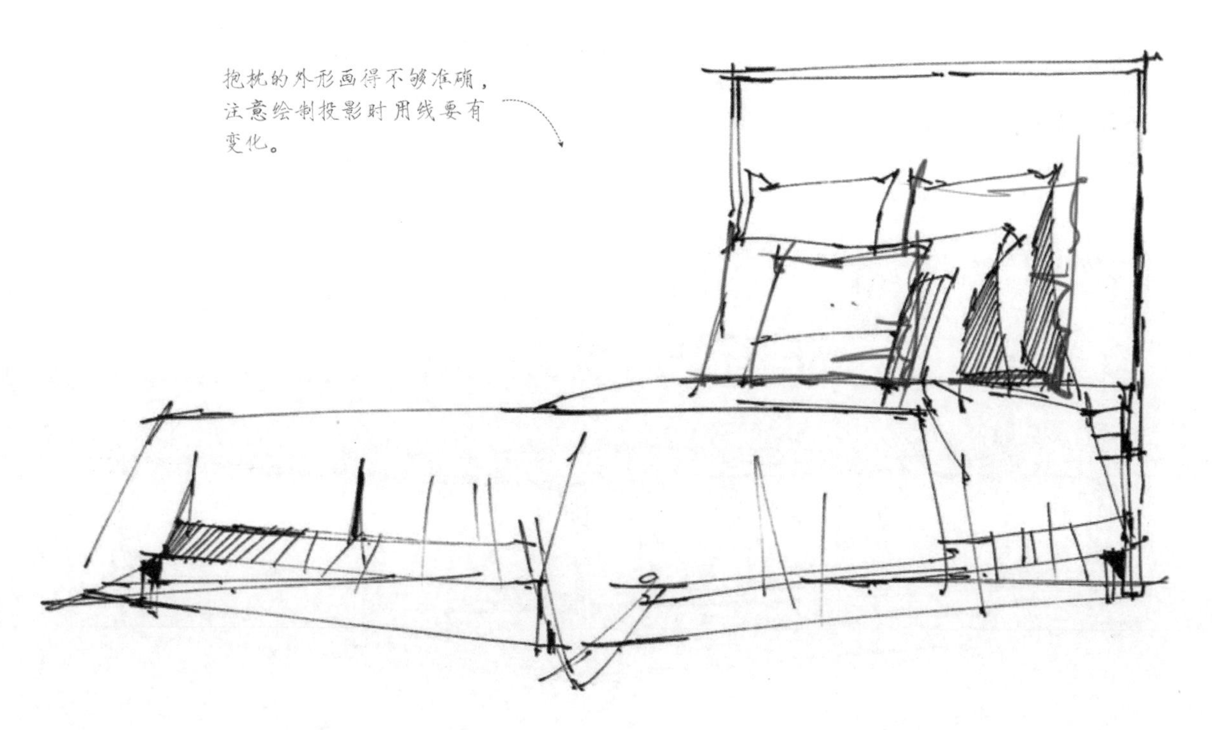

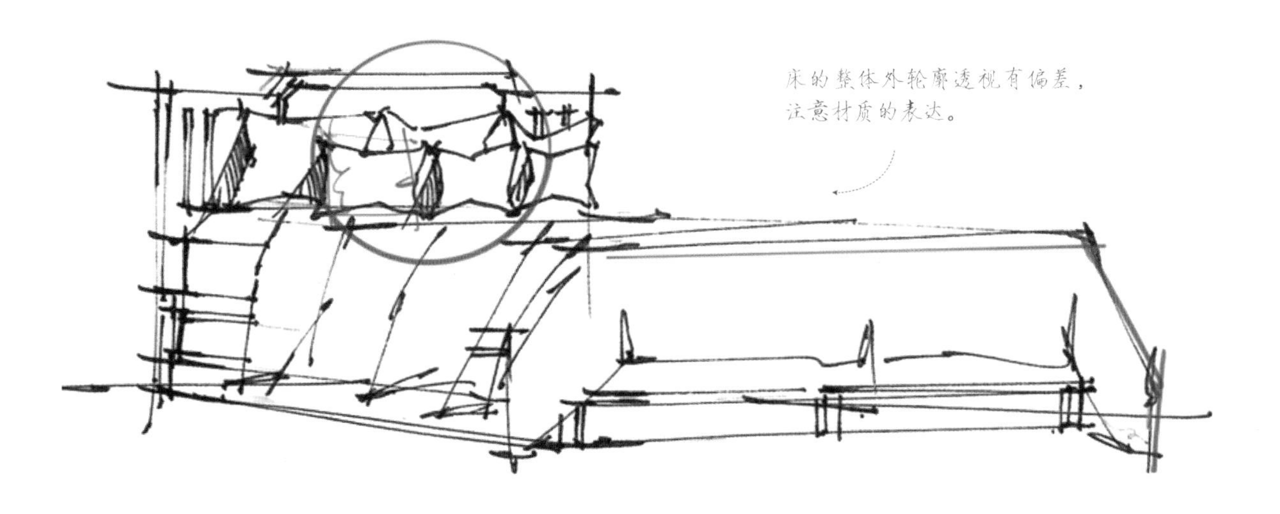

3.4 组合家具绘制方法

组合家具绘制是室内设计手绘练习过程中非常重要的一个环节，是最终效果图的重要组成部分，如果组合家具画不好，最终效果图肯定不能准确地传达设计意图。绘制组合家具时需要注意“三准确”：第一点家具的整体比例要准确，第二点家具的透视要准确，第三点材质的表现要准确。

下面通过 3 组常见的组合家具案例来分步介绍组合家具的绘制方法。

3.4.1 组合沙发的绘制方法

组合沙发是常见的组合家具之一，绘制组合沙发时需要知道几个基本数据，以便更加准确地表现出组合沙发的效果。一般沙发坐垫到地面的距离和茶几的高度为 40cm~42cm，沙发扶手的高度为 70cm，另外沙发在不同的视平线空间内所表现出的效果也会不同，如果了解家具的尺寸和某个空间的视平线高度，就能准确地画出家具在该空间中的形态。

下图是在视平线高度为 80cm 的空间中的组合沙发形态。

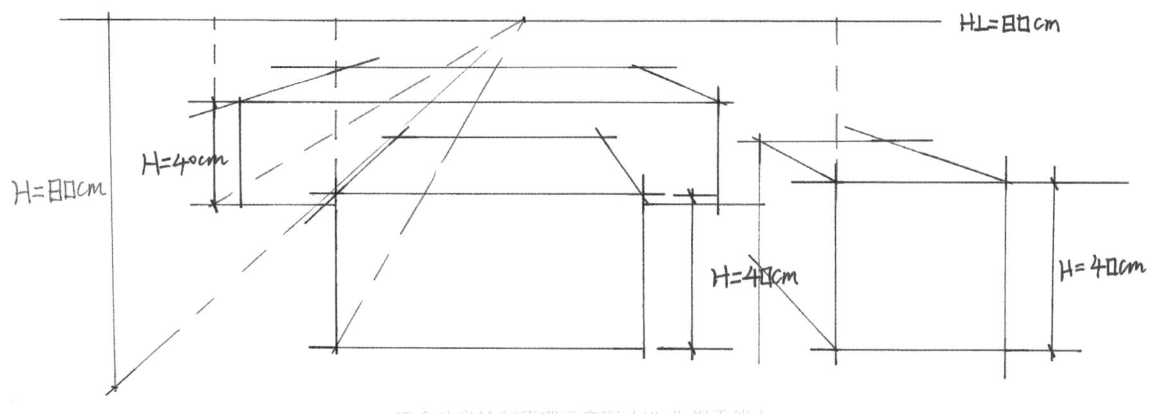

组合沙发绘制原理示意图（HL 为视平线）

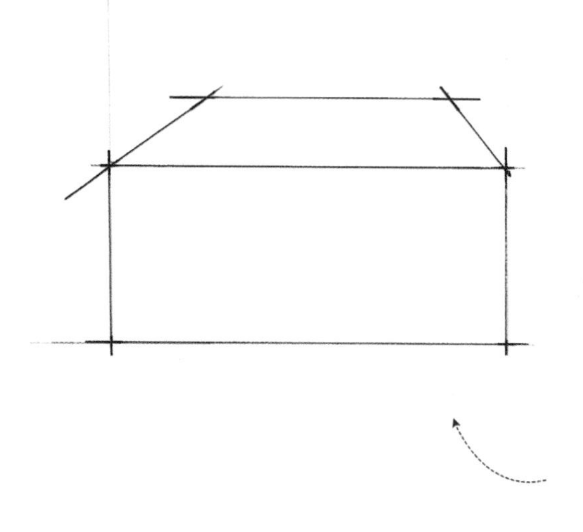

01 在纸面的上方画一条视平线（HL），视平线的高度一般定在 80cm~100cm，在这个尺寸下，室内空间的效果会更好。定好视平线之后根据视平线的高度画出第一个沙发座椅的高度（40cm~42cm），因为视平线的高度为 80cm，所以沙发坐垫的高度为视平线高度的一半左右，再根据此方法确定长方体的宽度。这样一个长方体就绘制出来了，接下来继续绘制其他的几何形体。

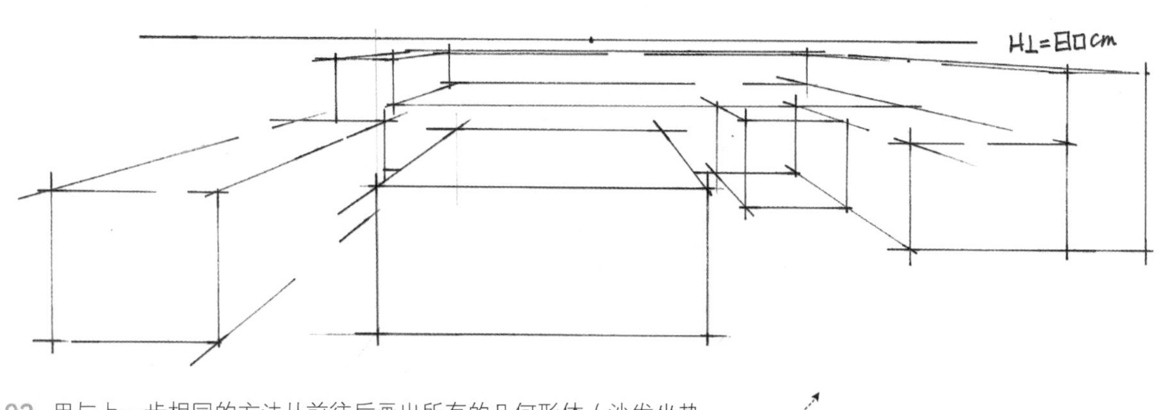

02 用与上一步相同的方法从前往后画出所有的几何形体（沙发坐垫的高度为 40cm~42cm，扶手的高度为 70cm）。

03 从前往后开始细化第一个几何形体，要表现出茶几的面板和底部空间。然后丰富桌面上的内容，绘制出盒子和书籍等物品。

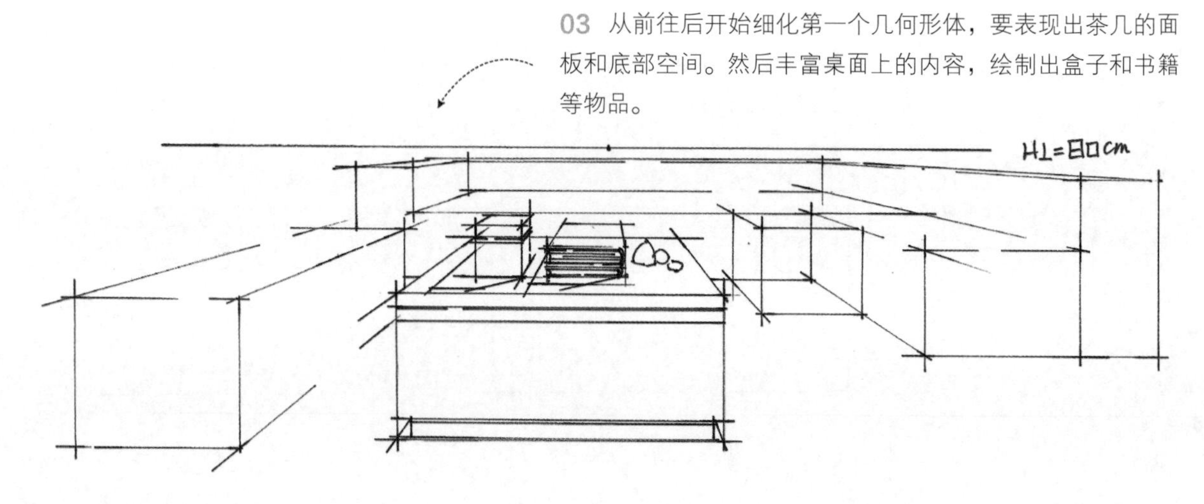

04 绘制后面小桌子上的细节及桌子上的物品，注意要把摆件的投影刻画出来。

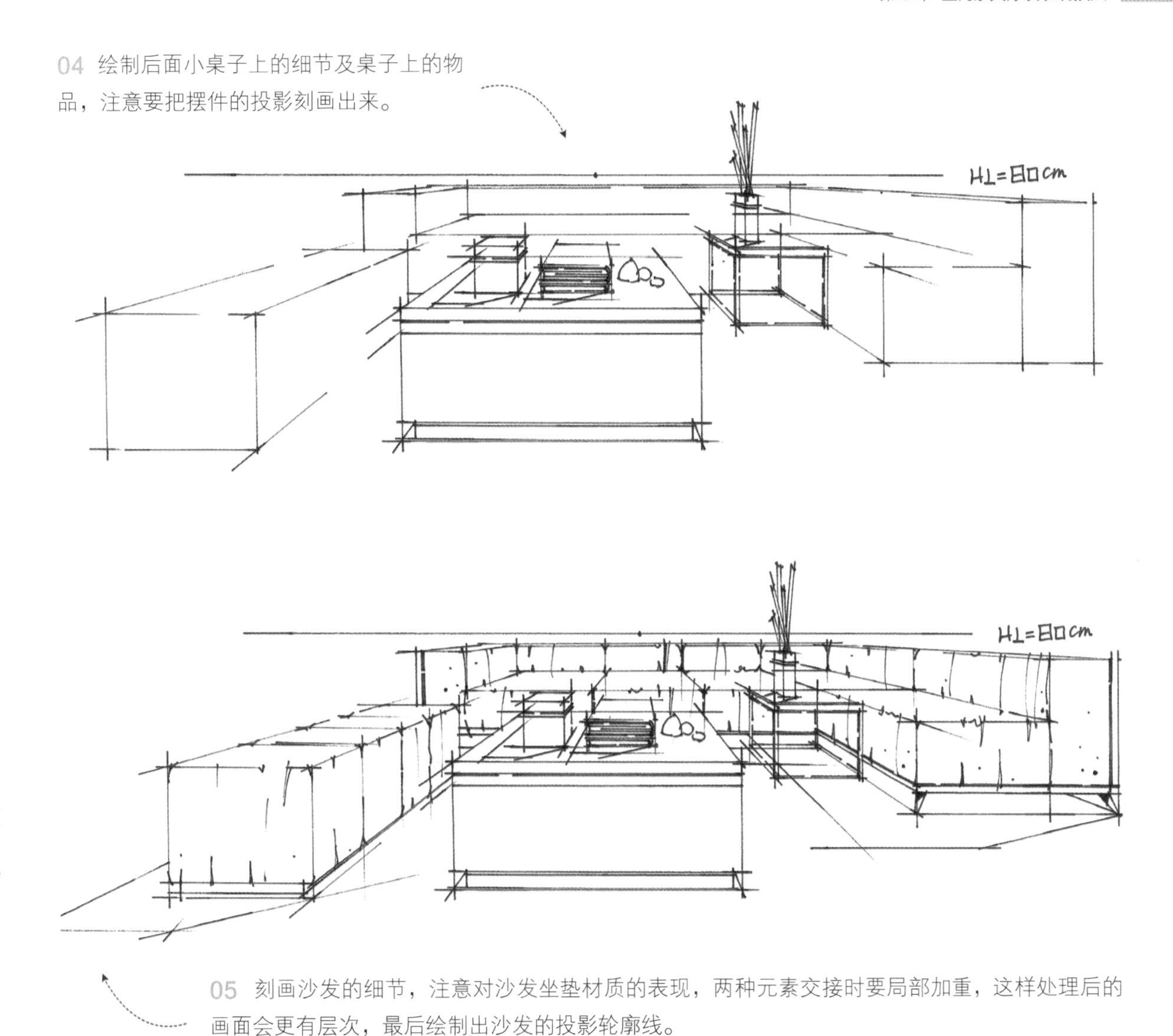

05 刻画沙发的细节，注意对沙发坐垫材质的表现，两种元素交接时要局部加重，这样处理后的画面会更有层次，最后绘制出沙发的投影轮廓线。

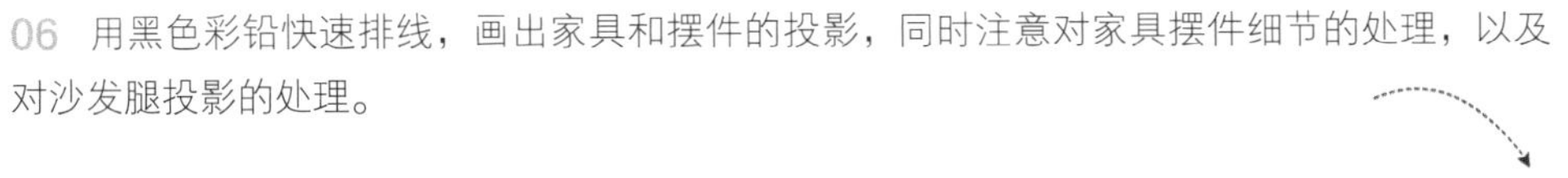

06 用黑色彩铅快速排线，画出家具和摆件的投影，同时注意对家具摆件细节的处理，以及对沙发腿投影的处理。

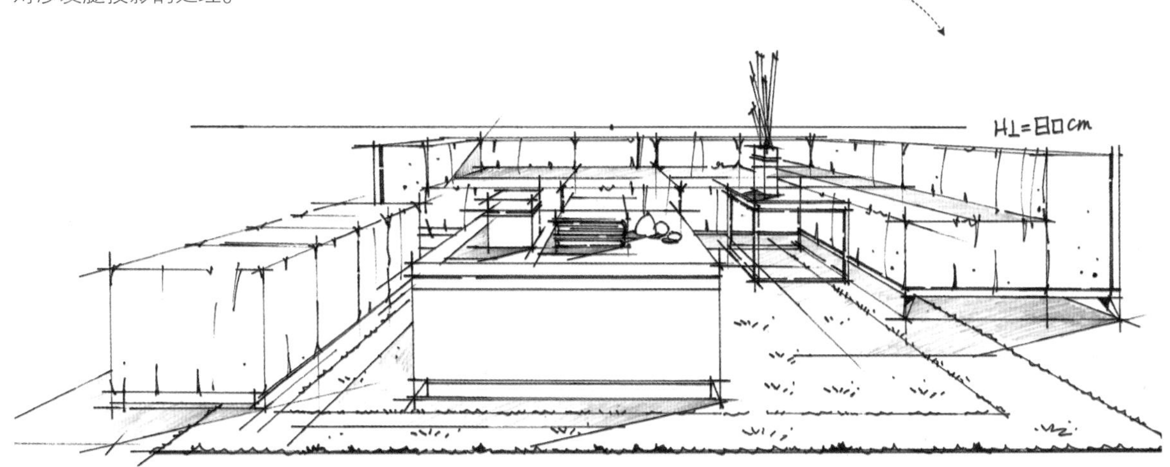

3.4.2 组合办公桌椅的绘制方法

组合办公桌椅也是常见的组合家具之一，绘制组合办公桌椅时同样也需要知道一些基本数据，如常规办公桌的高度为 70cm 左右，办公椅扶手的高度为 70cm 左右，办公椅坐垫的高度为 40cm 左右。当然也得看具体情况，例如现在有些办公桌是可升降的，需要在绘制时参考其他家具准确地绘制出相应的高度。

下图是一组办公桌椅在视平线高度为 80cm 的空间中的形态。

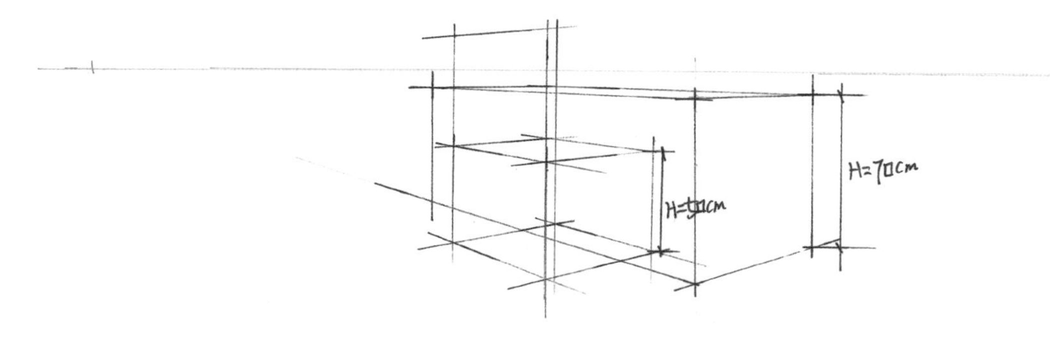

组合办公桌椅绘制原理示意图

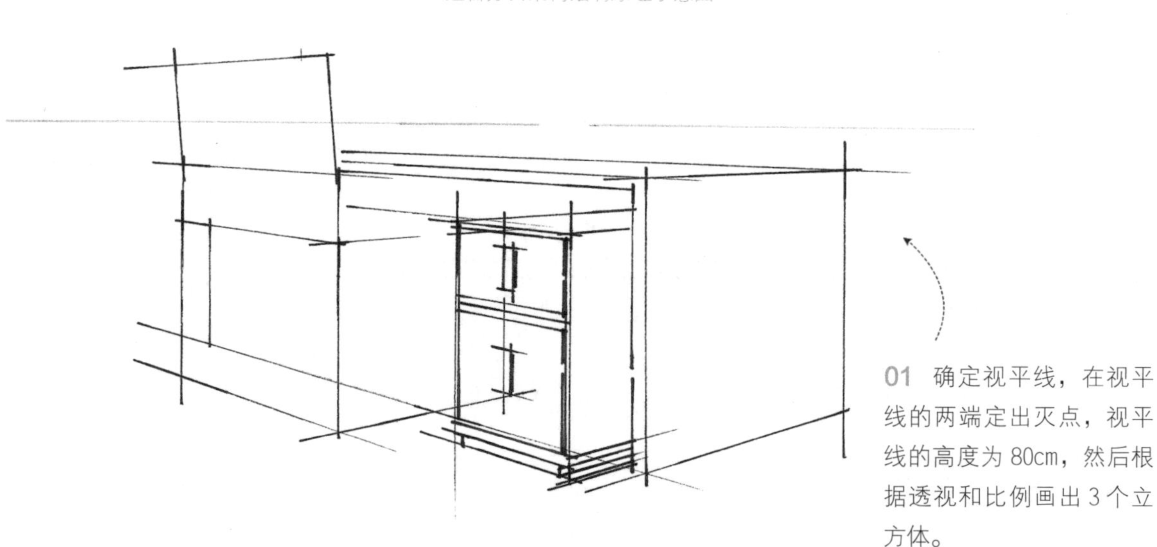

01 确定视平线，在视平线的两端定出灭点，视平线的高度为 80cm，然后根据透视和比例画出 3 个立方体。

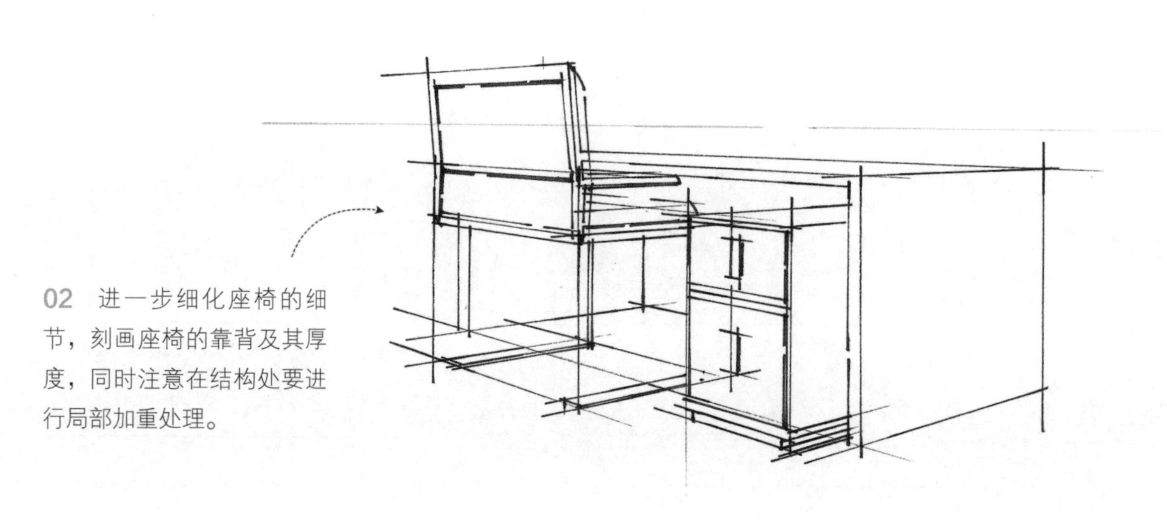

02 进一步细化座椅的细节，刻画座椅的靠背及其厚度，同时注意在结构处要进行局部加重处理。

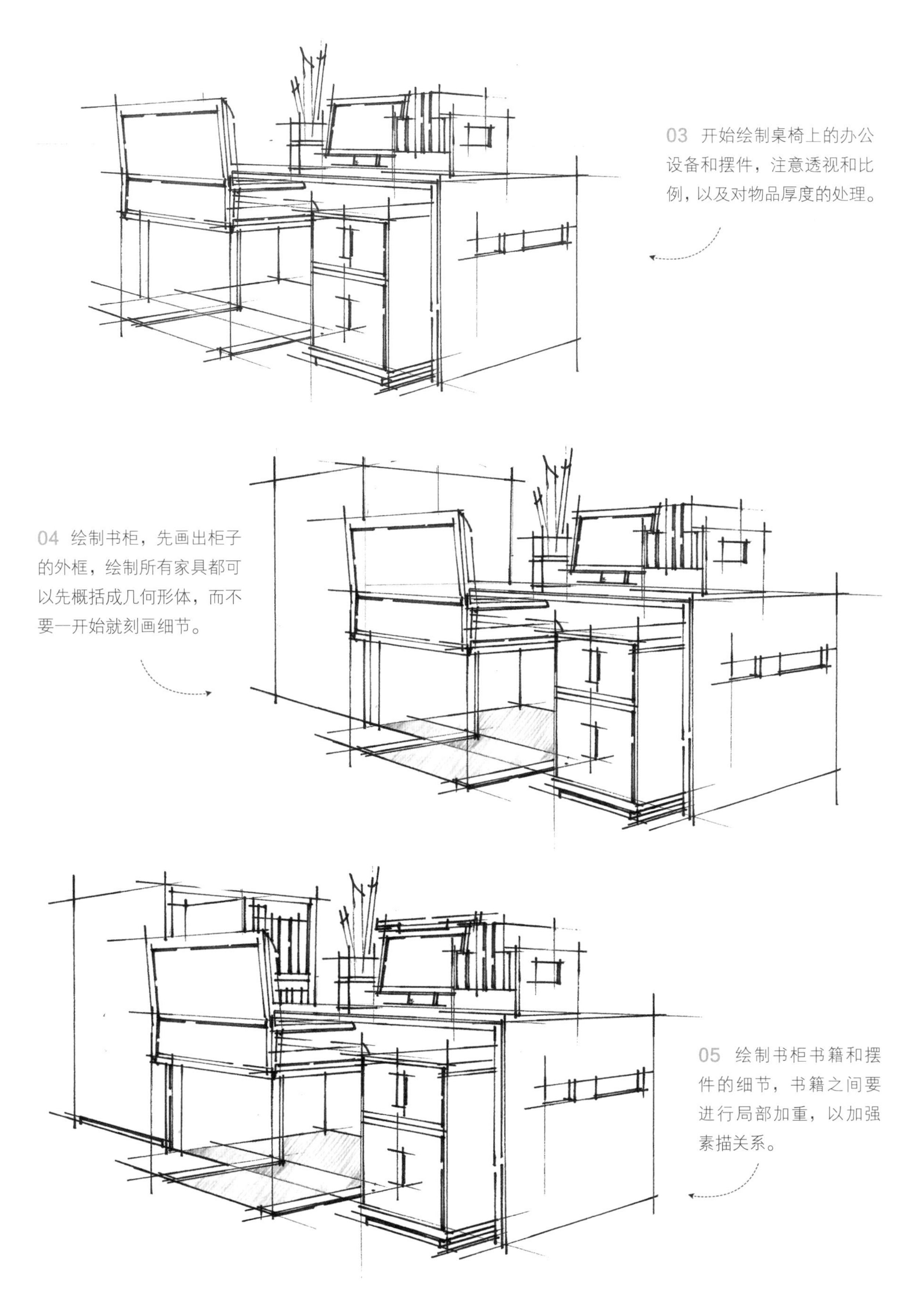

03 开始绘制桌椅上的办公设备和摆件，注意透视和比例，以及对物品厚度的处理。

04 绘制书柜，先画出柜子的外框，绘制所有家具都可以先概括成几何形体，而不要一开始就刻画细节。

05 绘制书柜书籍和摆件的细节，书籍之间要进行局部加重，以加强素描关系。

3.4.3 组合餐厅桌椅的绘制方法

组合餐厅桌椅也是常见的组合家具之一，常规餐桌的高度为 70cm 左右，椅子坐垫的高度为 40cm 左右。下图是一组组合餐厅桌椅在视平线高度为 80cm 的空间中的形态。

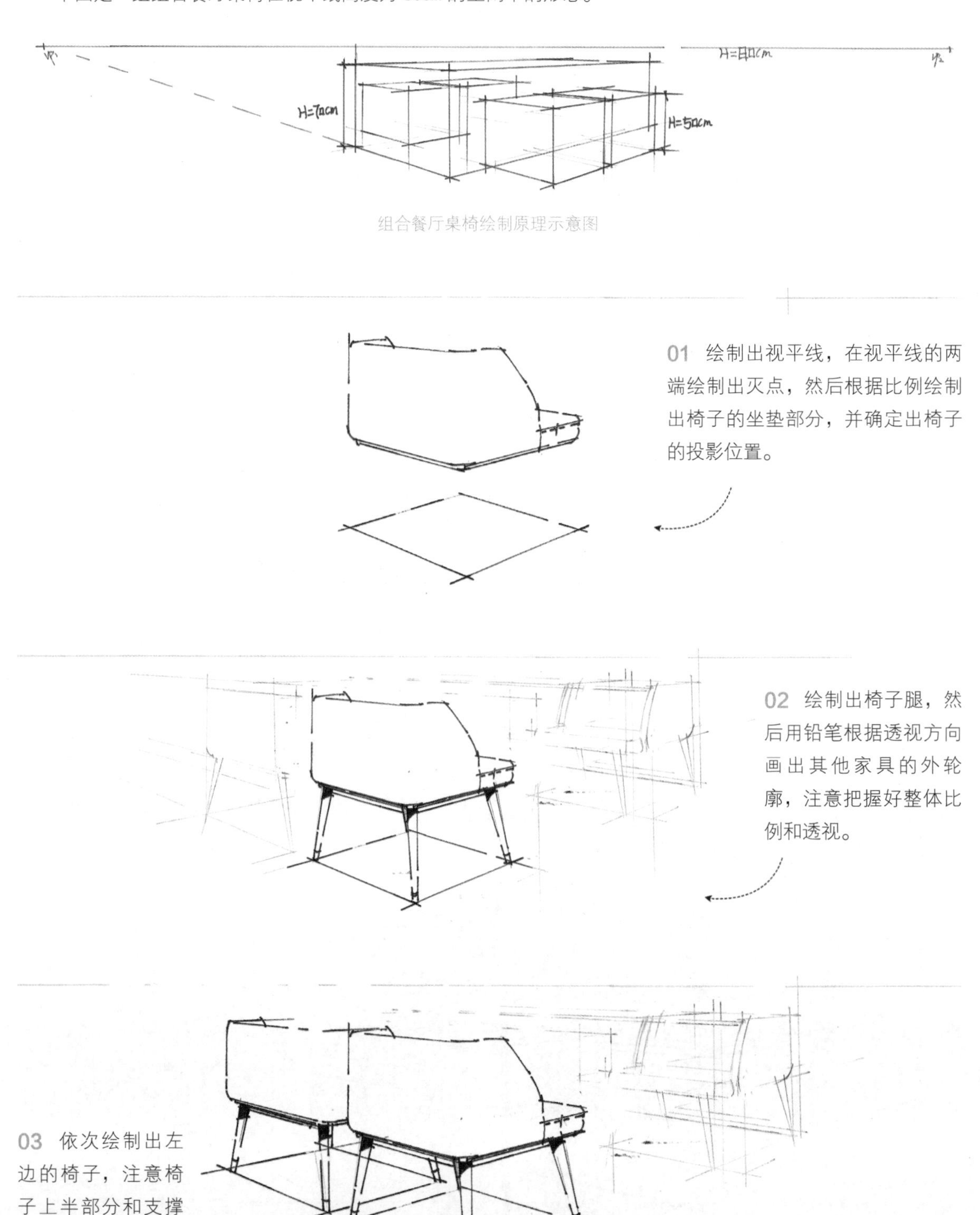

组合餐厅桌椅绘制原理示意图

01 绘制出视平线，在视平线的两端绘制出灭点，然后根据比例绘制出椅子的坐垫部分，并确定出椅子的投影位置。

02 绘制出椅子腿，然后用铅笔根据透视方向画出其他家具的外轮廓，注意把握好整体比例和透视。

03 依次绘制出左边的椅子，注意椅子上半部分和支撑结构之间要画出厚度，并对局部加重。

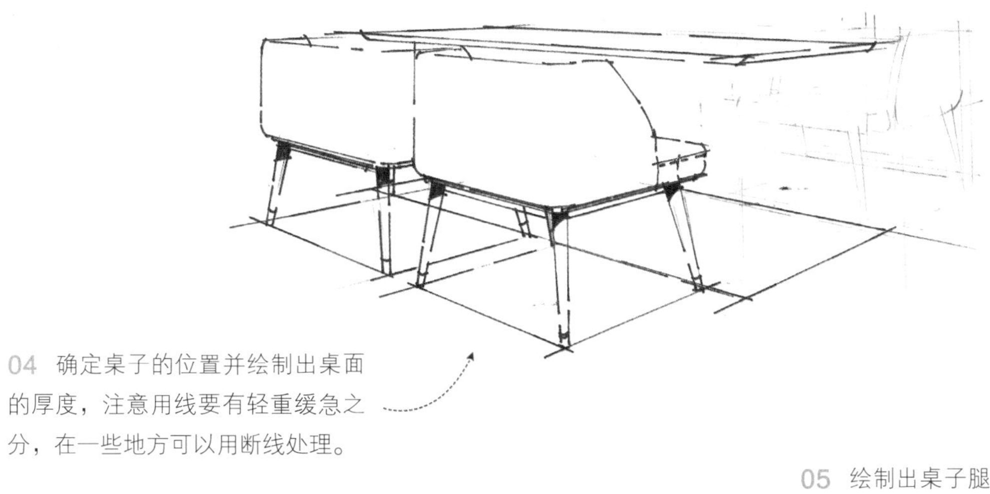

04 确定桌子的位置并绘制出桌面的厚度，注意用线要有轻重缓急之分，在一些地方可以用断线处理。

05 绘制出桌子腿，然后绘制出桌子腿的投影，根据透视方向画出后面的一组椅子，注意对椅子腿投影的处理。

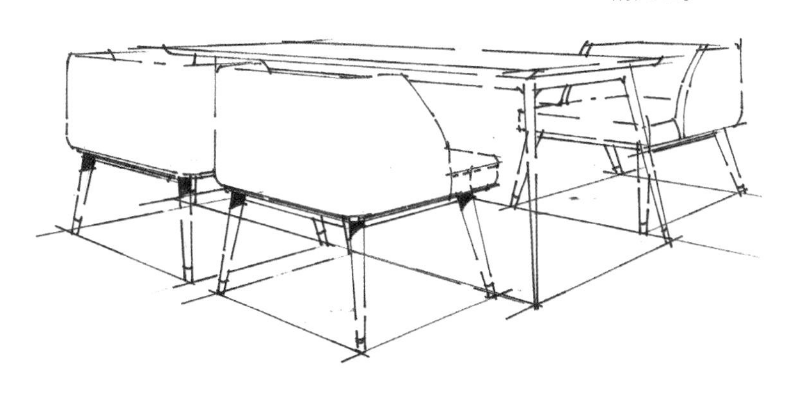

06 绘制出最后一把椅子，并用黑色彩铅画出投影，要能准确地绘制出家具的纹理和细节。

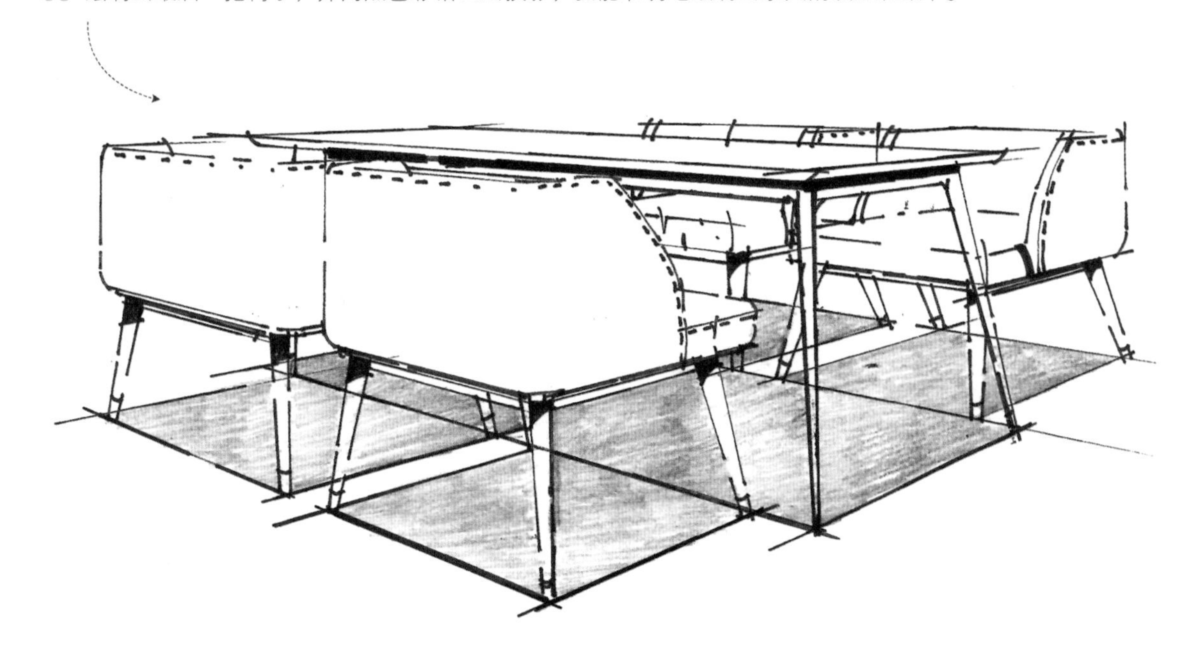

3.5 室内组合家具线稿图案例评析

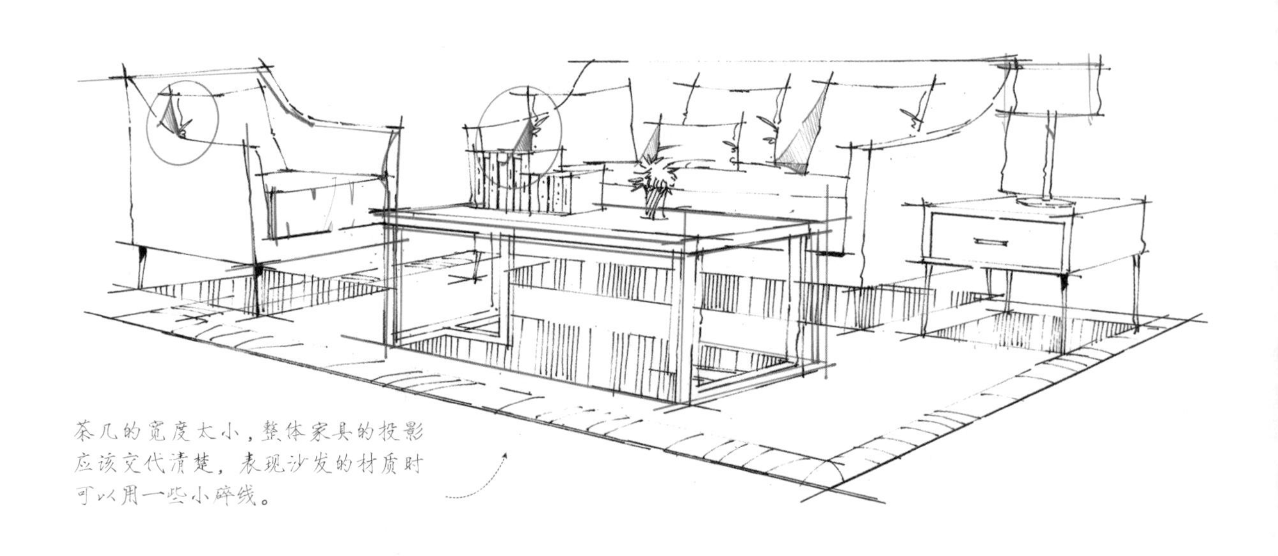

茶几的宽度太小，整体家具的投影应该交代清楚，表现沙发的材质时可以用一些小碎线。

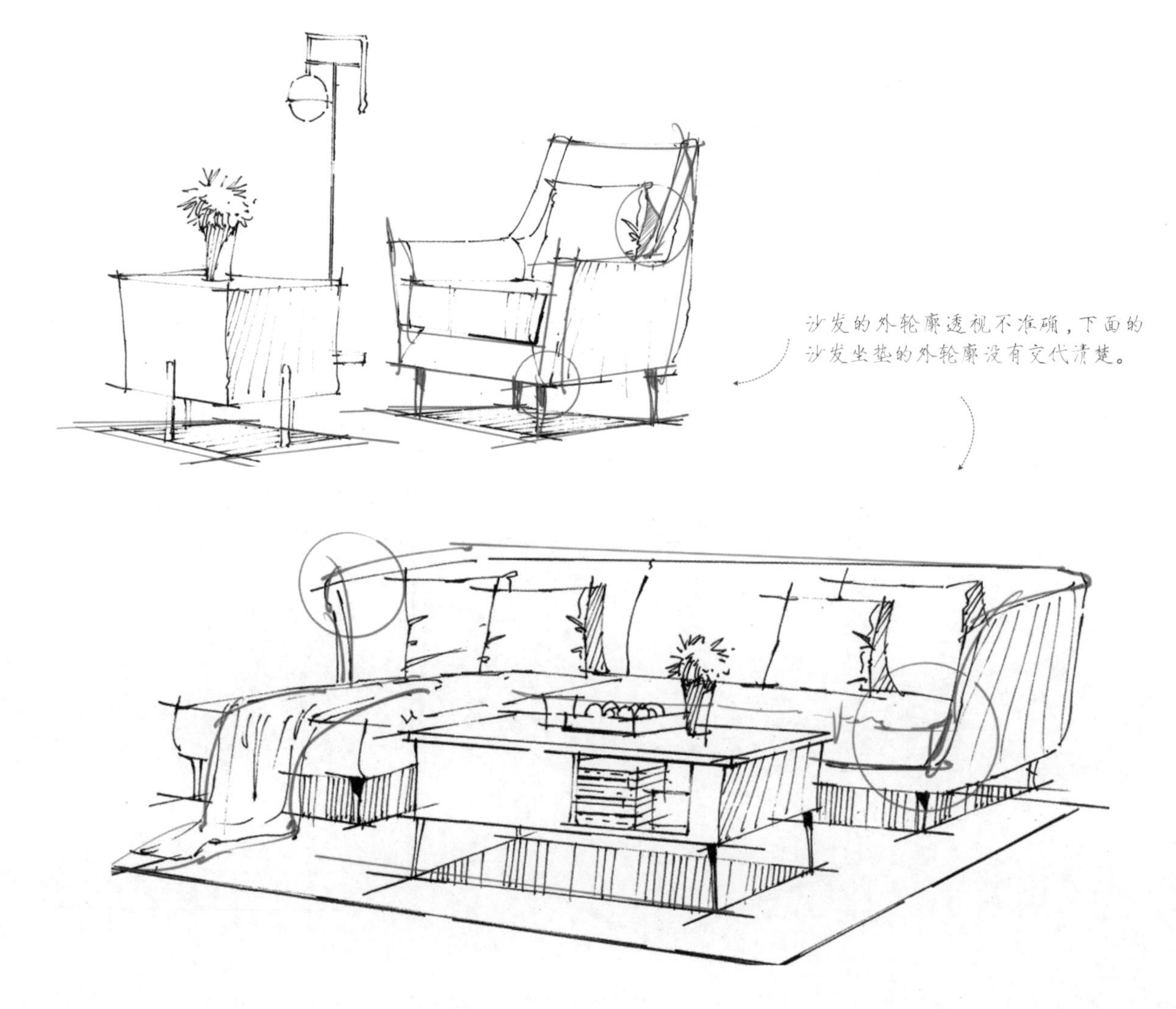

沙发的外轮廓透视不准确，下面的沙发坐垫的外轮廓没有交代清楚。

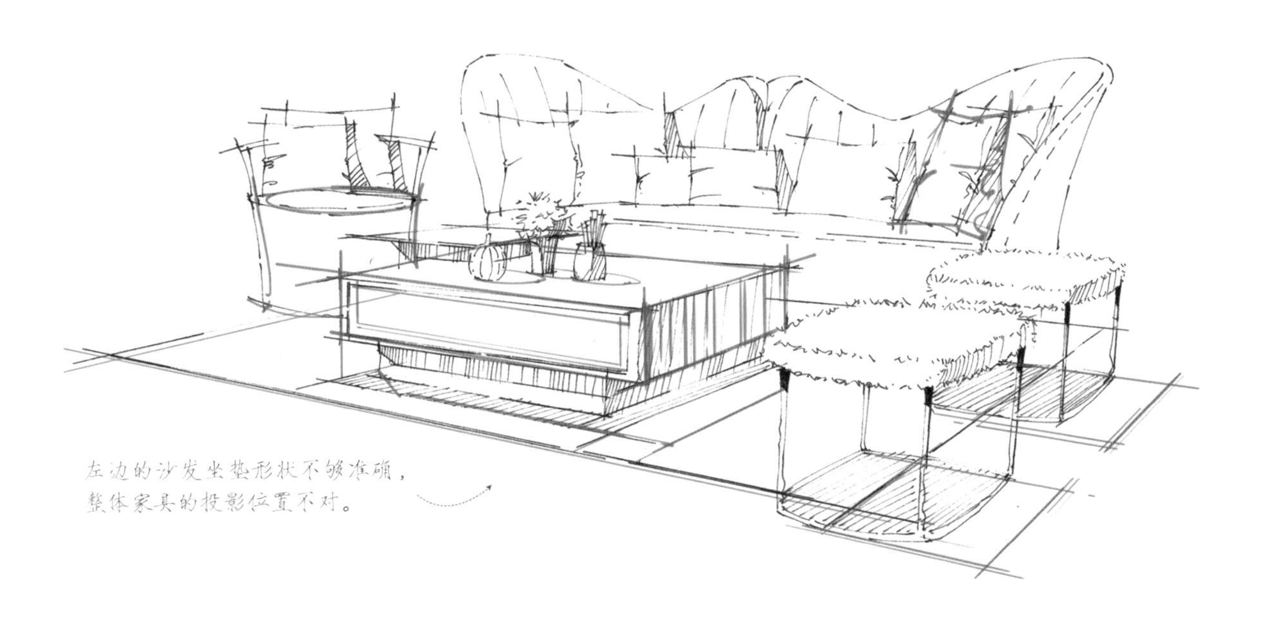

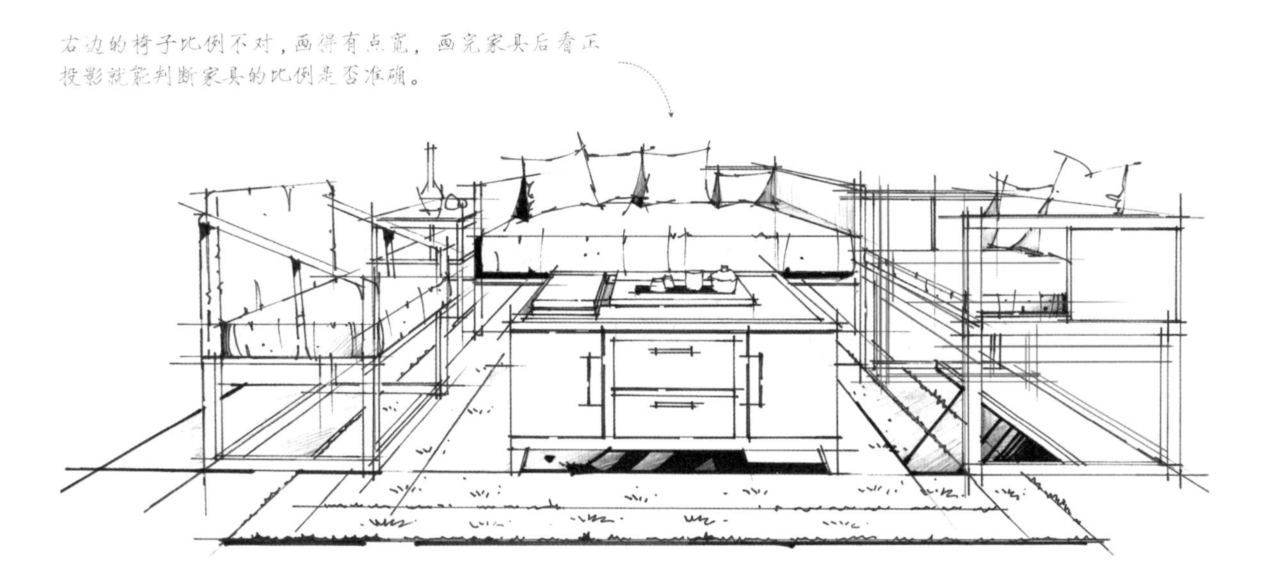

茶几的比例不对，按照正常比例的话应该再画得高一些，
整体投影画得不够准确，抱枕可以表现得再生动一些。

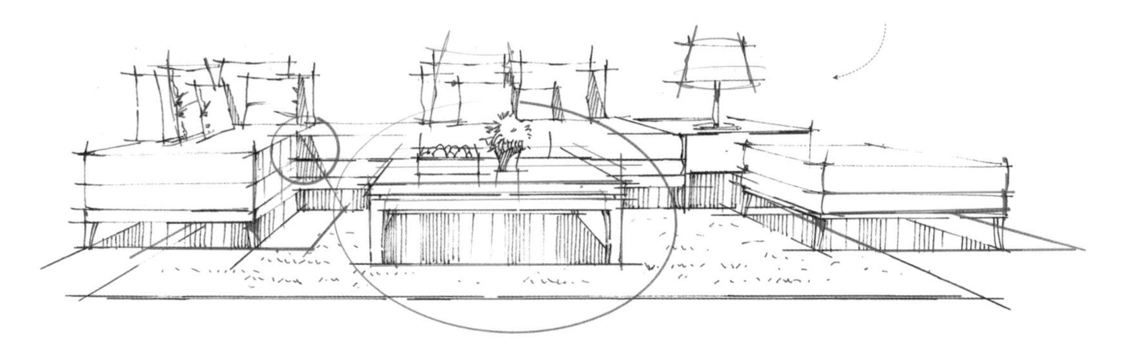

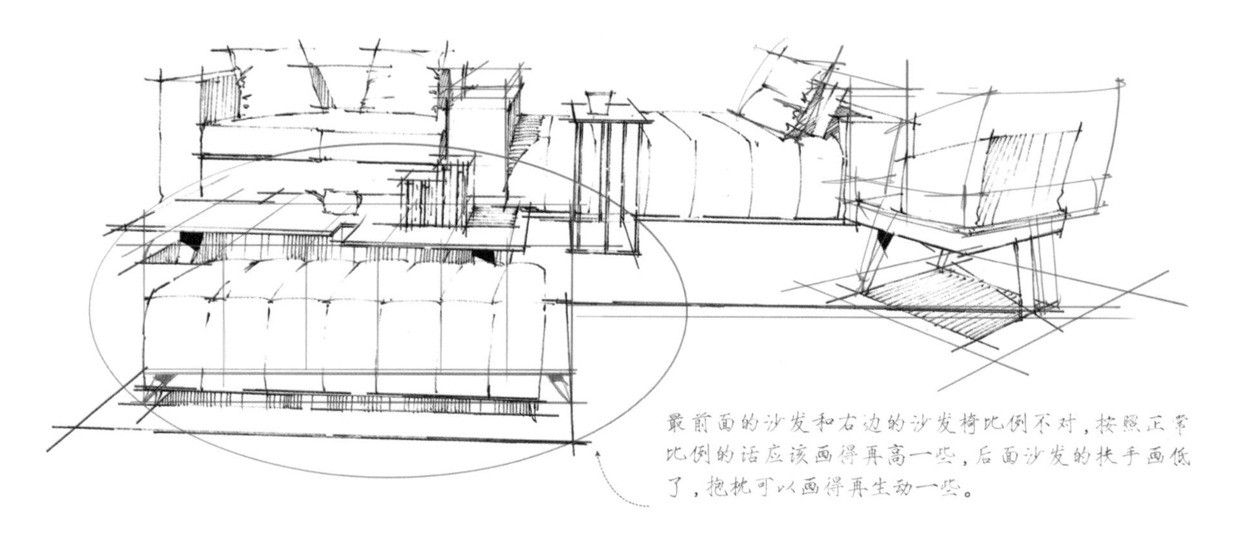

最前面的沙发和右边的沙发椅比例不对，按照正常比例的话应该画得再高一些，后面沙发的扶手画低了，抱枕可以画得再生动一些。

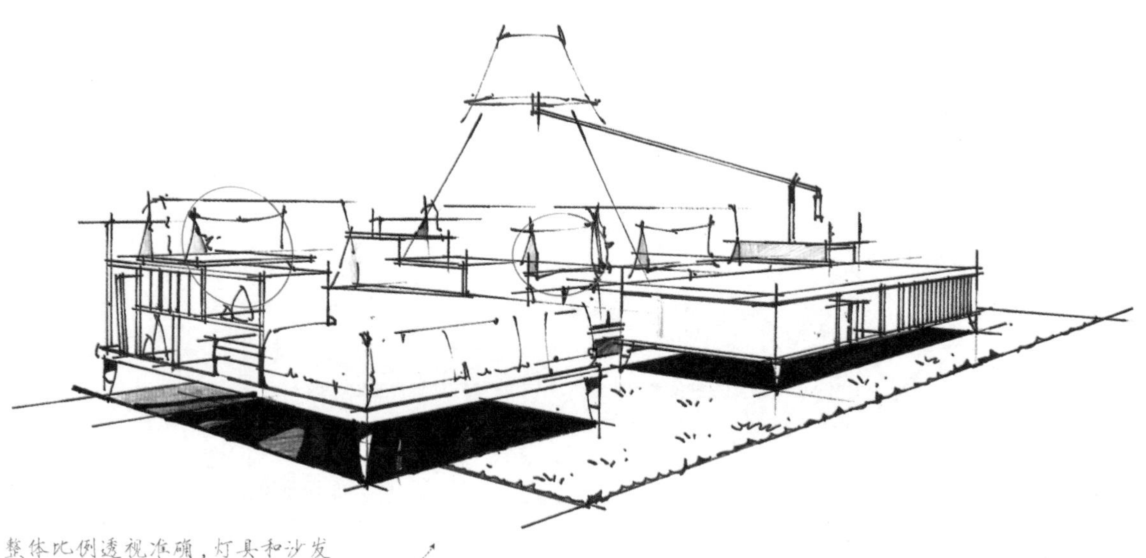

整体比例透视准确，灯具和沙发的材质表现得较好，素描关系处理恰当，但抱枕的形态处理还需加强。

本组家具的比例和透视准确，摆件刻画得细致，整体光影关系明确，效果较好。

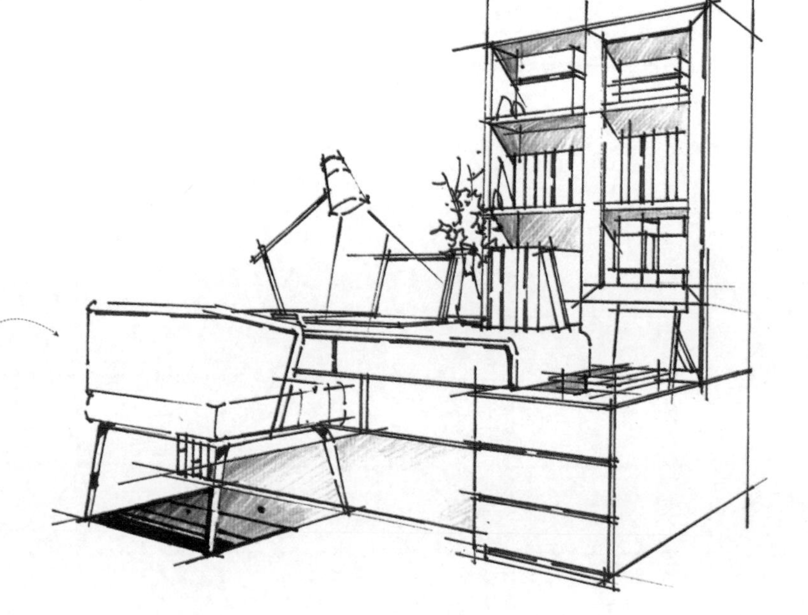

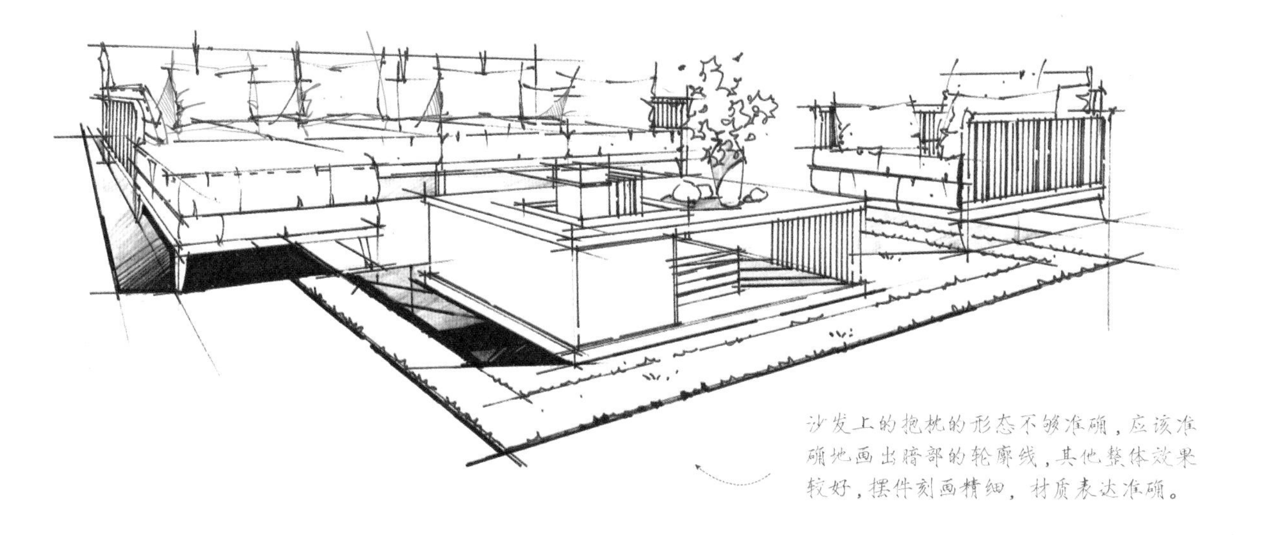

沙发上的抱枕的形态不够准确，应该准确地画出暗部的轮廓线，其他整体效果较好，摆件刻画精细，材质表达准确。

本组家具比例透视准确，摆件刻画细致，整体光影关系明确，效果较好。

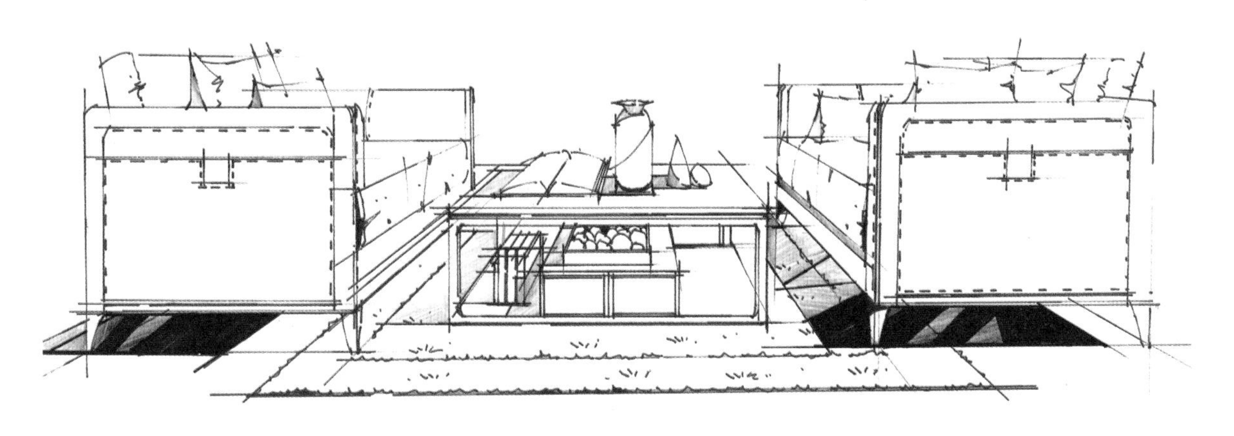

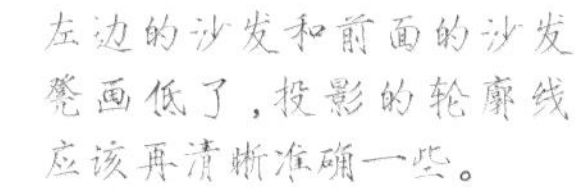

左边的沙发和前面的沙发凳画低了，投影的轮廓线应该再清晰准确一些。

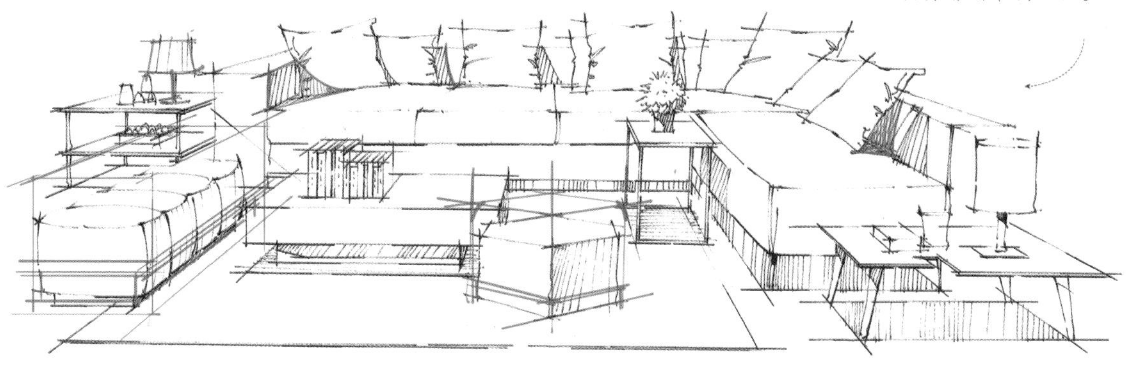

3.6 室内绿植及配饰线稿图案例评析

室内的绿植及配饰是一个完成图中的重要组成部分，一张线稿如果只有硬装没有软装，那么所表现的空间是没有活力的，所以一个空间的丰富程度取决于这张线稿图上的软装是否丰富。

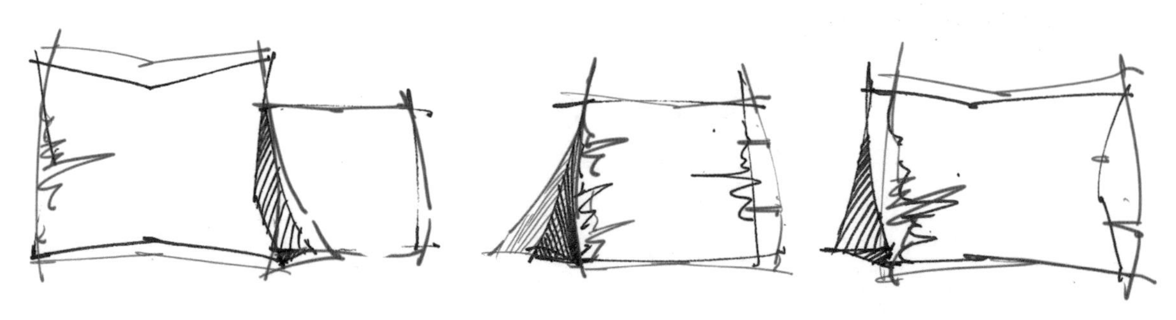

抱枕的外形结构错误，没有表现出抱枕的立体感。

抱枕的外形太过生硬，画成了“砖头”，一定要表现出抱枕的材质。

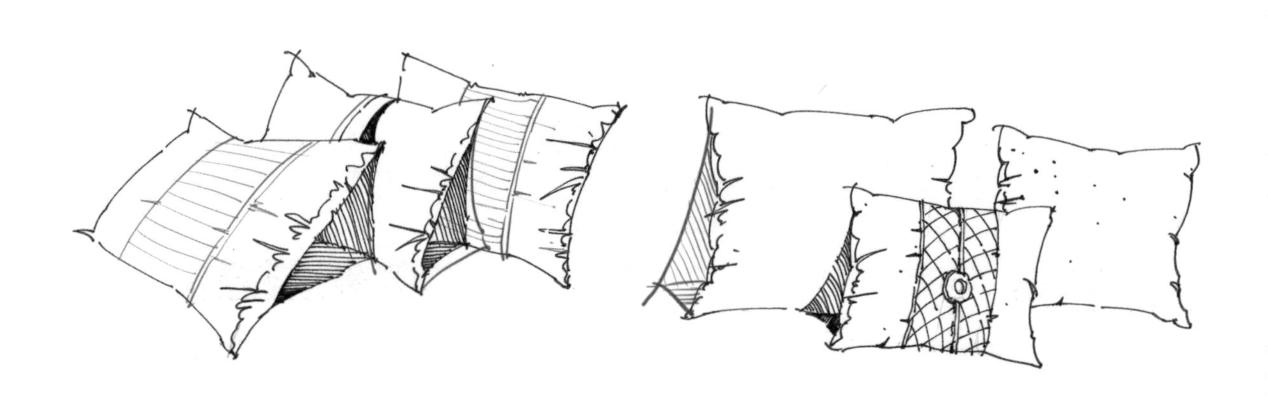

抱枕的形态较准，可以再适当加些纹理以丰富画面，注意要画出抱枕的投影。

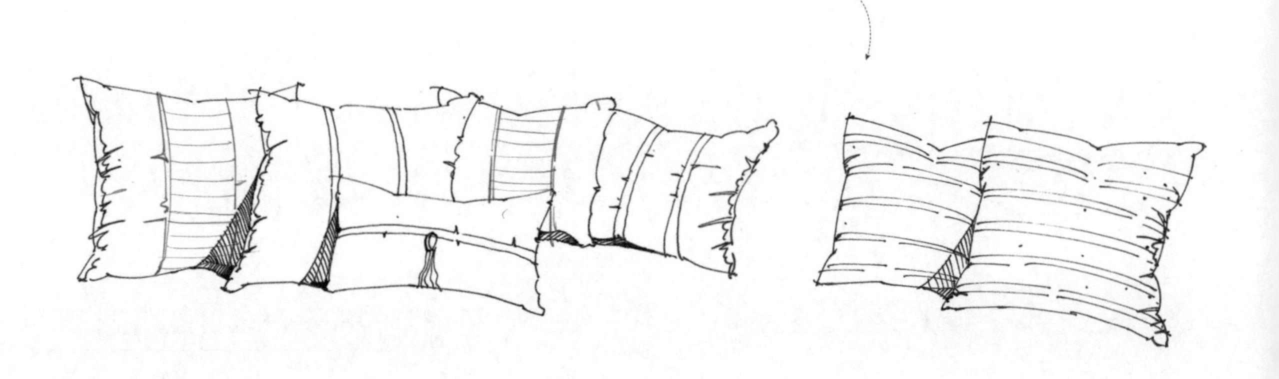

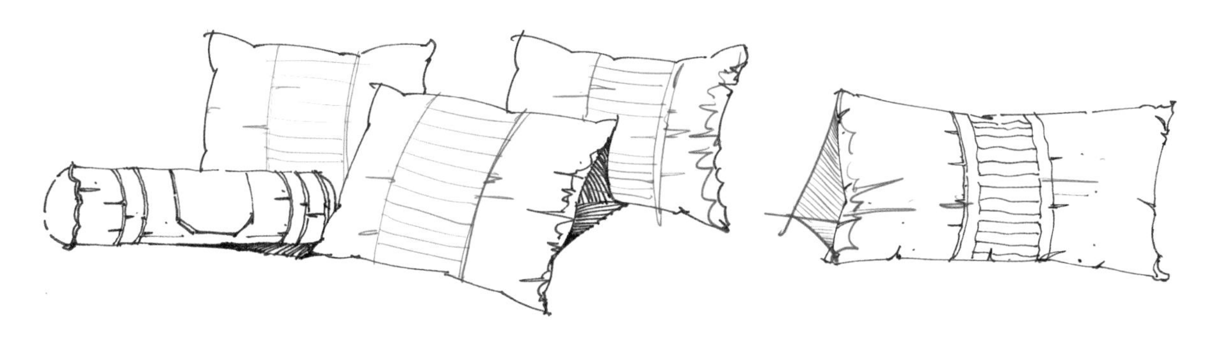

抱枕刻画得相对简单，右后方的抱枕过于单薄，褶皱的位置应该画得靠前一些。

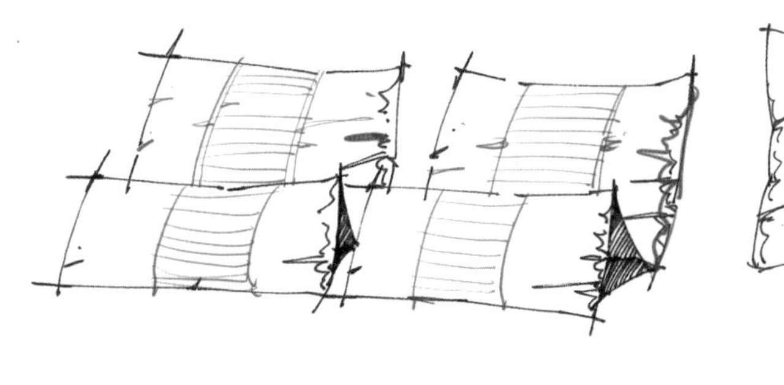

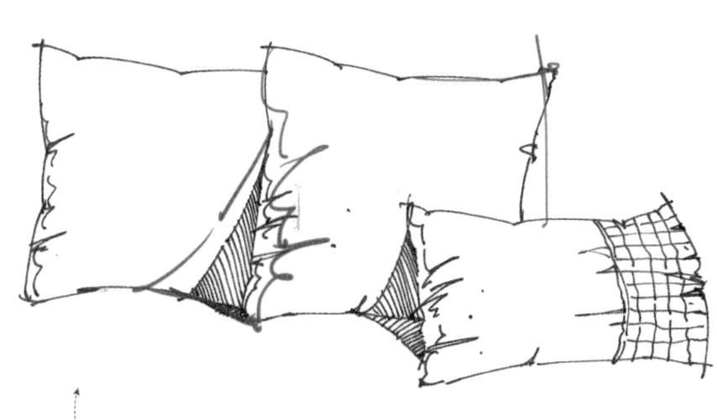

中间的抱枕的外形不够准确，也不够生动，要注意抱枕的4条外轮廓线的走向。

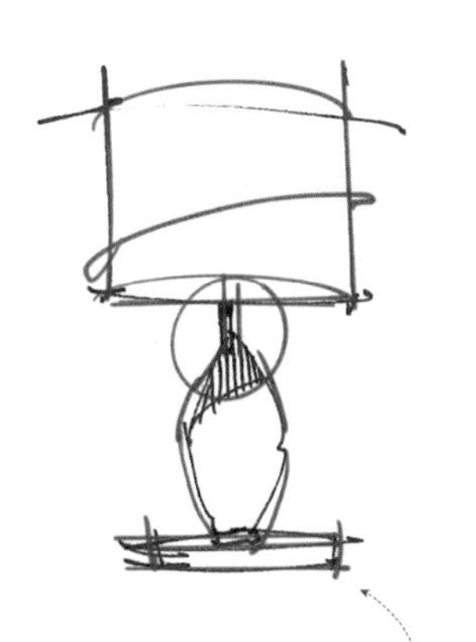

台灯的灯罩的透视不对，灯罩顶部是弧形的，一定要注意透视。

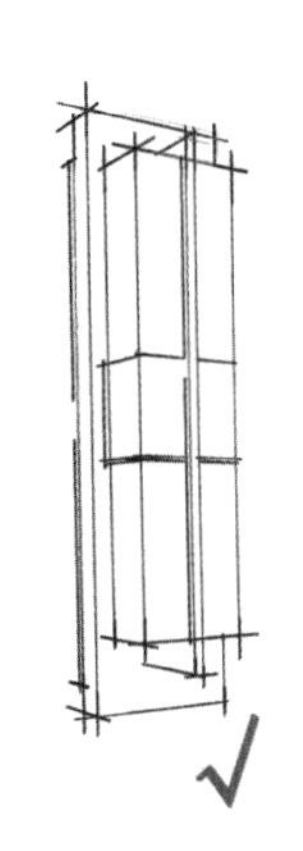

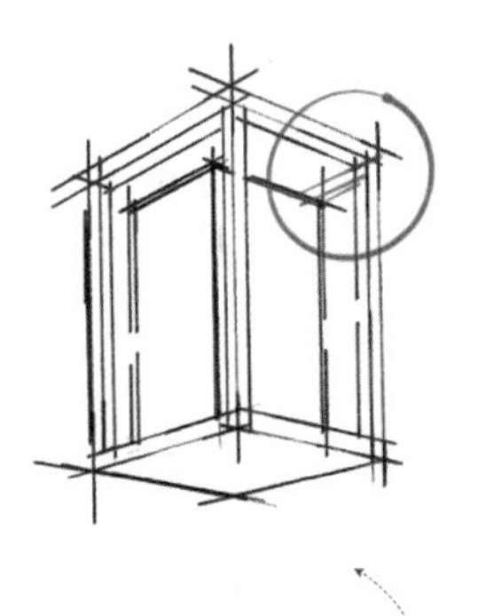

台灯的透视结构缺失，结构错误。

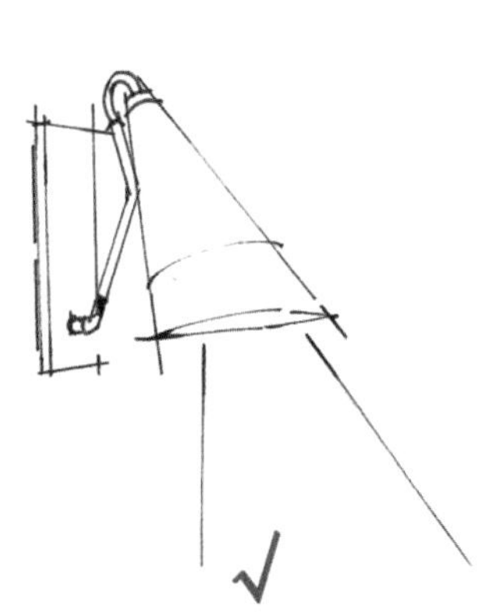

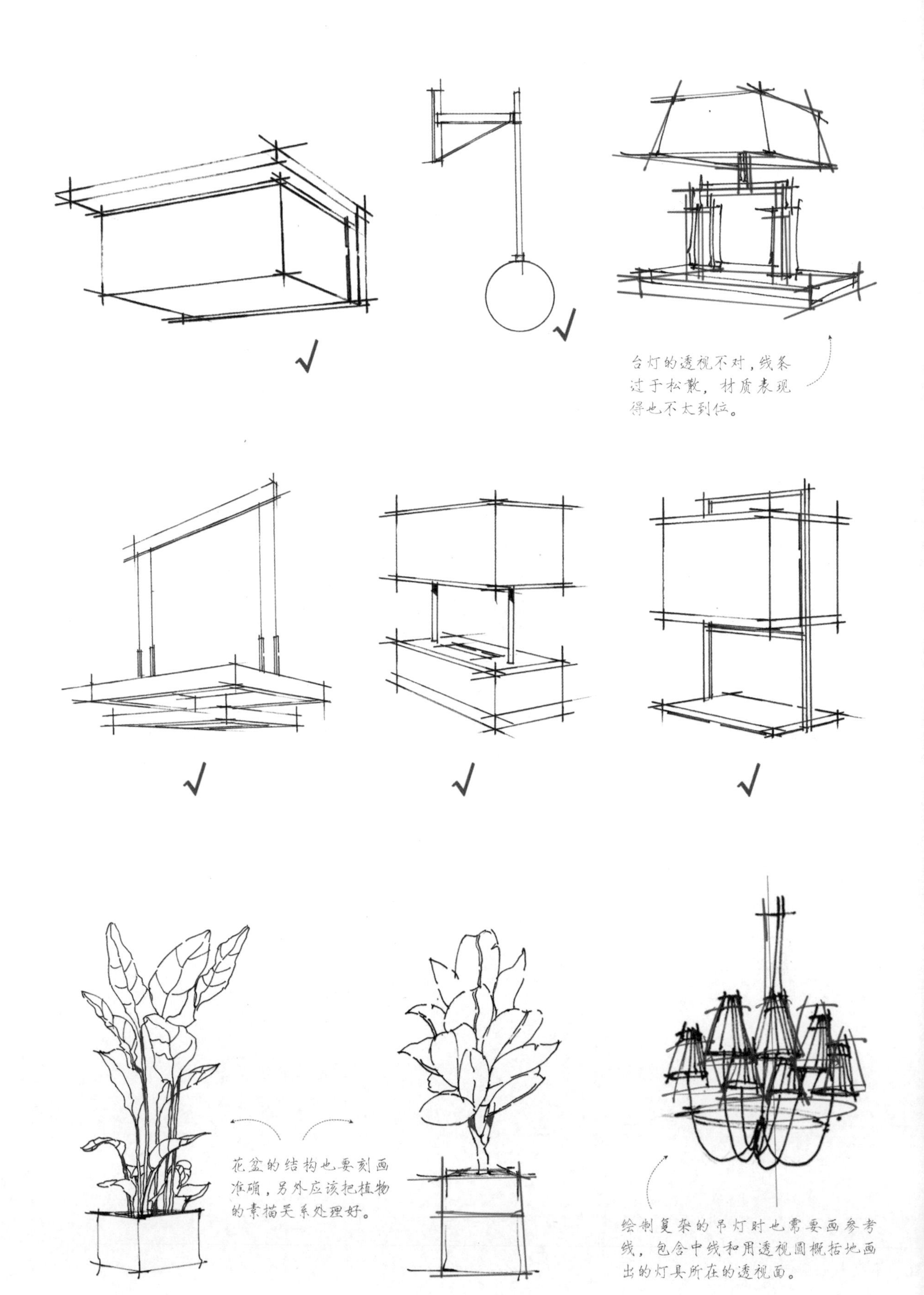
台灯的透视不对，线条过于松散，材质表现得也不太到位。
花盆的结构也要刻画准确，另外应该把植物的素描关系处理好。
绘制复杂的吊灯时也需要画参考线，包含中线和用透视圆概括地画出的灯具所在的透视面。

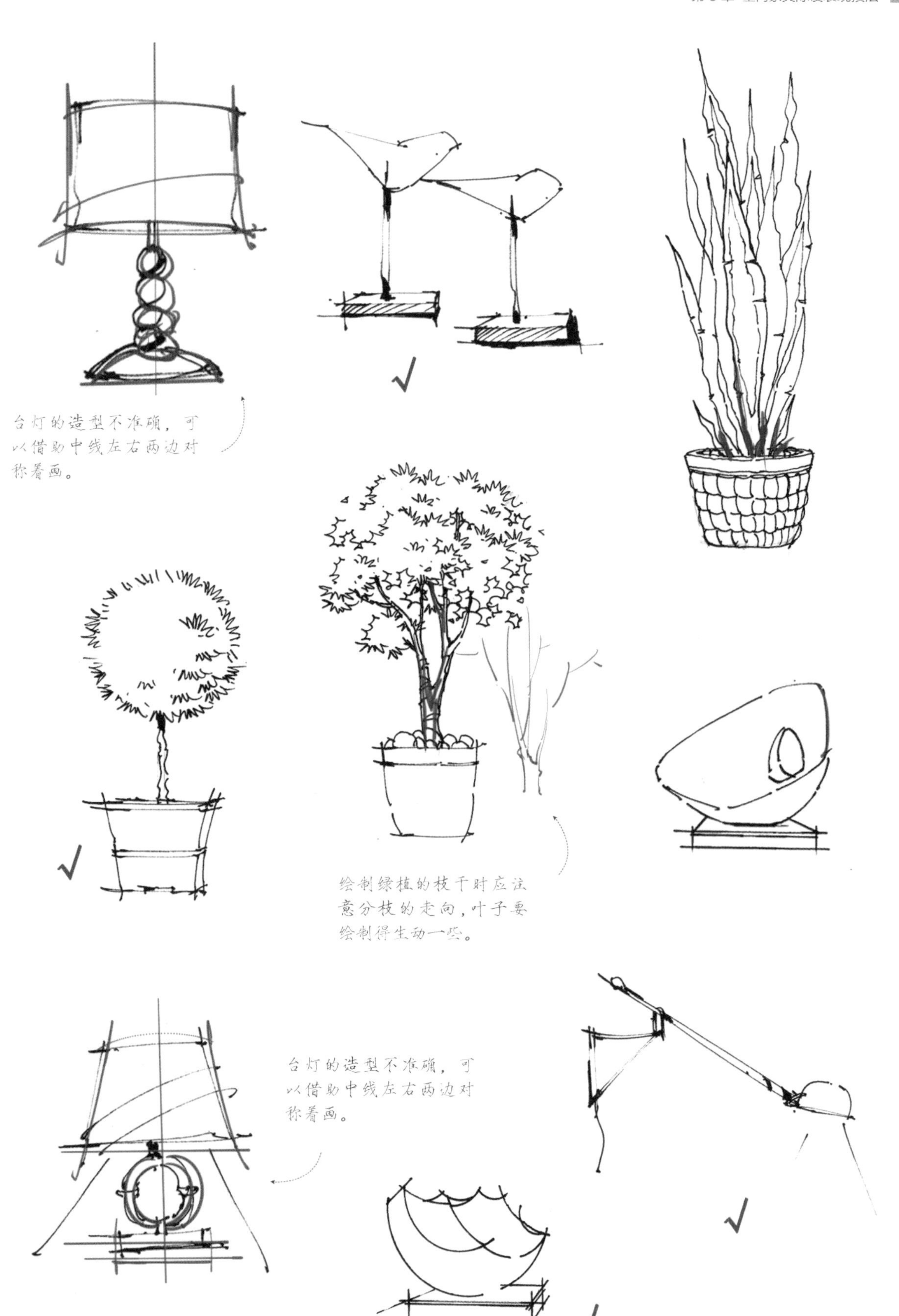
台灯的造型不准确，可
以借助中线左右两边对
称着画。
绘制绿植的枝干时应注
意分枝的走向，叶子要
绘制得生动一些。
台灯的造型不准确，可
以借助中线左右两边对
称着画。

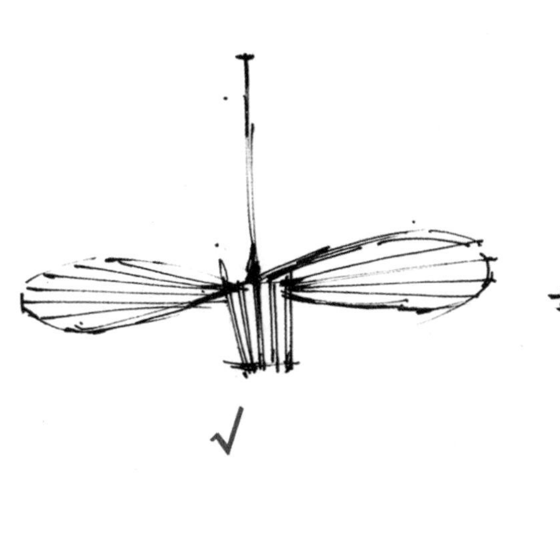

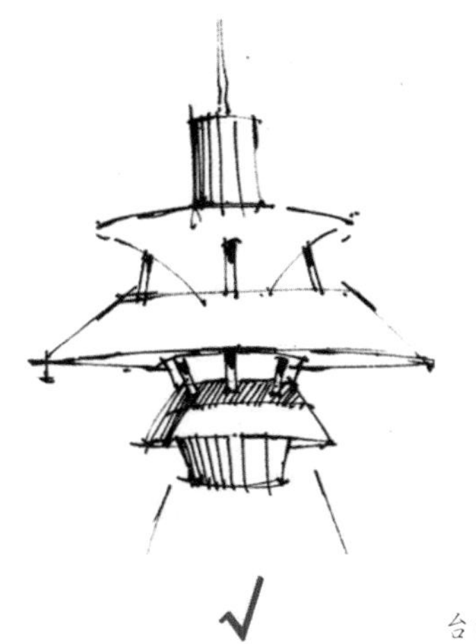

台灯灯罩的透视不对，灯罩顶部是弧形的，一定要注意透视，灯座两边不对称，建议绘制时先画一条中线。

台灯灯罩的透视不对，支架的材质表现得不准确，铁艺支架的线条应该硬朗干脆一些，可以用黑色适当地表现出反光。

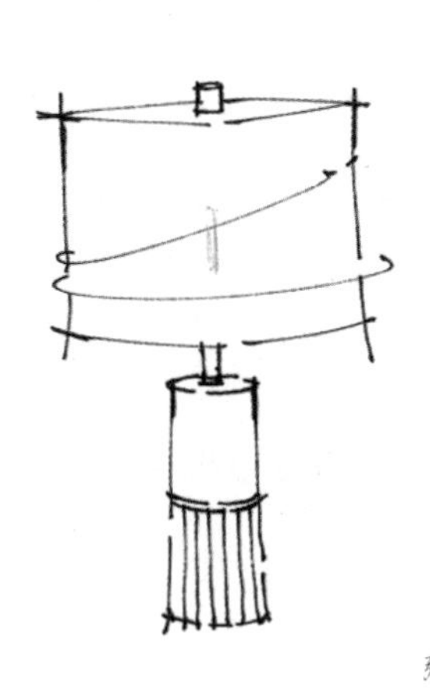

弧形底座的透视不对。

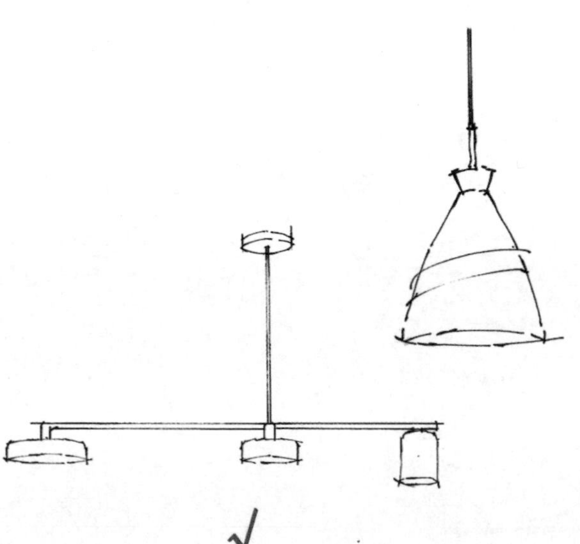

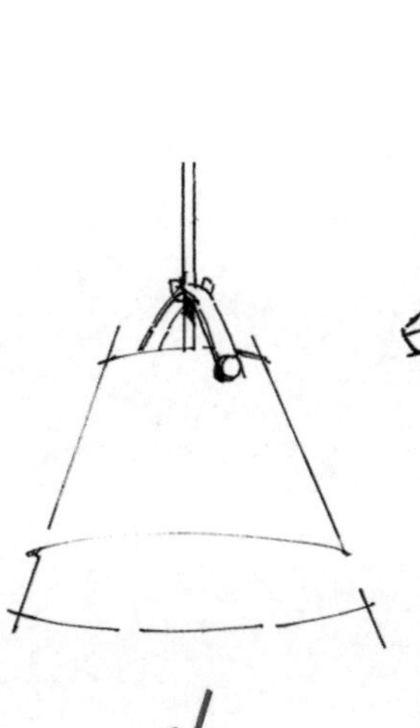

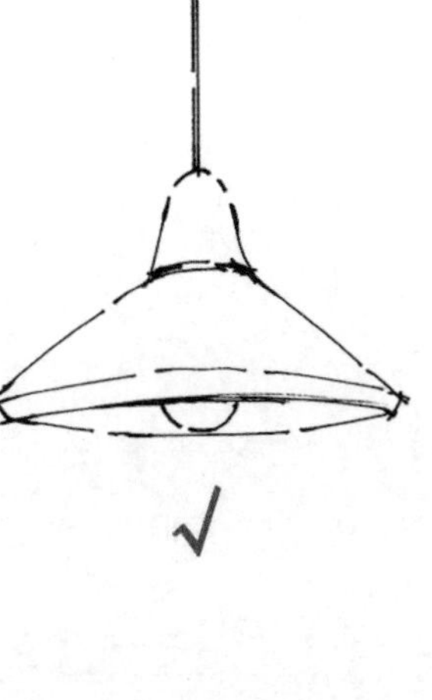

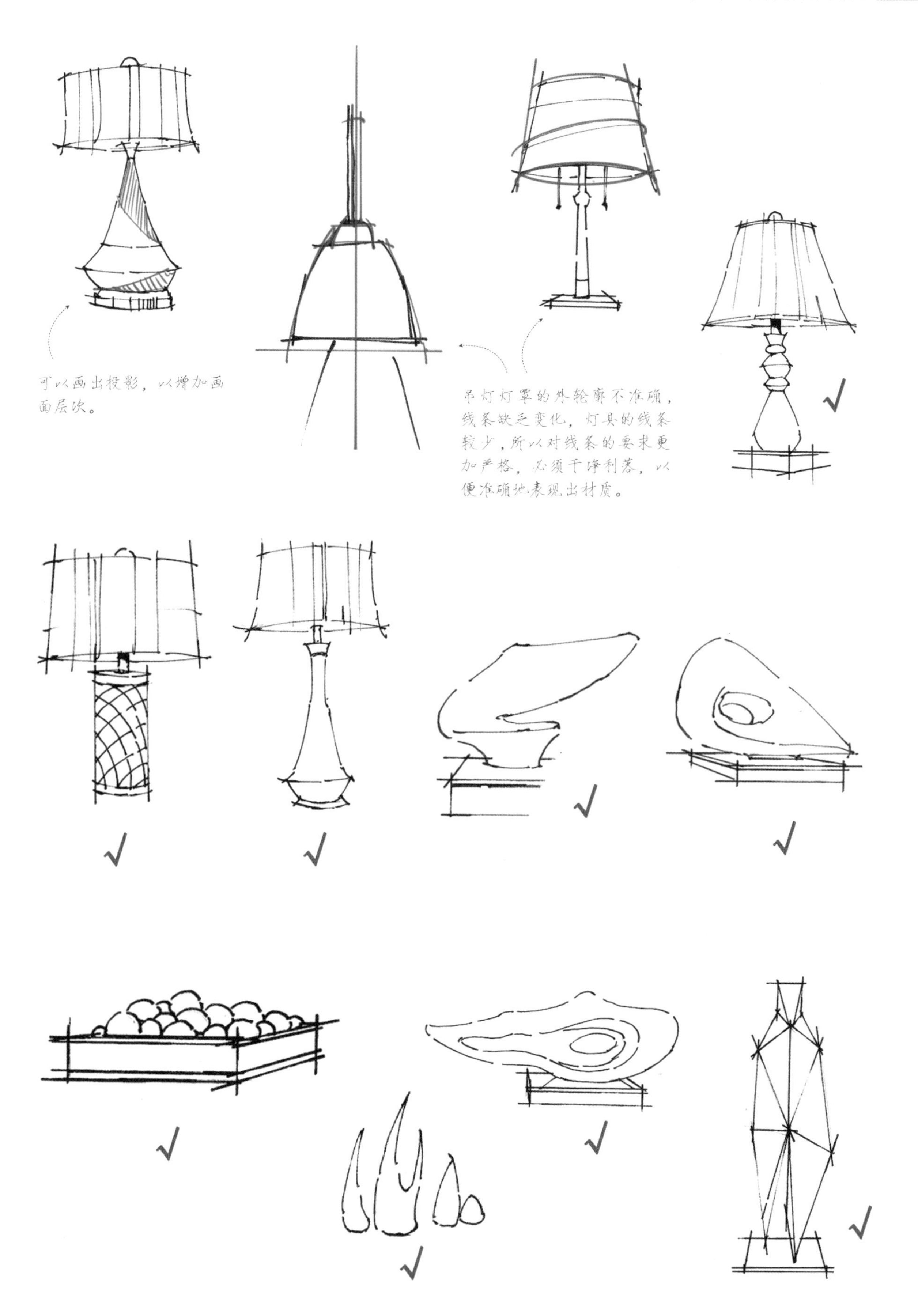
可以画出投影，以增加画面层次。
吊灯灯罩的外轮廓不准确，线条缺乏变化，灯具的线条较少，所以对线条的要求更加严格，必须干净利落，以便准确地表现出材质。

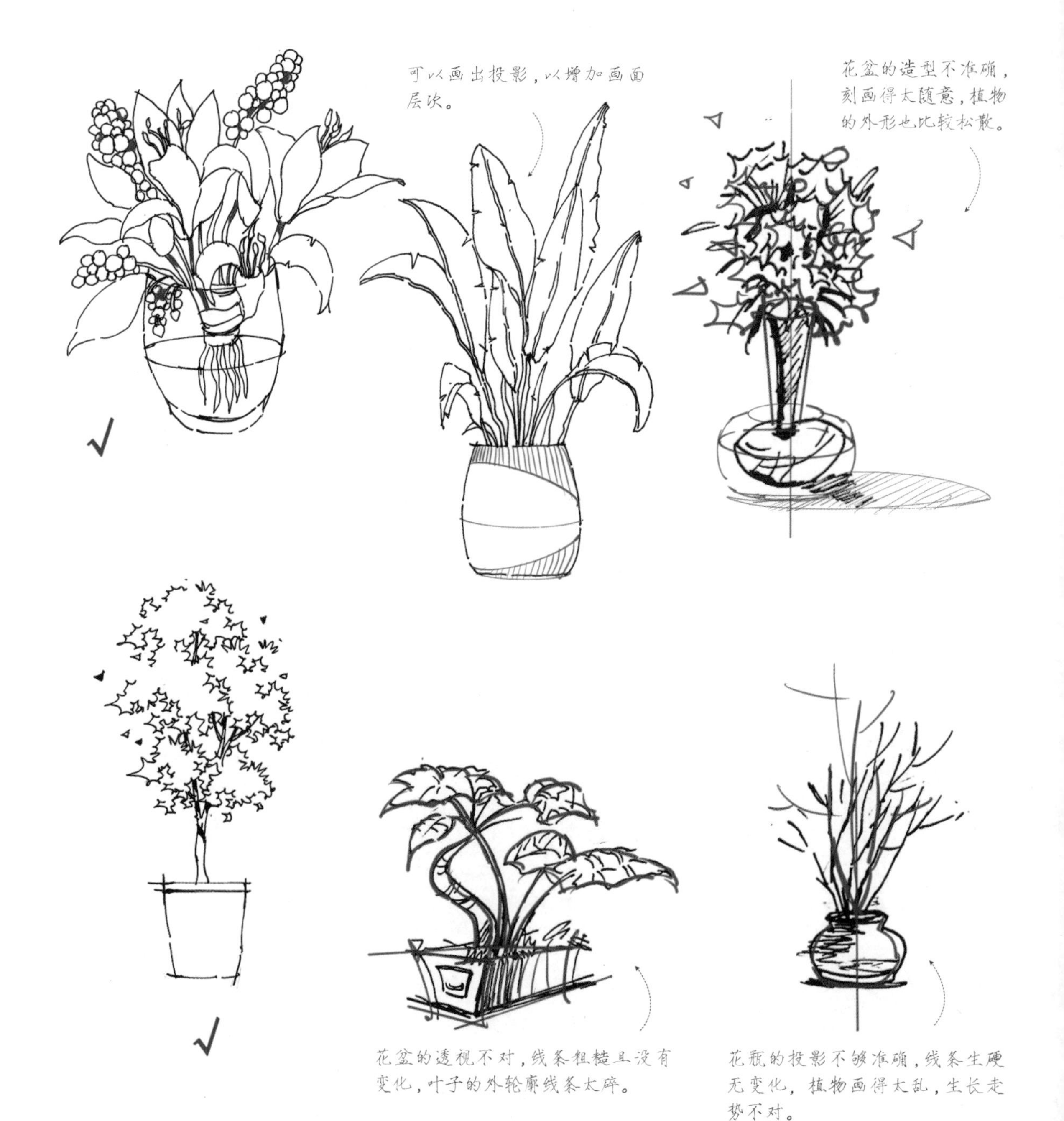
可以画出投影，以增加画面层次。
花盆的造型不准确，刻画得太随意，植物的外形也比较松散。
花盆的透视不对，线条粗糙且没有变化，叶子的外轮廓线条太碎。
花瓶的投影不够准确，线条生硬无变化，植物画得太乱，生长走势不对。

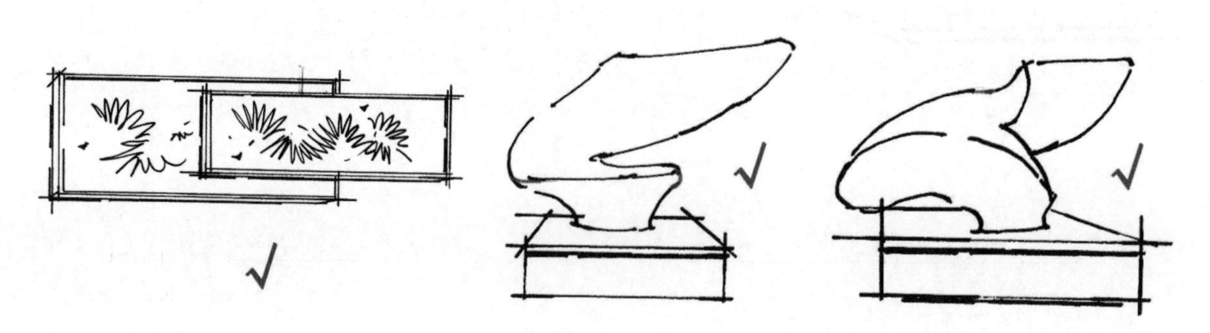

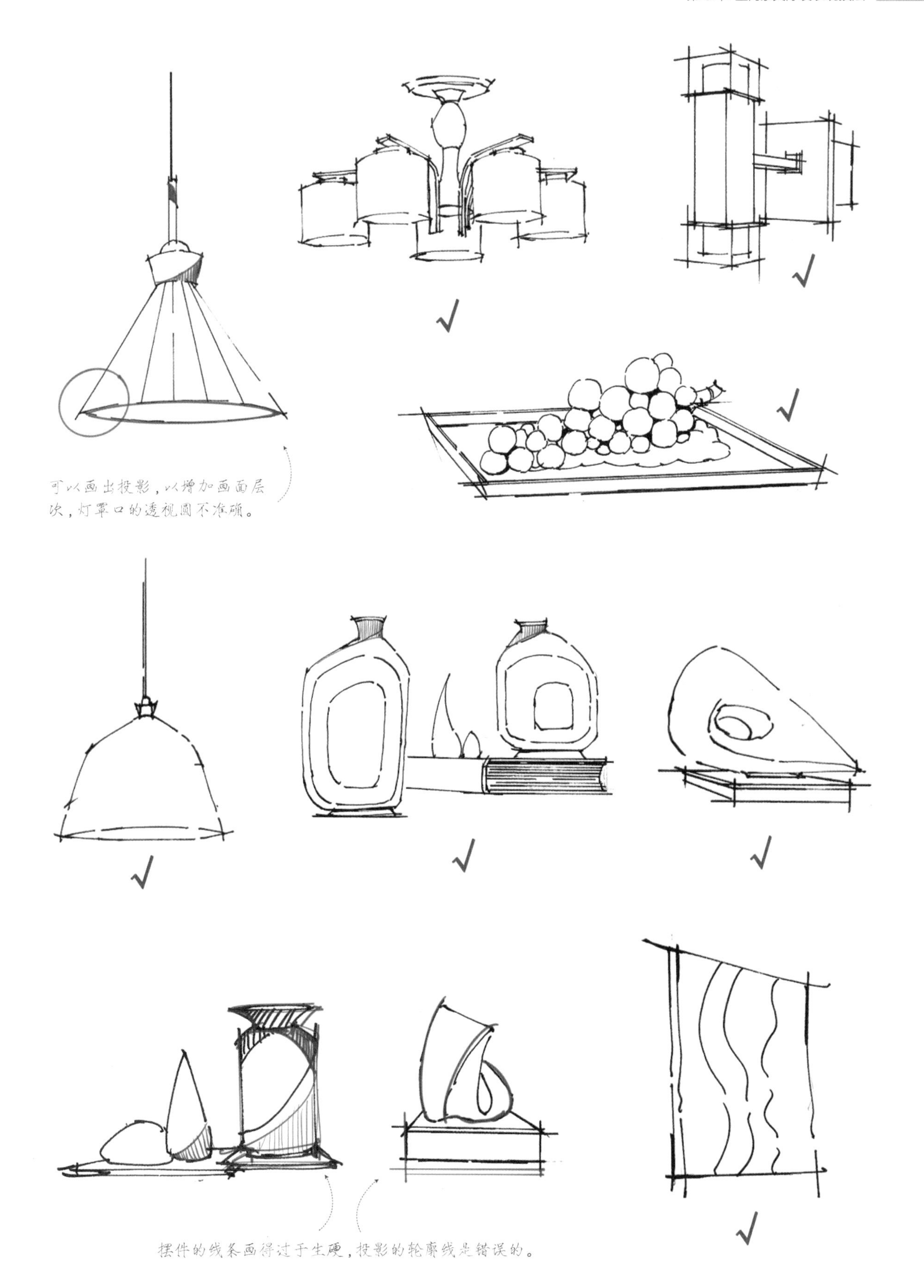

可以画出投影，以增加画面层次，灯罩口的透视圆不准确。
摆件的线条画得过于生硬，投影的轮廓线是错误的。

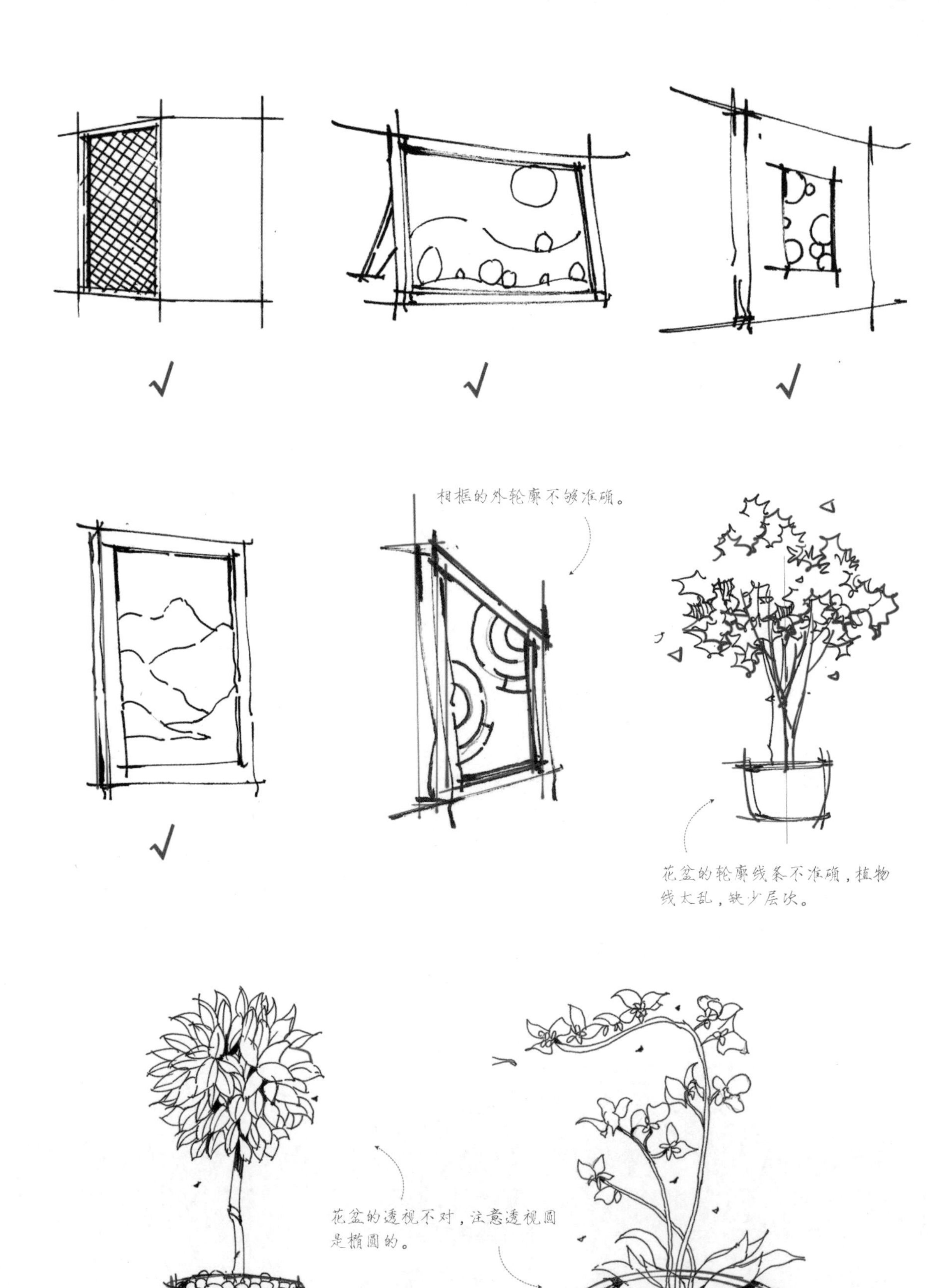
√
√
√
√
相框的外轮廓不够准确。
花盆的轮廓线条不准确，植物线太乱，缺少层次。
花盆的透视不对，注意透视圆是椭圆的。

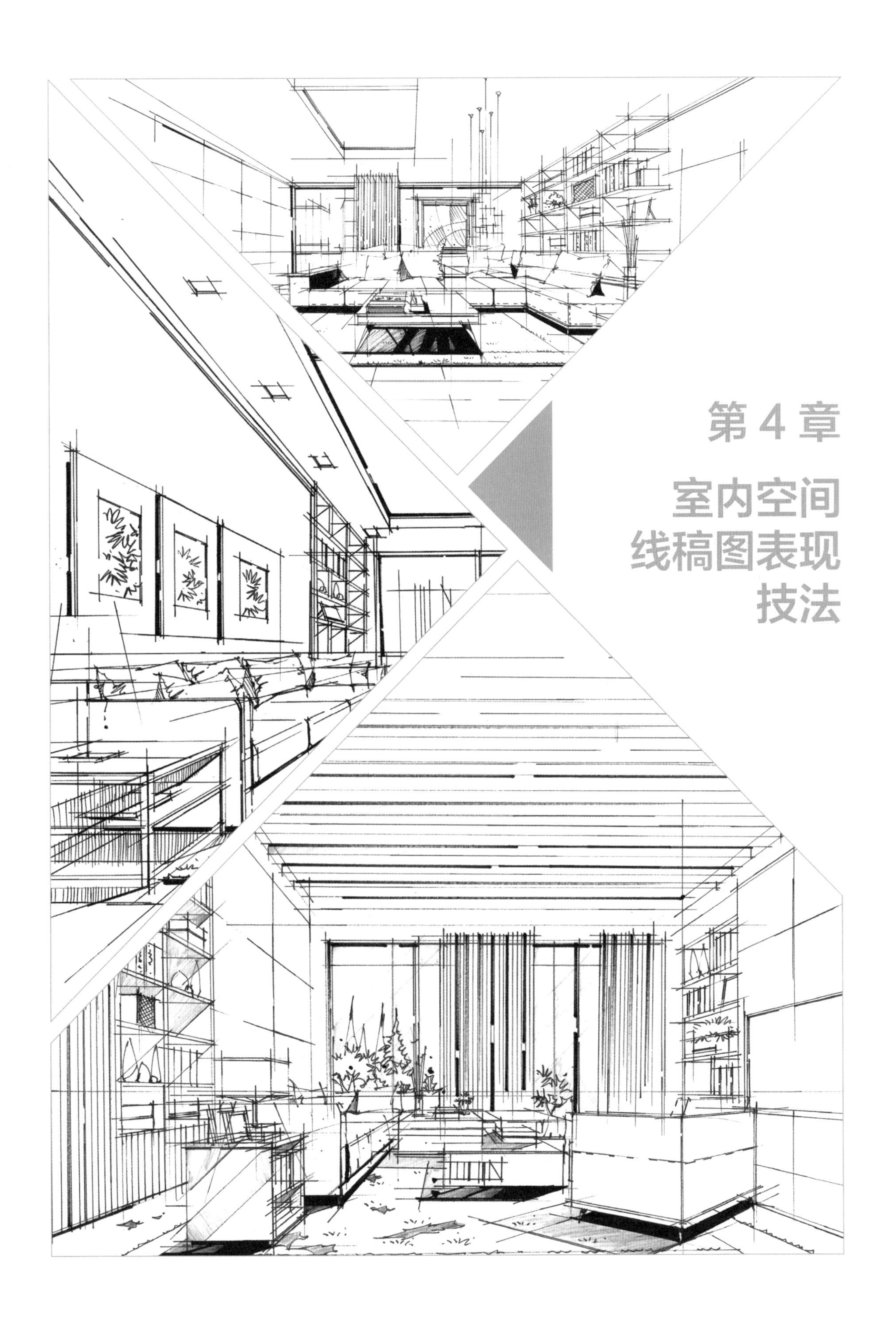

第4章

室内空间线稿图表现技法

4.1 室内设计效果图的构图技巧

构图对于室内设计效果的表现至关重要，而视平线的高度和灭点的位置又是影响构图的重要因素，下面将对这两个重要因素进行分析讲解。

4.1.1 室内设计效果图视平线高度确定原则

因为室内设计效果图所描绘的空间区域较小，所以在绘制时，一般会压低视线，以增强效果图的空间感。

在具体绘制的过程中，一般会把视平线定在纸面垂直方向 1/3 靠上一些的位置。家装空间效果图的视平线高度一般会定在 80cm~90cm 的位置，这个高度刚好是家装空间实际高度的 1/3 左右；工装空间的视平线高度一般会定在 100cm~120cm，这个高度可以更好地体现空间感。

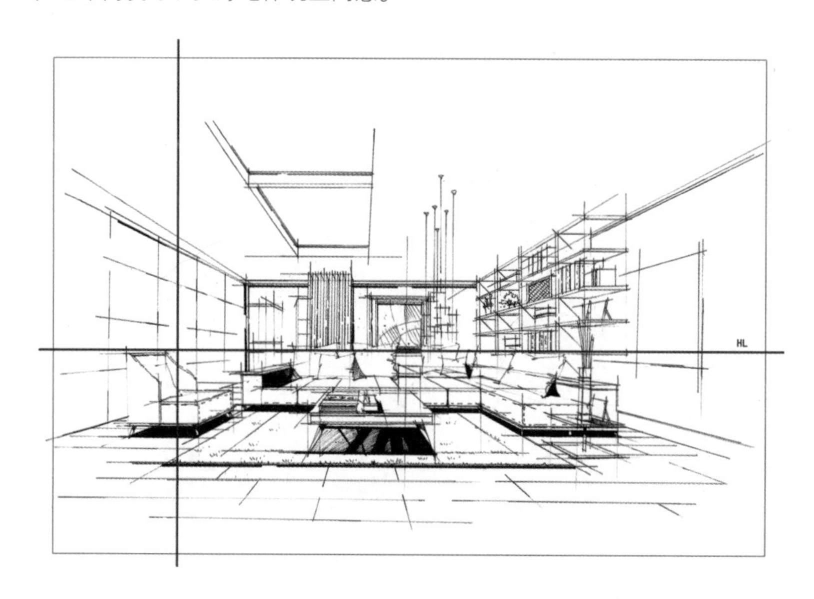

4.1.2 一点透视灭点与构图的关系

一点透视构图有两种空间形态，灭点一般设在画面偏左或者偏右的位置，这是为了侧重表达某一侧的物体，同时又不让画面显得呆板。

灭点偏左的空间

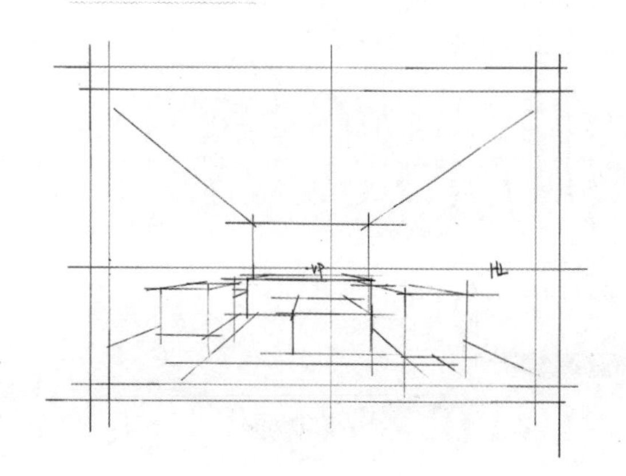

灭点偏右的空间

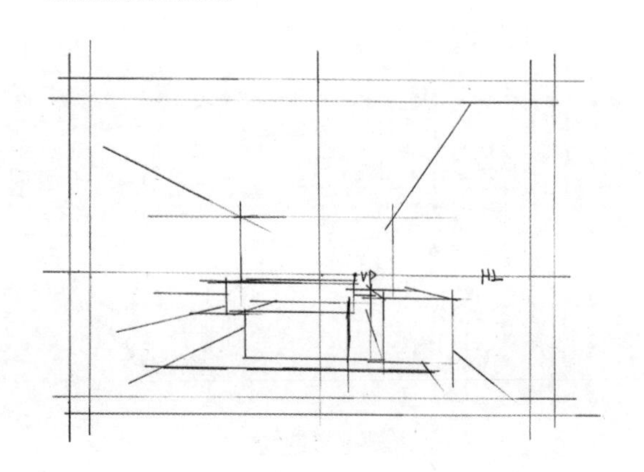

4.1.3 两点透视灭点与构图的关系

两点透视中灭点的位置要尽可能远一些，灭点太近会导致透视失真。灭点位置不同所表达的侧重点也会发生相应的变化。

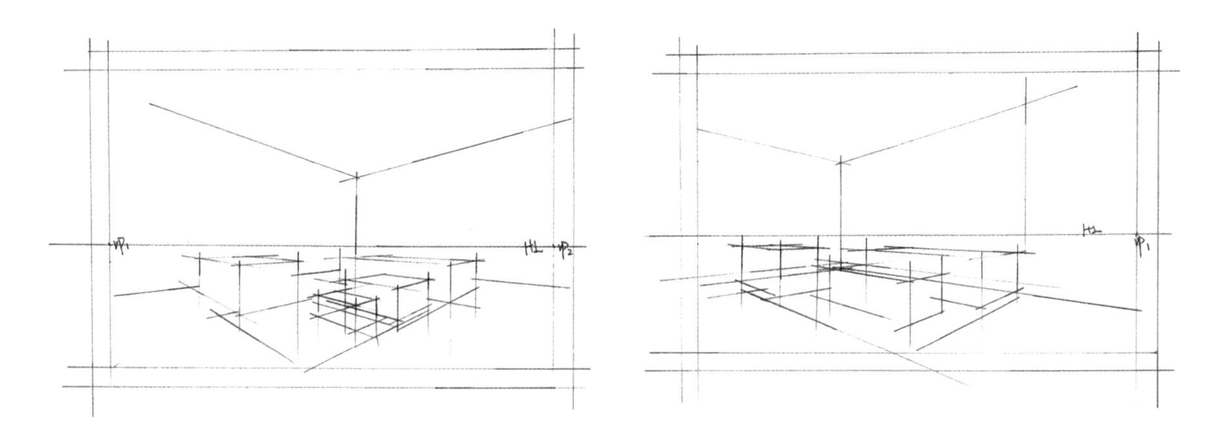

4.2 家装空间线稿图绘制技法

家装空间是最常见的空间，也是我们最熟悉的空间，空间内家具的尺寸比较容易把握，所以建议初学者在练习线稿时先从家装空间开始。本节会通过两套家装空间线稿的绘制步骤来详细讲解家装空间线稿的绘制方法。

4.2.1 一点透视家装空间线稿图绘制技法

01 用铅笔在纸面垂直方向 1/3 靠上的位置确定好视平线和灭点，本例的视平线高度为 90cm，家具的高度一定要参考视平线的高度来确定。确定视平线后，画出最前面家具的位置，只要概括出基本的形状即可。

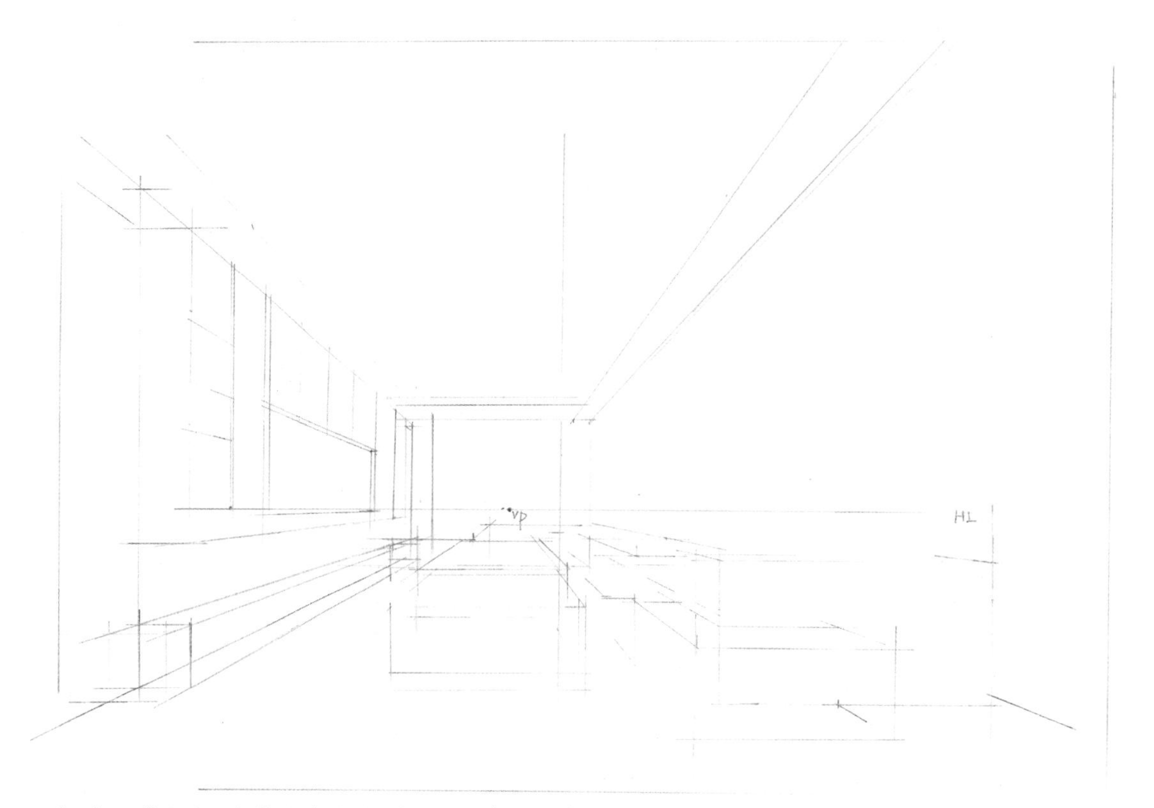

02 采用相同的方法用铅笔从前到后依次画出所有家具的位置和形状，一定要注意家具的位置和比例， 然后画出墙线和地线。

03 根据定好的框架画出空间立面和家具的细节，家具的细节表现程度取决于绘画者的熟练程度，建议初学者可以将铅笔稿画得细致一些，刚开始不要求快，画准最重要。

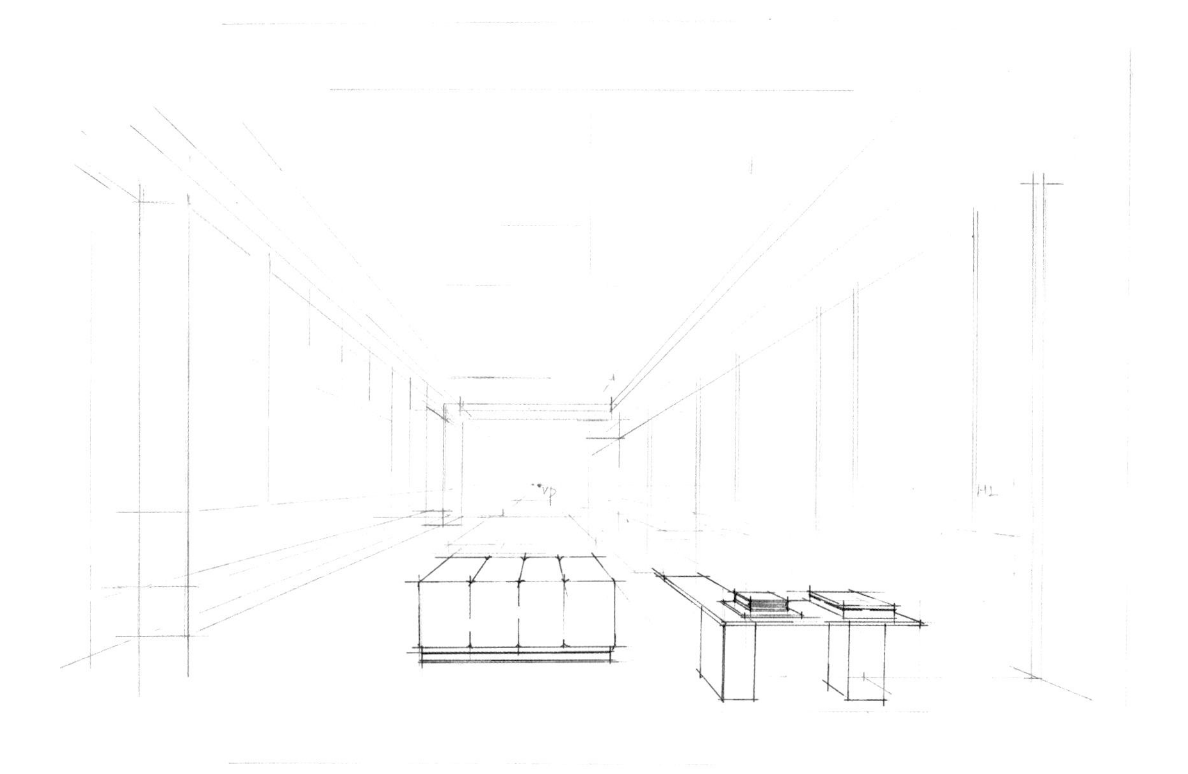

04 根据画好的线稿，用勾线笔从前往后开始绘制，注意要再次检查所画家具的比例和透视关系，发现问题要及时修改。

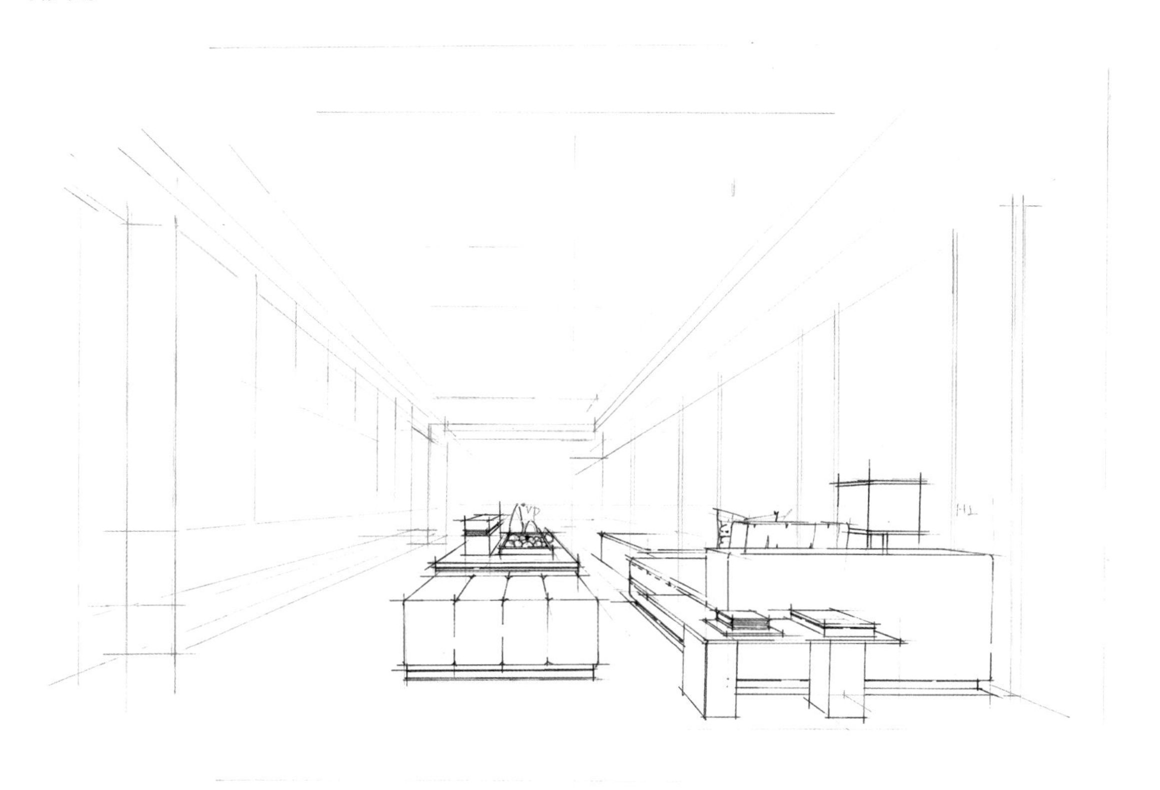

05 依次用勾线笔画出家具，并刻画细节，注意在结构衔接处要对局部加重处理。如果是用铅笔起稿，在后期画墨线时一定要画完一部分就立即把铅笔稿擦干净，这样才能保证画面整洁。

06 刻画电视背景墙的立面结构，注意对一些柜子的结构和书籍间隙的局部加重处理。

07 刻画沙发背景墙的立面结构，注意对饰面结构厚度的处理，对墙面挂画与墙面衔接处的局部加重处理，此外不要忘记刻画投影。

08 刻画天花吊顶的造型，对吊顶结构与天花板衔接处要加重处理，同时注意灯饰的透视关系。

09 处理素描关系，用黑色马克笔画出前面家具在地面上的投影，家具与地面衔接处的局部要加重处理，电视背景墙凹槽的局部也要加重处理，最后用黑色彩铅排线过渡。

4.2.2 两点透视家装空间线稿图绘制技法

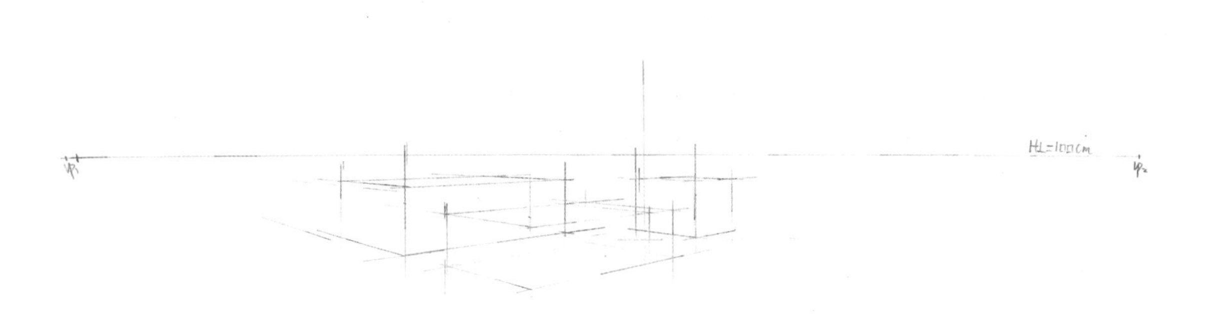

01 用铅笔在纸面垂直方向 1/3 靠上的位置定好视平线，并在纸的两端定好灭点，然后确定前面组合沙发的位置并画出沙发的高度（画法同前面所讲的组合沙发绘制技法一样，这里不再赘述），不用刻画细节，只要把家具概括成几何体即可。

02 用铅笔从前到后依次画出家具的位置和形状，注意透视和比例关系，然后画出墙线和地线。

03 根据画好的线稿，用勾线笔从前往后开始绘制，注意茶几面板的凹槽等局部结构，对软装内容的刻画要精细一些。在绘制的过程中要再次检查所画家具的比例和透视关系，发现问题要及时修改。

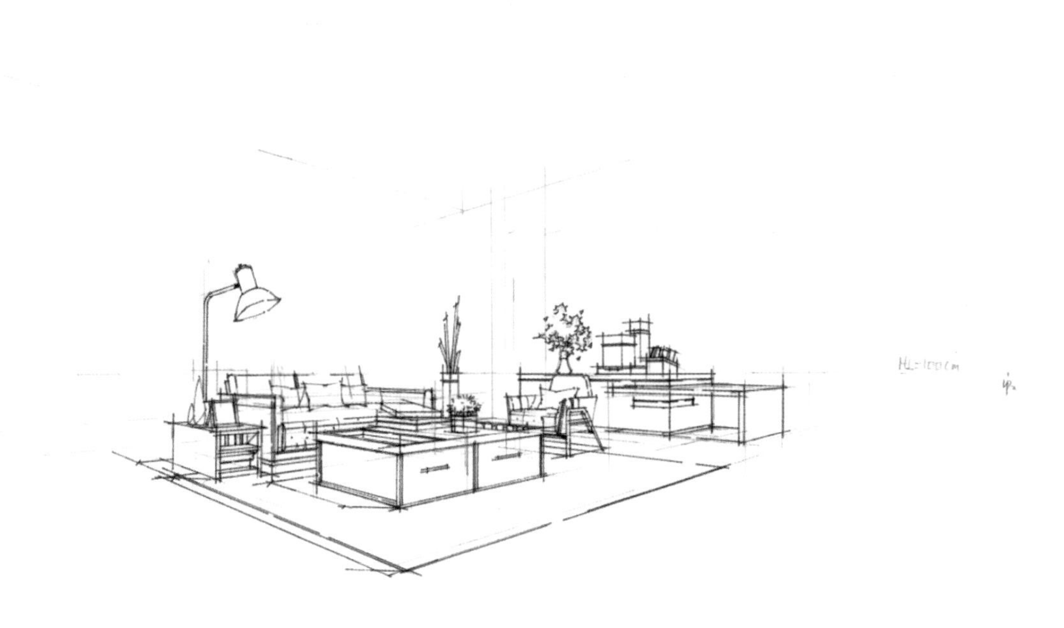

04 依次画出其他家具，注意要画出家具的投影轮廓线，刻画植物和石材时所用的线条要有所差别。

05 刻画右侧立面墙体的结构，注意对竖条纹饰面板局部凹凸的处理，可以用勾线笔进行局部加重，对挂画的局部结构及其在墙面上的投影也要一起画出来。

06 刻画左侧立面墙体的结构，注意左侧书柜里配饰的选择，一般以书籍为主，相框和艺术品摆件为辅，越是小摆件越要注意形体和材质的刻画，然后画出吊顶的轮廓线。

07 注意地毯材质的表现，地毯是有厚度的，用类似波浪线的方法封边处理，局部加重表现地毯的厚度，此外对窗外的植物也要处理得有层次一些。

08 处理素描关系，用黑色马克笔画出前面家具在地面上的投影，家具与地面衔接处要局部加重处理，最后用黑色彩铅在投影处快速排线。

4.3 工装空间线稿图绘制技法

工装空间相较于家装空间的结构更加多样，室内的家具更多，初学者在绘制时一定要注意比例关系。下面主要讲解办公空间、餐饮空间、购物空间和展示空间的效果图线稿绘制技法。

4.3.1 一点透视办公空间线稿图绘制技法

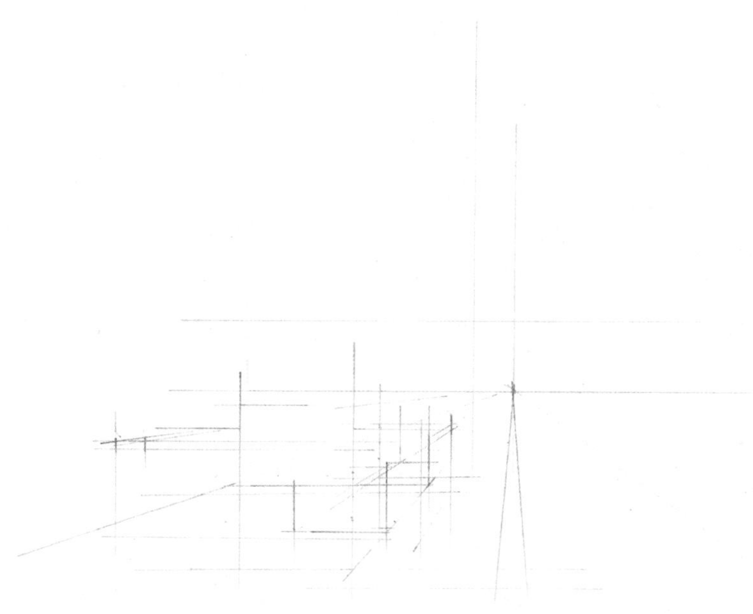

01 用铅笔在纸面垂直方向 1/3 靠上的位置定出视平线和灭点，然后确定左侧靠前的一组办公家具的位置并画出家具的高度，确定家具的高度时可参照视平线，只需要概括出家具的基本形状即可。

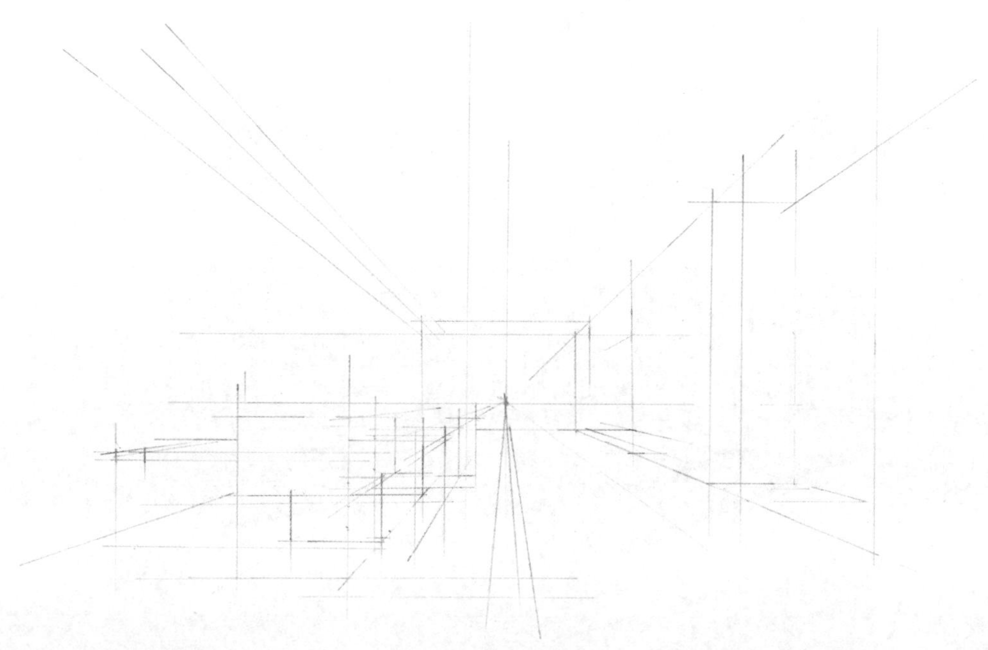

02 用铅笔从前往后依次画出后面一组办公桌椅的位置和形状（一定要注意家具之间的位置、比例和透视关系），然后画出墙线和地线。

03 继续完善其他家具和空间的结构关系。

04 从前面的办公组合家具开始，用勾线笔刻画家具的细节和桌上的物品，只要有结构和厚度的物体就要进行局部加重处理并刻画细节。注意，在上墨线的过程中，一定要画完一部分就立即用橡皮把铅笔稿擦干净，这样能使画面保持整洁。

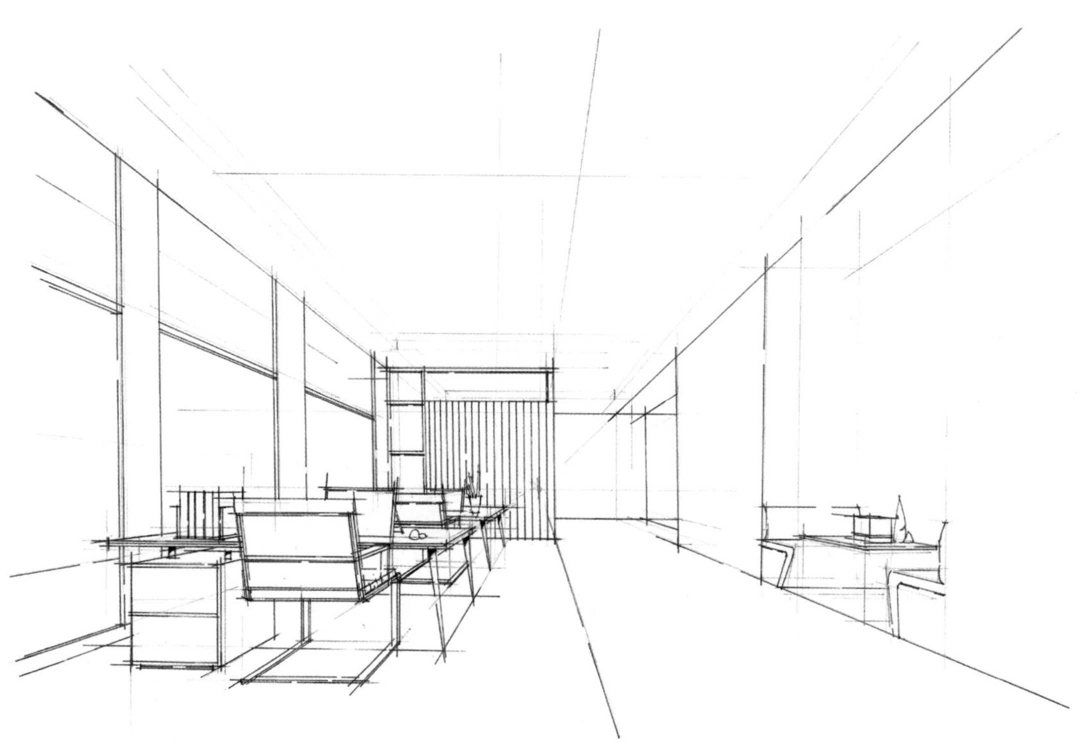

05 绘制墙线和隔断，然后绘制出右边休息区的座椅轮廓。注意，刻画隔断时要对材质进行凹凸处理。

06 逐步丰富右边墙面的结构，对柜子内的摆件和书籍的刻画要认真、耐心，切不可敷衍了事。然后画出柜子上的光影关系。

07 画出中间隔断并绘制出天花吊顶的造型和窗外的植物。刻画天花吊顶的造型时一定要对局部结构和暗部进行适当的加重处理，用黑色马克笔和彩铅结合刻画投影时要生动自然。

4.3.2 一点透视餐饮空间线稿图绘制技法

01 用铅笔在纸面垂直方向 1/3 靠上的位置定出视平线和灭点，然后确定出前面一组家具的位置和高度。

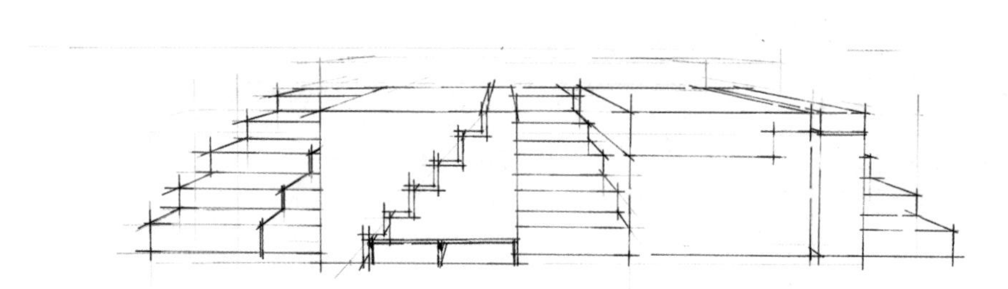

02 因为该案例的空间结构相对比较简单，所以在绘制完前面一组家具后就可以直接开始用勾线笔绘制。如果初学者控制不好勾线笔，可以先用铅笔绘制完再上墨线，具体绘制方法与前面所讲的案例相同，这里不再赘述。

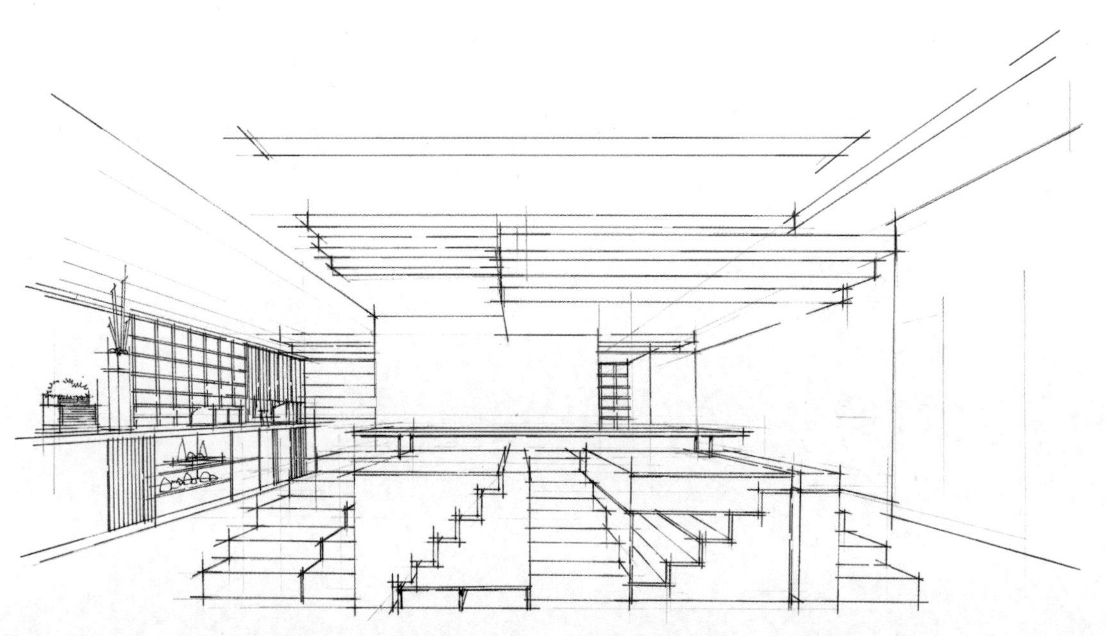

03 绘制出左边的收银台和背景墙，注意表现出背景墙凹凸感的木质纹理，然后根据透视关系快速画出天花吊顶的造型。

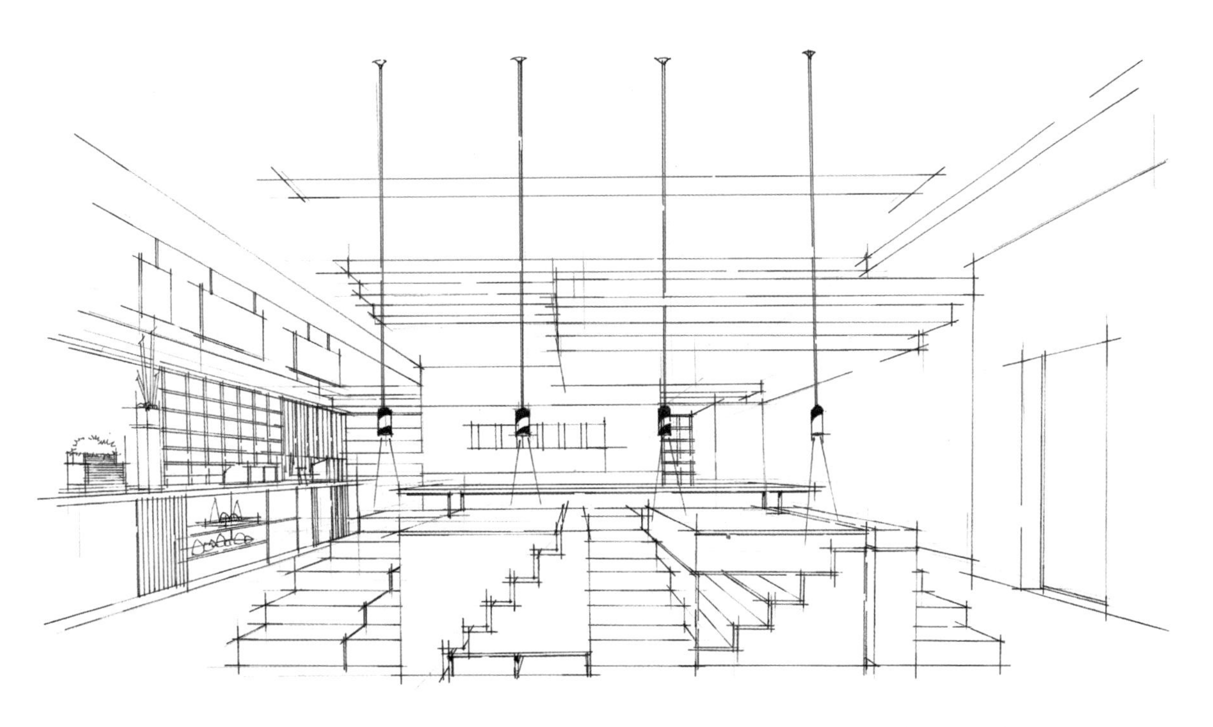

04 画出右边的墙体，然后绘制出 4 个吊灯，注意用黑色马克笔涂实吊灯的灯头，以表现出质感。

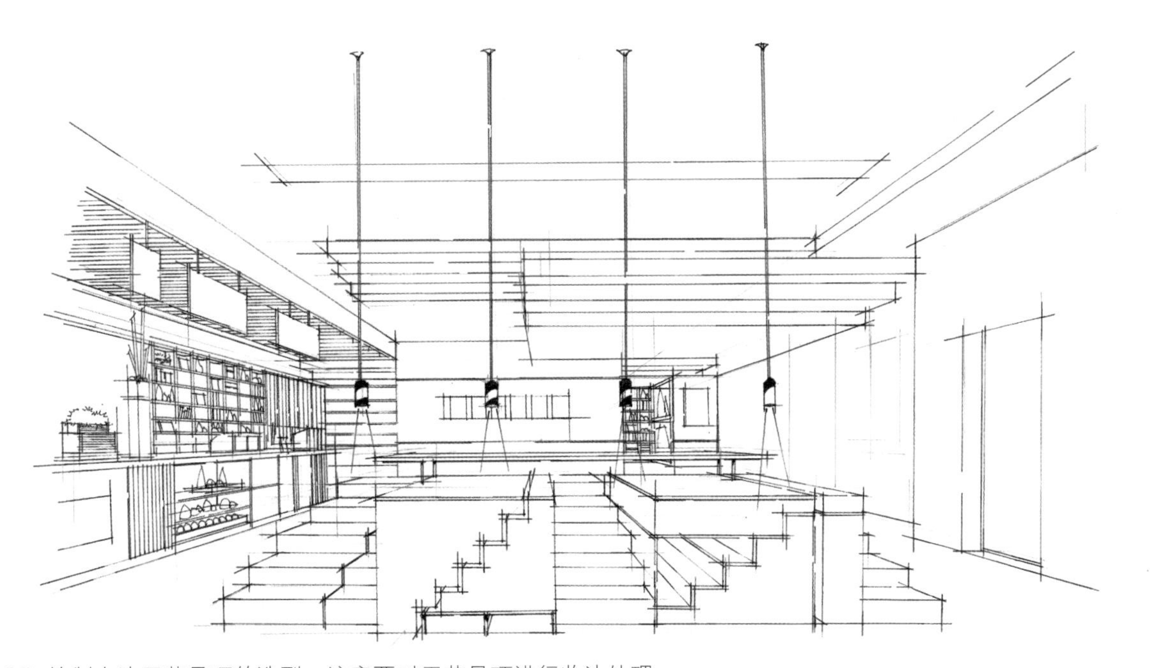

05 绘制左边天花吊顶的造型，注意要对天花吊顶进行收边处理。

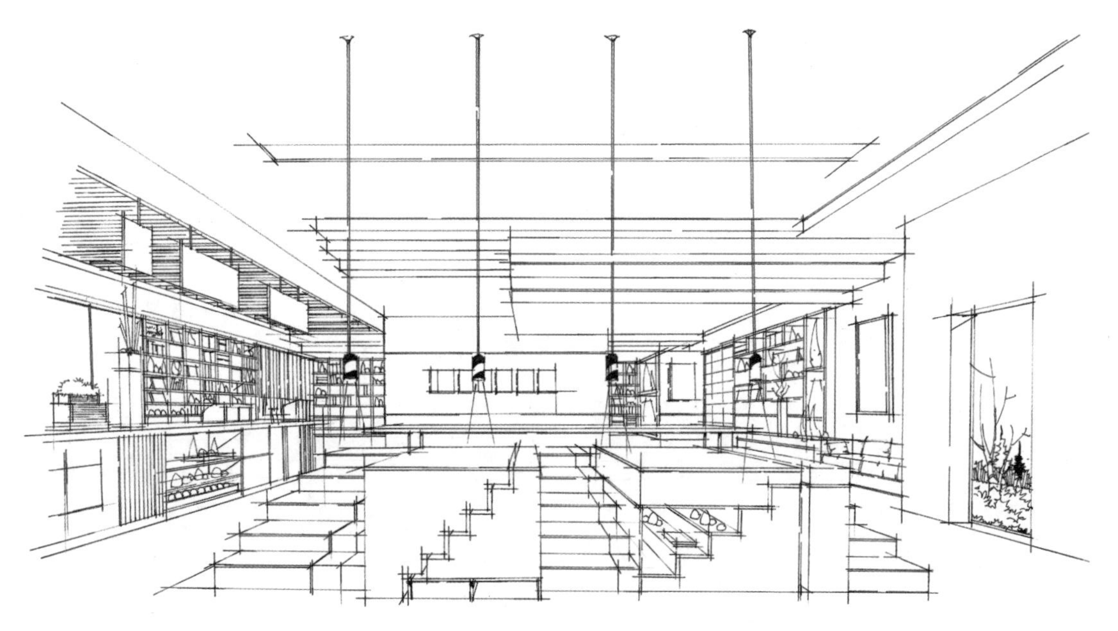

06 进一步丰富 3 个立面上的柜子和饰面板的结构，绘制出摆件、书籍和绿植等物品。

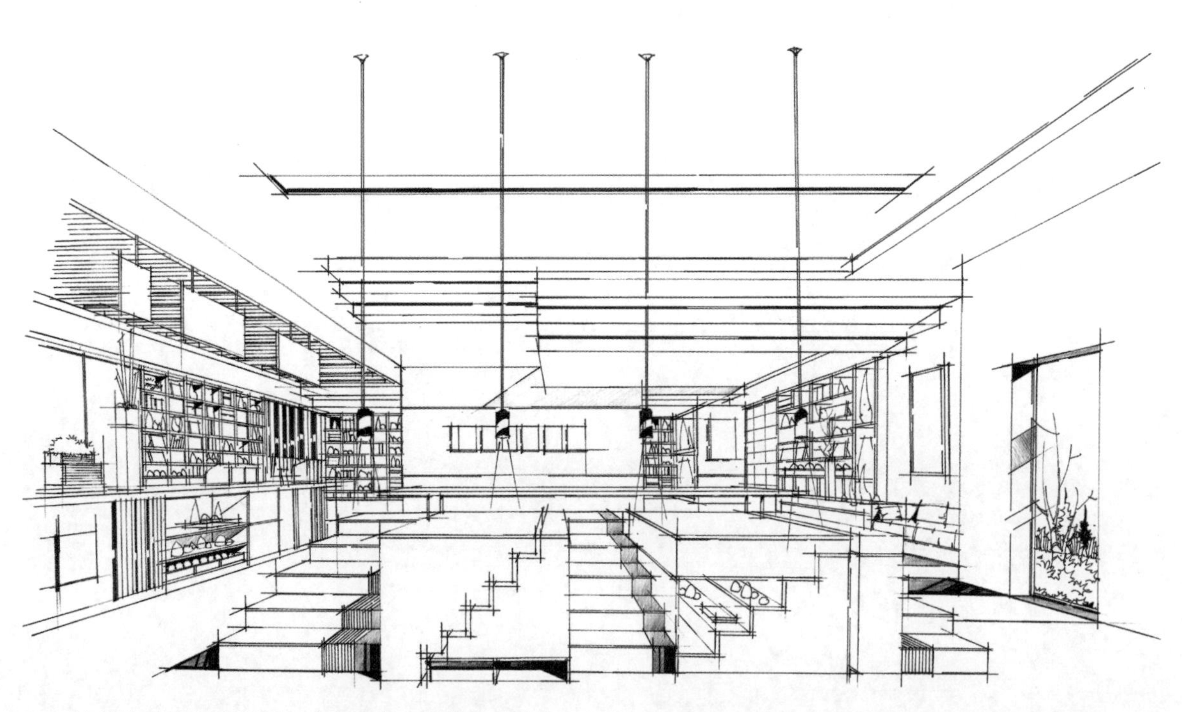

07 从前往后绘制出投影，注意黑色马克笔笔触的表达要准确，用黑色彩铅排线时要将笔尖削尖，否则画出来无法起到过渡的作用。

4.3.3 一点透视购物空间线稿图绘制技法

01 用铅笔在纸面垂直方向 1/3 靠上的位置定出视平线，并在纸的左右两端定出灭点，然后确定前面展示柜和左右两边沙发的位置并画出它们的高度。先不用刻画细节，只要把展示柜和长条座椅概括成几何形体即可。

02 用简练的线条概括地绘制出整体的框架结构，绘制时注意透视关系和不同物体的比例。

03 从中间的展架开始绘制墨线，然后绘制出桌面上的包和摆件。因为前面的展架处于视觉中心的位置，所以对于包的刻画要认真精细一些，透视、形体和材质的表达力求准确、严谨。

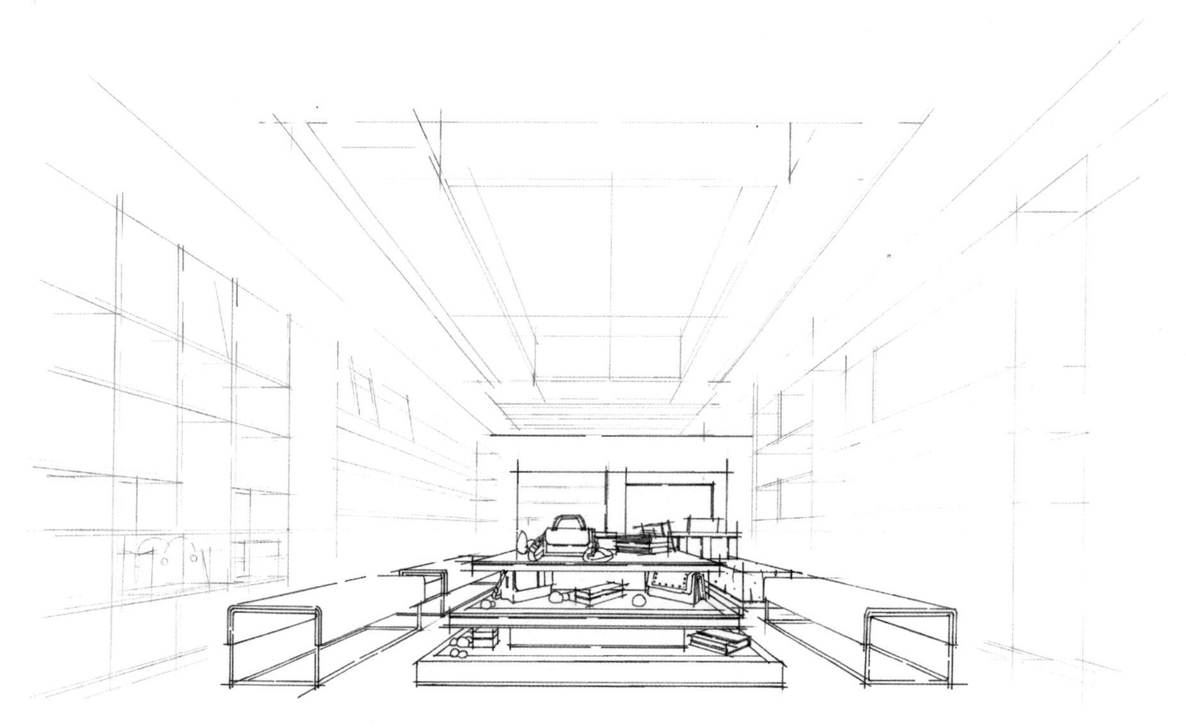

04 进一步绘制展架后面的柜子和左右两边的长条座椅，注意对座椅表面与支撑结构的处理。

05 开始绘制左边的柜子和上面的物品，要绘制的物品很丰富，包括绿植、书籍和箱包等，绘制时要注意物品摆放的疏密关系。

06 继续丰富右边的立面柜子和天花吊顶的造型结构，注意刻画出灯槽的厚度，对于局部要加重处理。

07 从前往后绘制出投影，注意黑色马克笔笔触的准确表达。因为前面展柜上的箱包和摆件的投影面积不大，所以为了凸显素描关系，可以直接将投影涂黑。

4.3.4 两点透视展示空间线稿图绘制技法

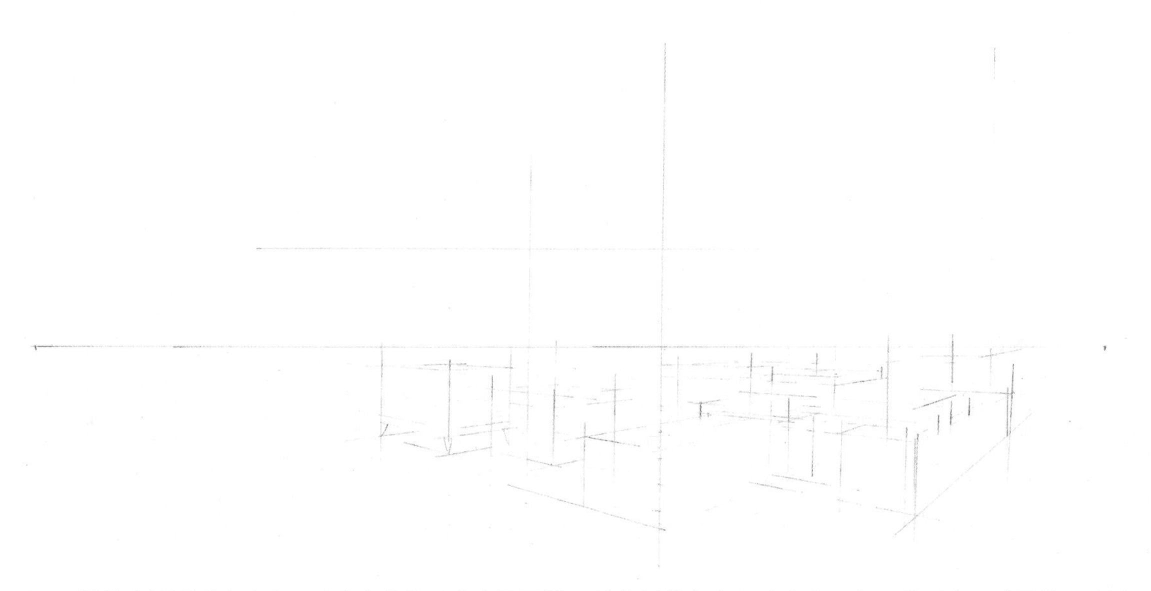

01 用铅笔在纸面垂直方向 1/3 靠上的位置定出视平线，并在纸的左右两端定出灭点。然后定出前面的组合沙发的位置，并画出家具的高度。

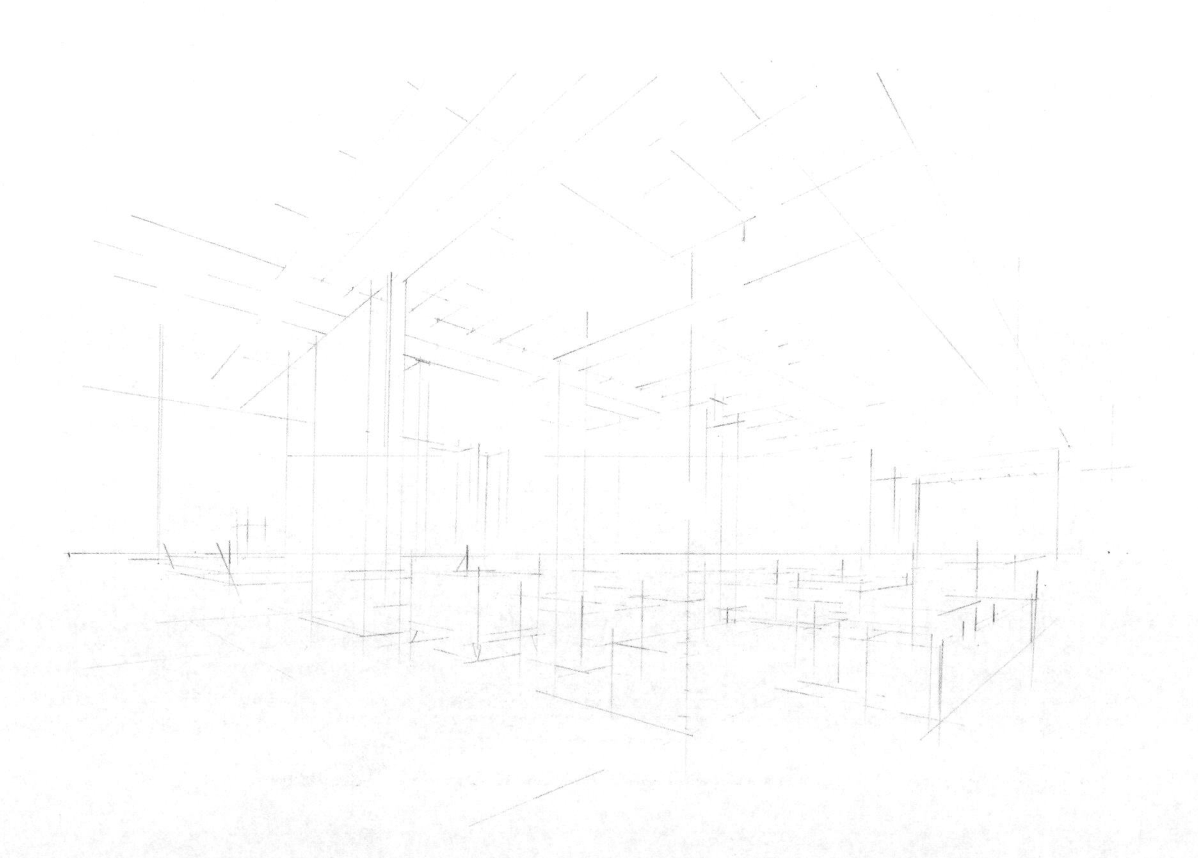

02 根据两点透视的原理绘制出整体框架结构的线稿，注意用笔的力度要轻，要保证画面整洁。

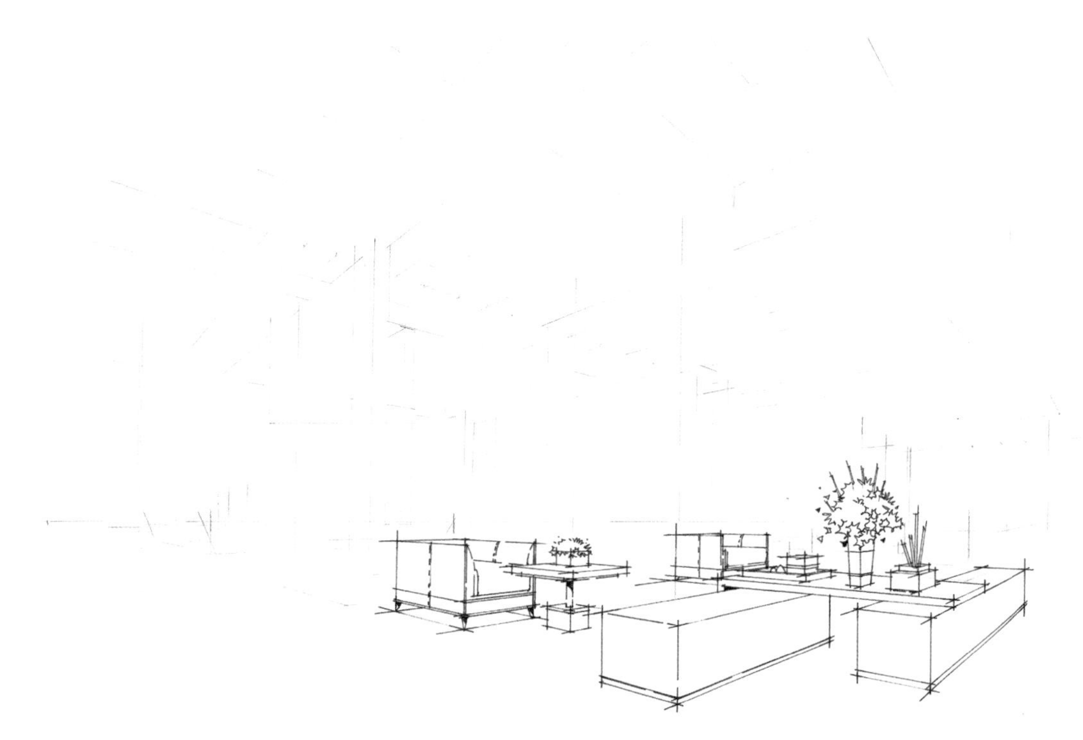

03 绘制墨线，从第一组家具开始画出沙发的外轮廓，然后绘制出桌面上的绿植和摆件。绘制时用笔一定要有轻重缓急的变化。

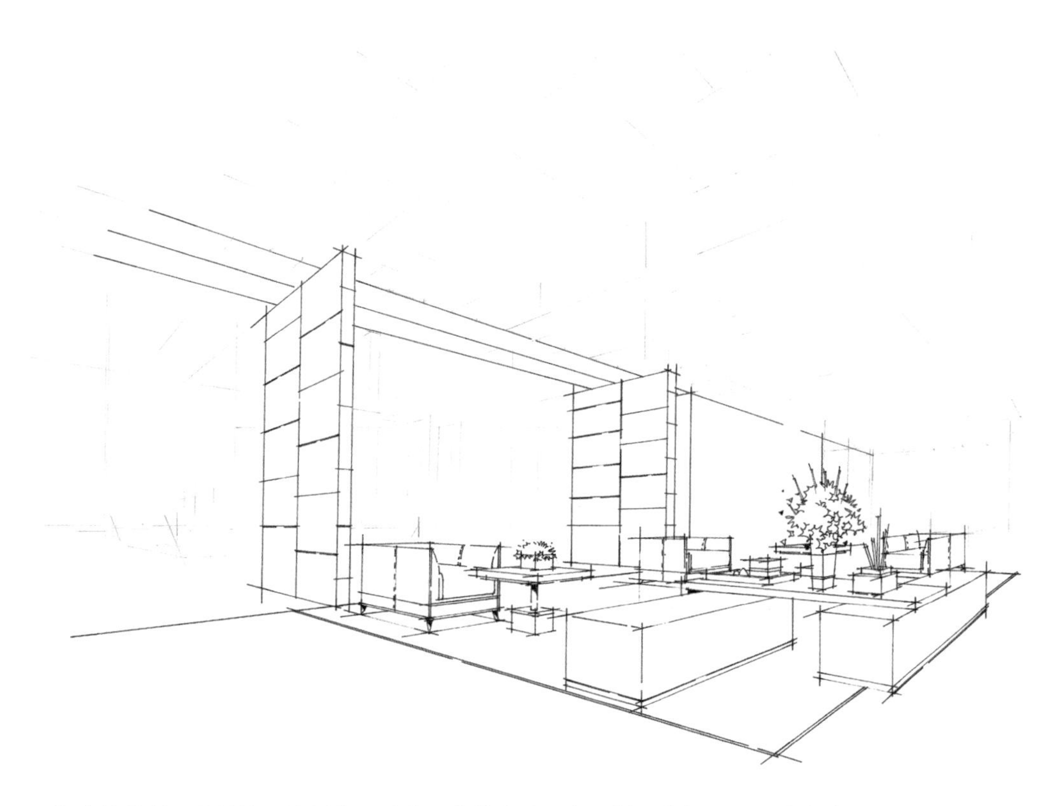

04 用勾线笔绘制立面结构，绘制的同时进一步检查透视和比例，有问题要及时修改。

05 逐步绘制出右边的立面、书柜等造型，再绘制出不同的艺术摆件以丰富空间效果，画完一组物体后及时用橡皮把铅笔稿擦干净，以保证画面整洁。

06 绘制出地毯的纹理和窗外的植物，注意对地毯的厚度和纹理的刻画。

07 根据透视原理快速画出天花吊顶的造型，注意要表现出造型结构的穿插关系。

08 从前往后绘制出投影，注意马克笔笔触和彩铅笔触的过渡。该案例所绘内容较多，绘制投影时一定要注意区分前后空间关系，后面的投影直接用彩铅绘制即可，前面的组合沙发需要用黑色马克笔结合彩铅来绘制。在左边可以绘制一些类似于植物阴影的形状，以使空间更加生动灵活。

4.4 室内空间线稿图案例评析

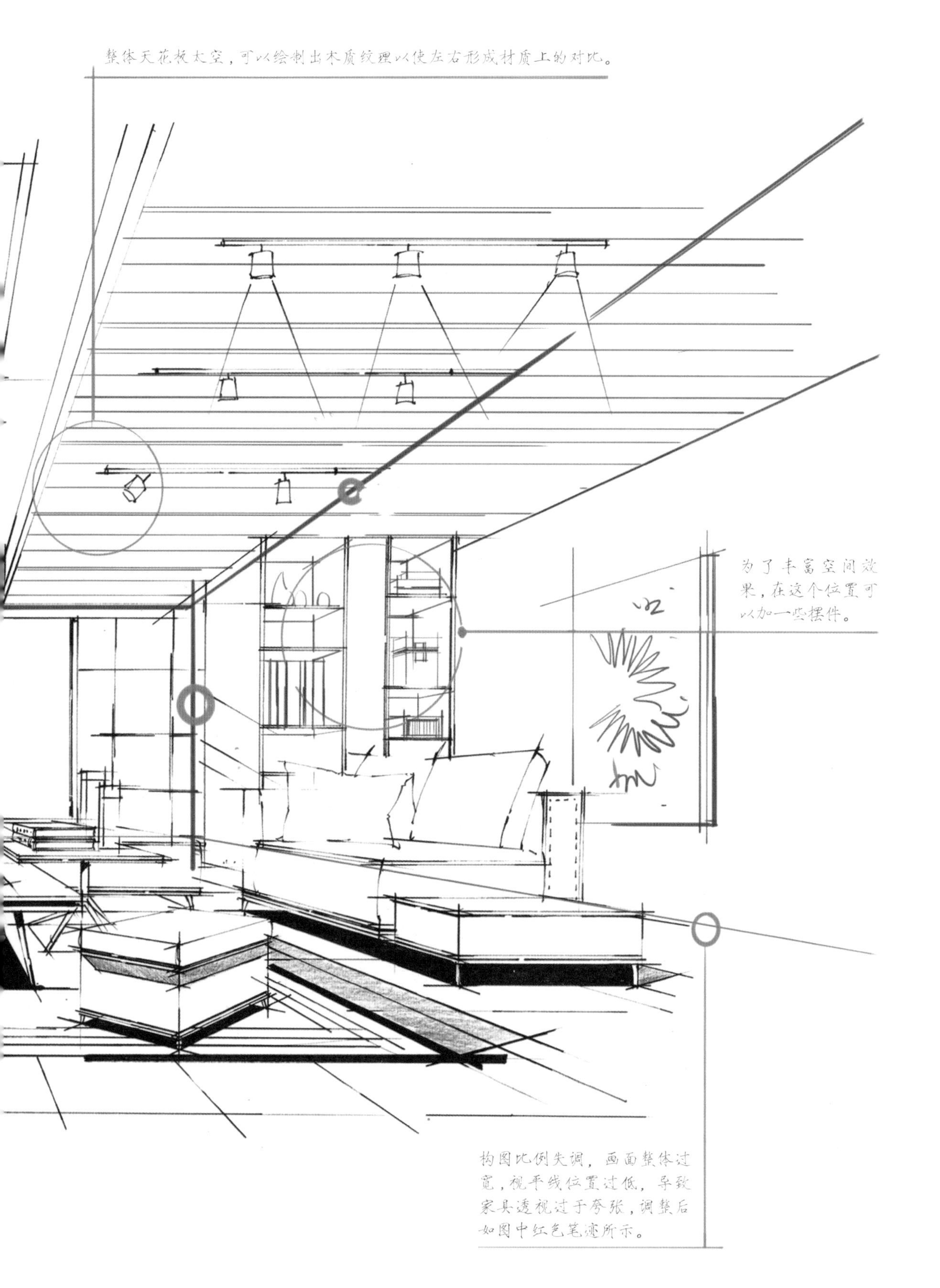
整体天花板太空，可以绘制出木质纹理以使左右形成材质上的对比。
为了丰富空间效果，在这个位置可以加一些摆件。
构图比例失调，画面整体过宽，视平线位置过低，导致家具透视过于夸张，调整后如图中红色笔迹所示。

应该画出局部遮阳板的投影，如图中红色笔迹所示。

这组圆形摆件刻画得太粗糙，线条无变化，正确画法如上图所示。

投影的位置不对，两组投影的角度不统一，一般会把室内的光源处理成平行光。

柜子太空，应该如图中红色笔迹所示加一些书籍以丰富画面效果。
柜子的投影角度不准确，正确的画法如图中红色笔迹所示。
图中柜子的结构错误，正确的画法如上图所示。
投影的轮廓绘制得不够准确，太随意，正确的画法如图中红色笔迹所示。

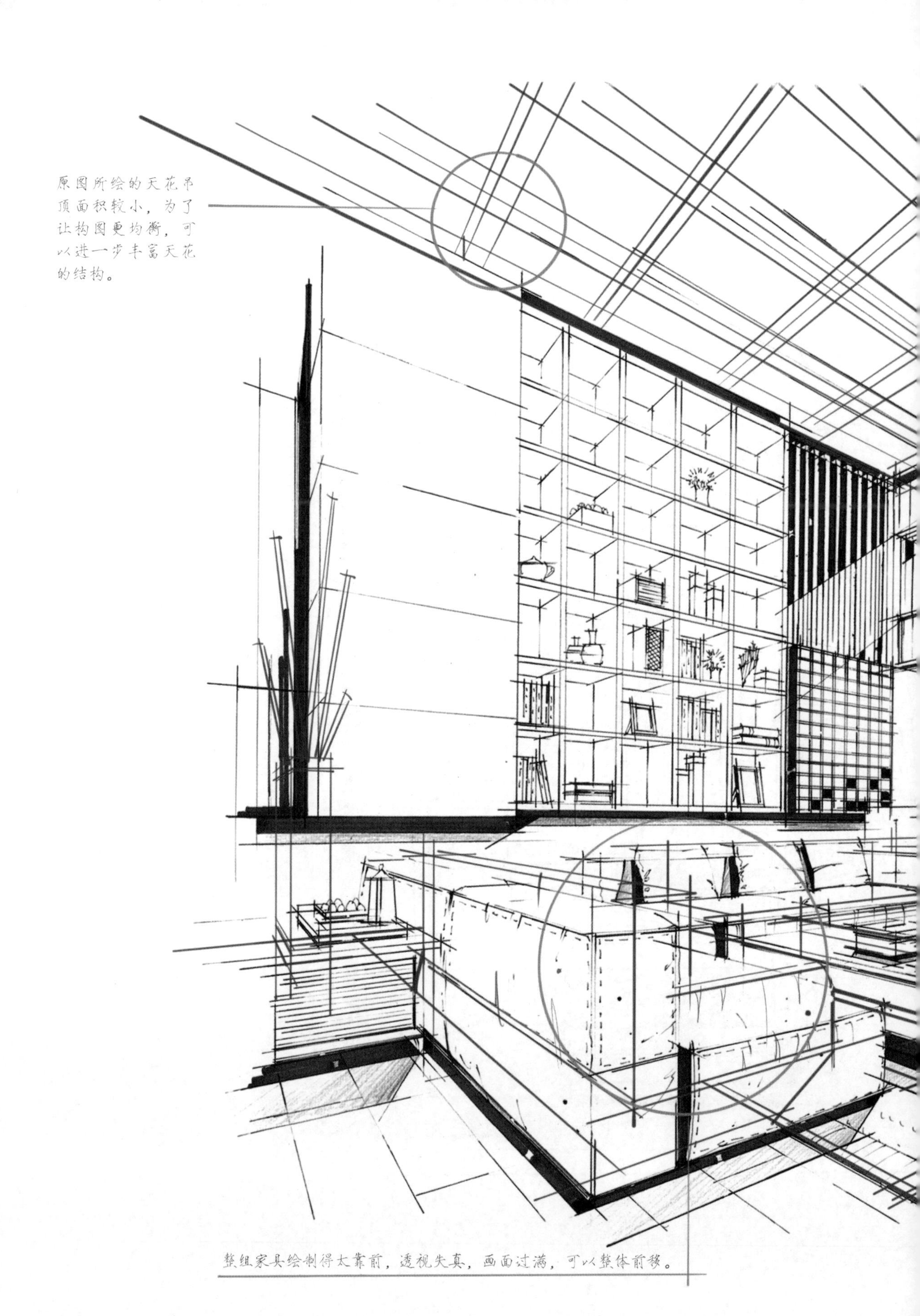
原图所绘的天花吊顶面积较小，为了让构图更均衡，可以进一步丰富天花的结构。
整组家具绘制得太靠前，透视失真，画面过满，可以整体前移。

加一组摆件，以丰富前面的空间。
去掉里面这个空间，用书柜作为隔断，这样更能突出主题，构图也会更加合理。

柜子内的摆件绘制得太随意，线条没有变化，绿植不够生动，修改后如图中红色笔迹所示。

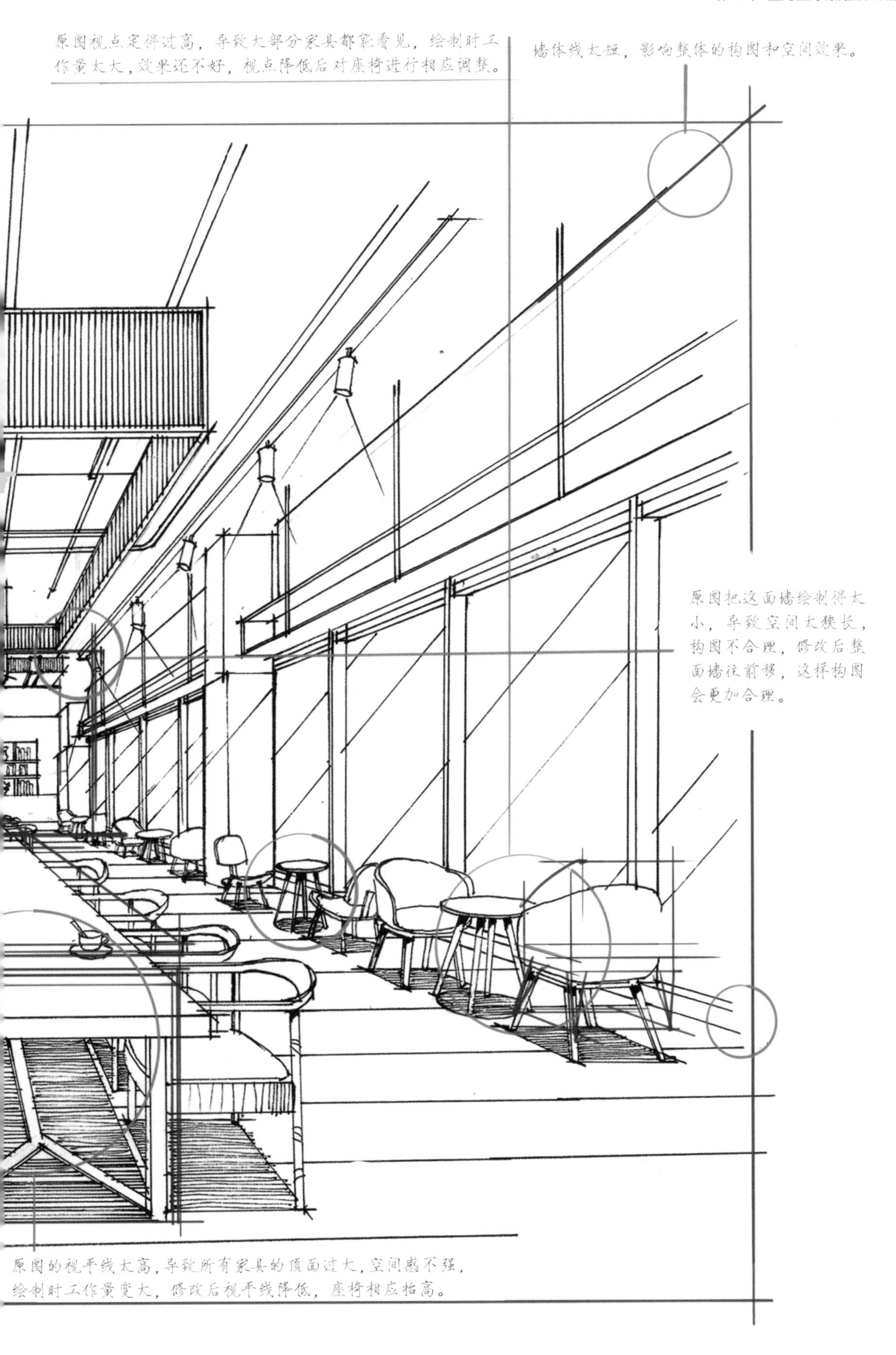
原图视点定得过高，导致大部分家具都能看见，绘制时工作量太大，效果还不好，视点降低后对座椅进行相应调整。
墙体线太短，影响整体的构图和空间效果。
原图把这面墙绘制得太小，导致空间太狭长，构图不合理，修改后整面墙往前移，这样构图会更加合理。
原图的视平线太高，导致所有家具的顶面过大，空间感不强，绘制时工作量变大，修改后视平线降低，座椅相应抬高。

这里应该画出遮阳板在柜子上的投影。
天花吊顶的结构过于简单，可以加一些绿植以丰富画面效果。
家具的投影不够准确，应该统一角度。
座椅的造型过于生硬，坐垫应该刻画得再生动一点。

此处放置这一组柜子使画面显得过满，应该删掉，让画面有一个留白空间。

窗外的植物也应该画出上下层次，表达要生动。
楼梯的结构不对，前面的踏步是能看清的，所以要交代清楚。

茶几的位置过于靠外，沙发与电视柜的位置不协调，沙发也太靠外，应该向里移动，修改后如图中红色笔迹所示。
具的外形不准，修改如图中红色笔迹所示。
柜子的透视结构表达不清，内置摆件刻画得不够精细，用线粗糙且无变化。

这组家具的比例不准确，应该把整体扩大，修改后如图中红色笔迹所示。

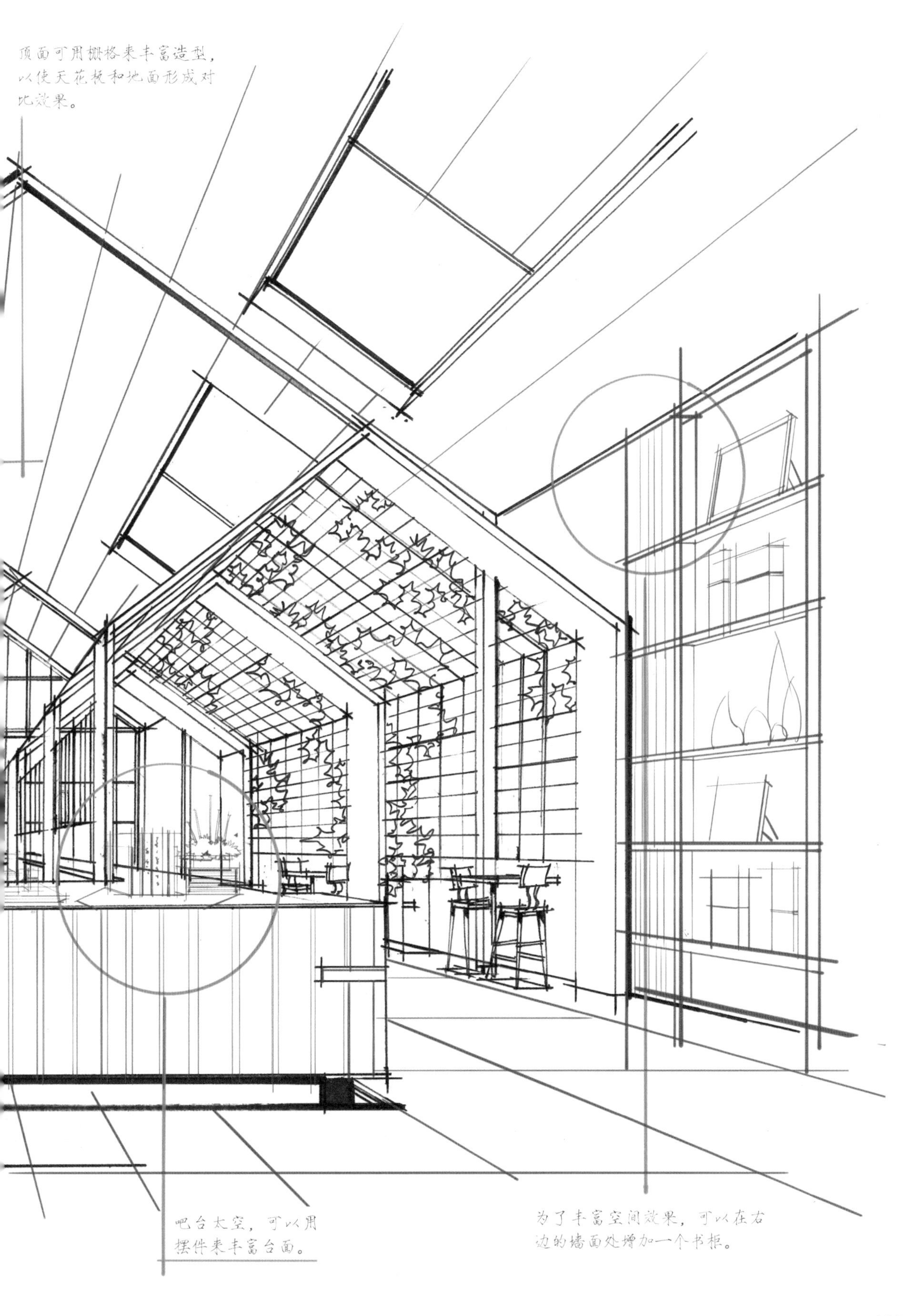
顶面可用栅格来丰富造型，以使天花板和地面形成对比效果。
吧台太空，可以用摆件来丰富台面。
为了丰富空间效果，可以在右边的墙面处增加一个书柜。

原图天花吊顶上没有吊灯，缺少元素，添加了一组现代吊灯，使空间层次感更强。
左边的墙体太过单调，原图是落地窗，修改后改为镶嵌在墙体里的书柜和实体墙，这样一面墙就有石材、木材和玻璃3种不同的材质了。

原图天花板太空，用栅格纹理填充丰富画面，与里面的天花吊顶形成对比关系。
右边的墙体画得太过简单，空间体块没有穿插，修改时让墙体做了一次转折，使整面墙变得更有层次感，在立面增加了书柜和摆件，使画面更丰富了。
茶几和电视柜的比例不对，修改后如图中红色笔迹所示。

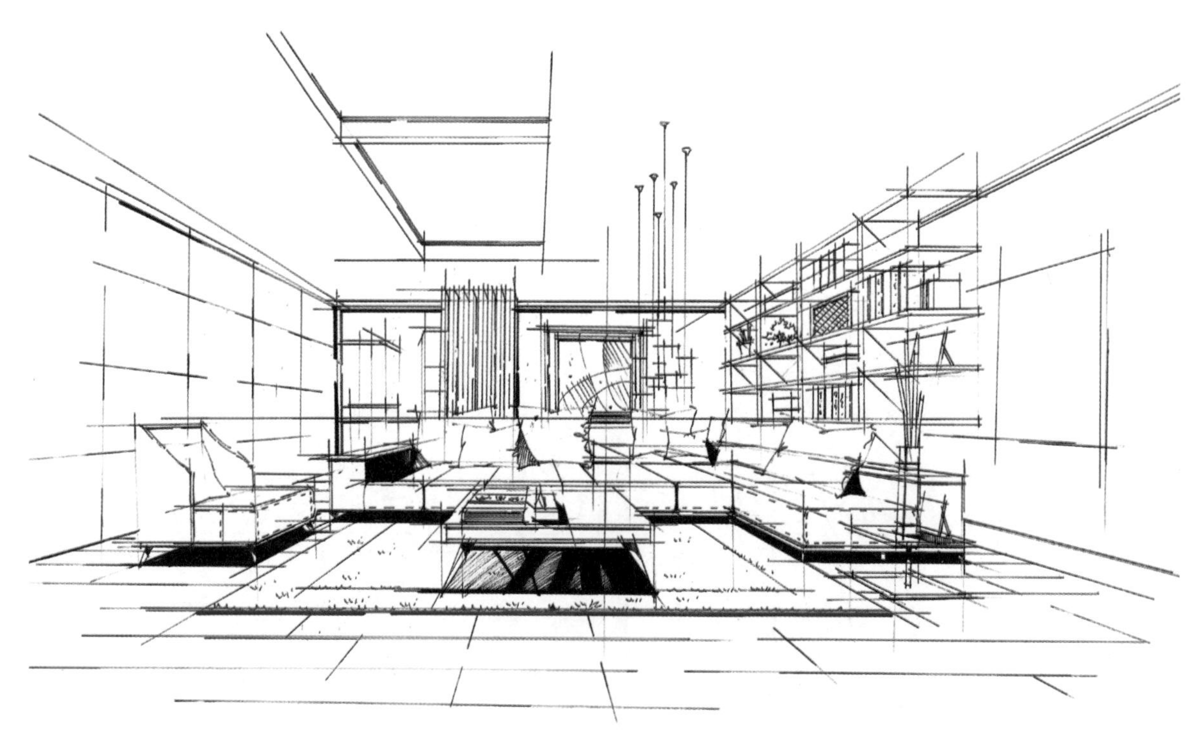

这张图是家装空间里的一个沙发背景墙区域，空间相对较小，很容易画出沙发失真的效果。因为是直接用勾线笔绘制的，所以保留了一些参考线，建议初学者也可以尝试这种画法，只要不影响整体的效果，完全可以放开画。

这是一张家装空间线稿图，绘制时要注意家具和空间的比例关系。这张图构图合理，比例较准确，空间内的软装设计丰富有层次，临摹时一定要注意学习图中对于摆件细节和材质的表达。

这是一个商业空间的休闲区域线稿图，设计风格趋向于现代极简风格，立面结构较少，如果按照实际空间设计绘制会发现线稿非常"空"。因此，在写生创作时采取了几个措施：一是丰富立面的结构和材质变化，二是丰富软装和绿植，三是准确地绘制出光影关系，用生动斑驳的光影来渲染氛围。

这是一个办公空间线稿图，空间结构丰富，材质主要为铁、麻绳和木材。整体构图合理，材质表达准确，投影的处理方法是传统的排线法，也是最能考验一个人基本功的画法。在绘制时还要注意椅子的比例和材质的表达（因为很容易把椅子画宽），此外对桌面上的电脑及摆件的处理也要非常谨慎，希望初学者临摹时也要留意对小物体的绘制。

这是一张商业休闲空间的线稿图，吊顶结构复杂，需要准确理解透视结构才能画准确，绘制地面上的沙发和茶几时要注意区分，视觉中心的家具要刻画得细致一些，两边的家具可以适当简练概括一些。

这是一张别墅空间内的线稿图，空间中间带夹层，显得比较丰富。这张图光影关系处理准确，立面结构丰富，刻画得比较细致。绘制时一定要注意顶面结构的透视，以及各个家具的比例关系。

这张图画的是一个休闲空间，绘制时一定要注意空间与家具的比例关系，同时要注意对前面家具的细节处理和光影关系的表现等。

这是一张售楼处洽谈区的线稿图，新中式的元素绘制起来相对更复杂，需要有足够的耐心。这个空间内的材质较丰富，不仅要全部绘制出来还要做到有变化，需要表现出准确的素描关系。

这张图画的是一个图书馆空间，该图的特点就是有体量庞大的书柜和复杂的穿插空间，需要在绘制时综合处理各体块的透视关系，同时还要处理好书柜内的摆件，刻画得既要丰富还要有层次。因为空间的竖向高度差别较大，绘制时要注意透视的准确性，处理光影效果时一定要照顾整体效果。

4.5 室内空间轴测图

室内空间轴测图是室内效果图中比较特殊的一种表达形式，本节主要围绕轴测图的概念和画法展开，通过一套轴测图的绘制过程来讲解轴测图的具体绘制方法。

4.5.1 轴测图的概念

室内轴测图的种类很多，常用的是正等轴测图。将形体放置成使它的 3 条坐标轴与轴测投影面具有相同的夹角（35° 16′），然后向轴测投影面作正投影，用这种方法绘制出的轴测图称为正等轴测图。

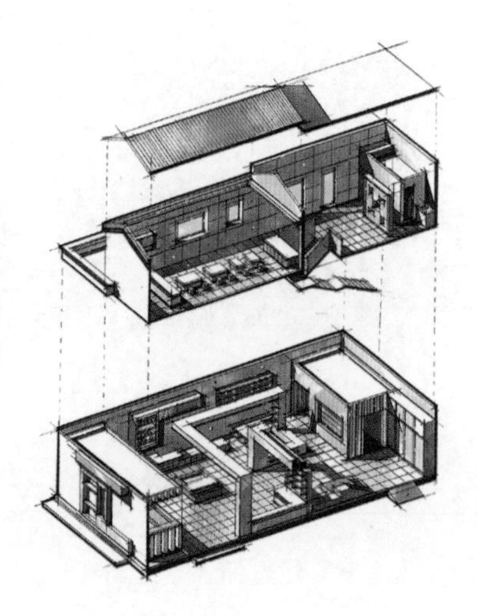

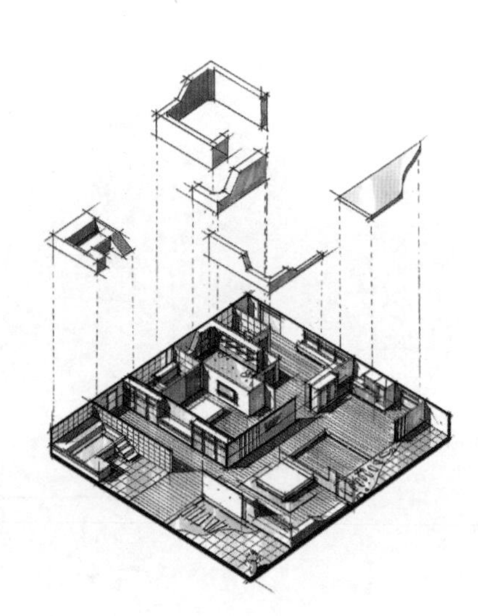

4.5.2 正等轴测图线稿绘制技法

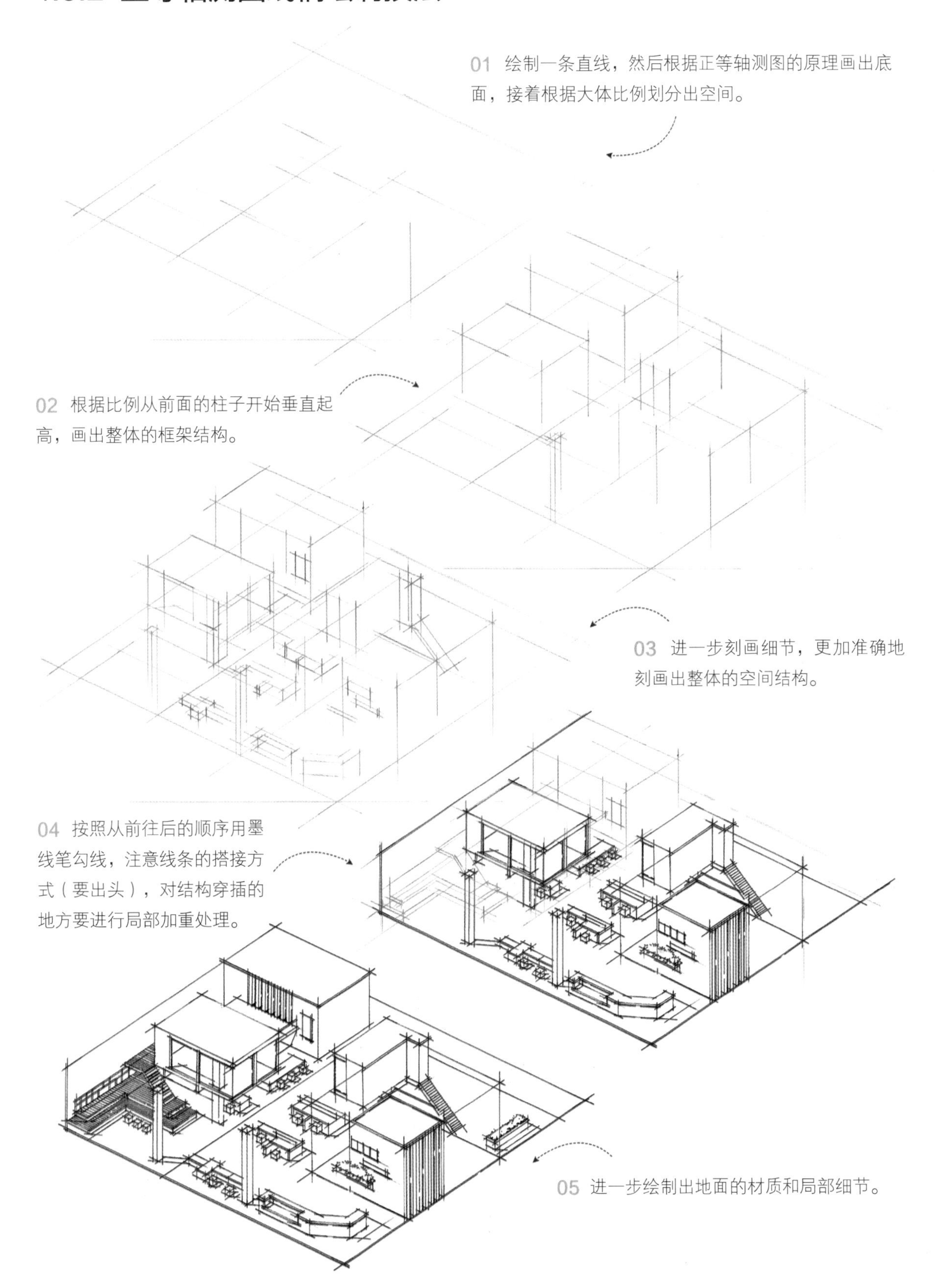

01 绘制一条直线，然后根据正等轴测图的原理画出底面，接着根据大体比例划分出空间。

02 根据比例从前面的柱子开始垂直起高，画出整体的框架结构。

03 进一步刻画细节，更加准确地刻画出整体的空间结构。

04 按照从前往后的顺序用墨线笔勾线，注意线条的搭接方式（要出头），对结构穿插的地方要进行局部加重处理。

05 进一步绘制出地面的材质和局部细节。

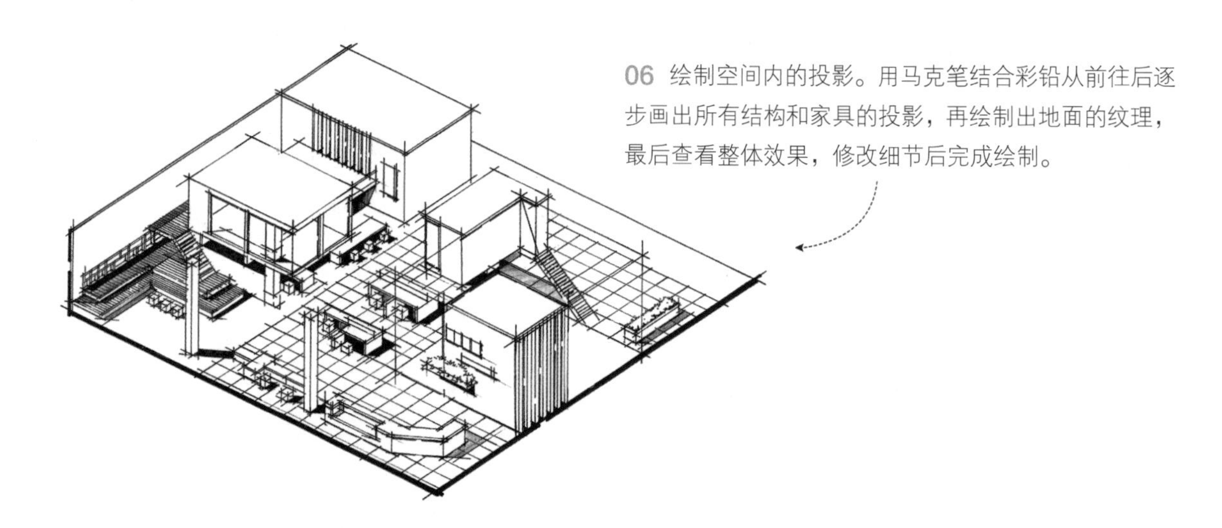

06 绘制空间内的投影。用马克笔结合彩铅从前往后逐步画出所有结构和家具的投影，再绘制出地面的纹理，最后查看整体效果，修改细节后完成绘制。

4.5.3 轴测图案例评析

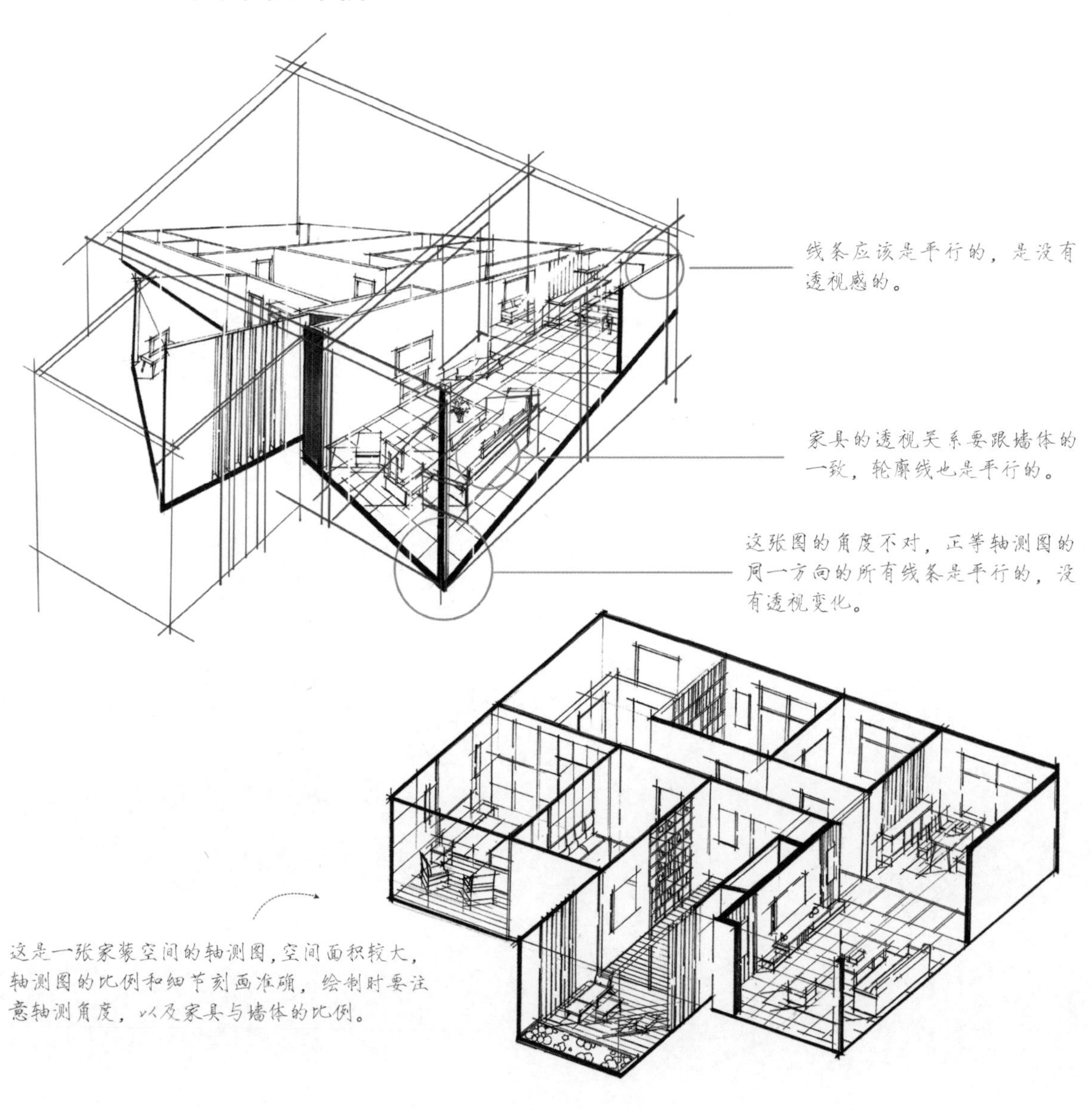

这是一张家装空间的轴测图，空间面积较大，轴测图的比例和细节刻画准确，绘制时要注意轴测角度，以及家具与墙体的比例。

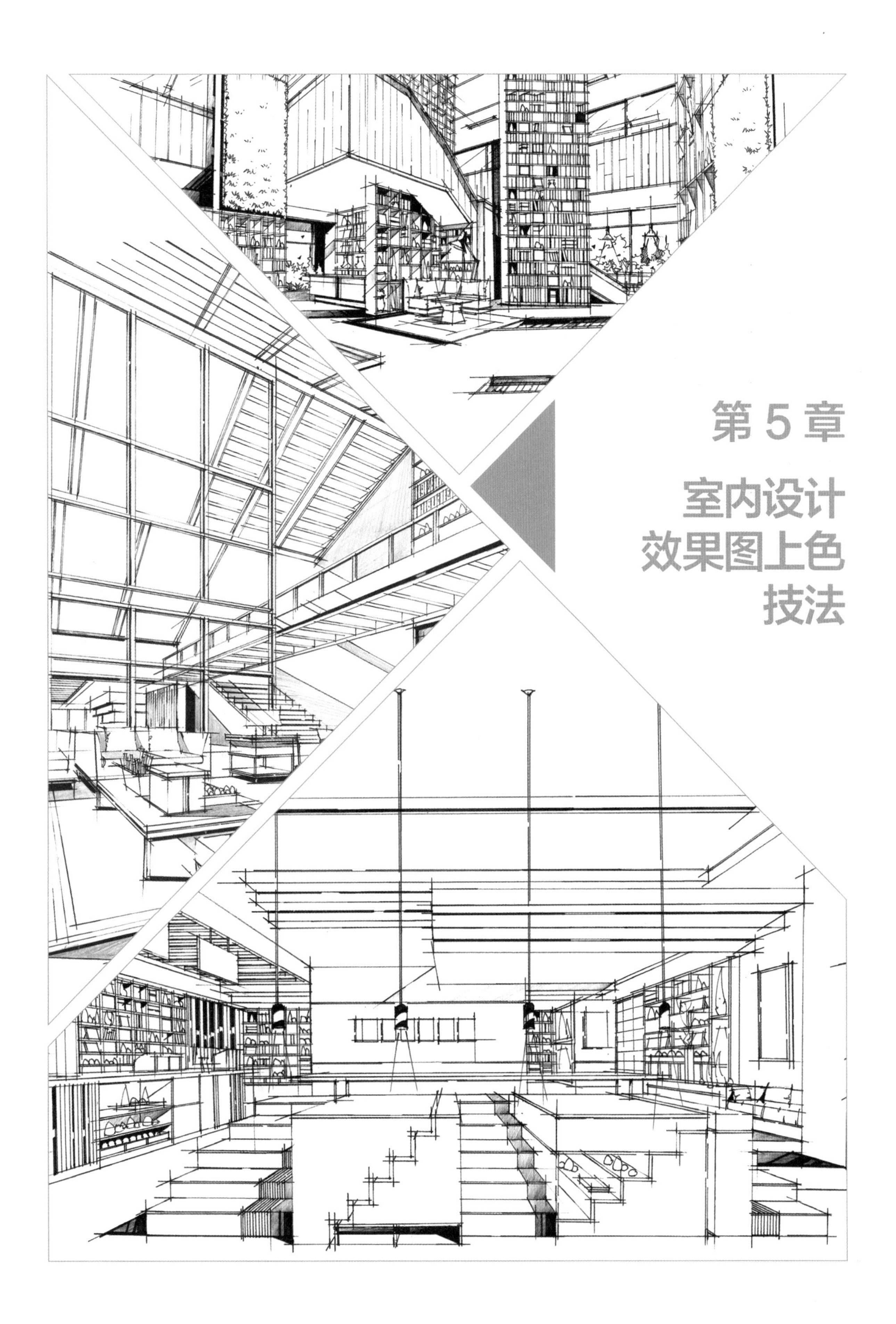

第 5 章

室内设计效果图上色技法

5.1 马克笔的上色技法

马克笔和彩铅是室内效果图上色的主要工具，本节主要讲解马克笔的基本笔触和上色技法。

5.1.1 马克笔的特点

马克笔是室内效果图手绘上色的主要工具，马克笔的颜色干脆、表达力强，能够在短时间内快速上色，但也因其显色比较干脆快速导致初学者难以快速上手。其实只要方法正确、勤加练习，掌握马克笔上色也不是难事。彩铅相对于马克笔来说更容易上手，但是想快速出效果不容易。彩铅适合绘制特别细腻的材质，因此在室内效果图的手绘上色时，主要是配合马克笔处理需要过渡的地方。

5.1.2 马克笔的笔触

点笔触

点笔触要画成菱形，用马克笔的宽头笔尖绘制。

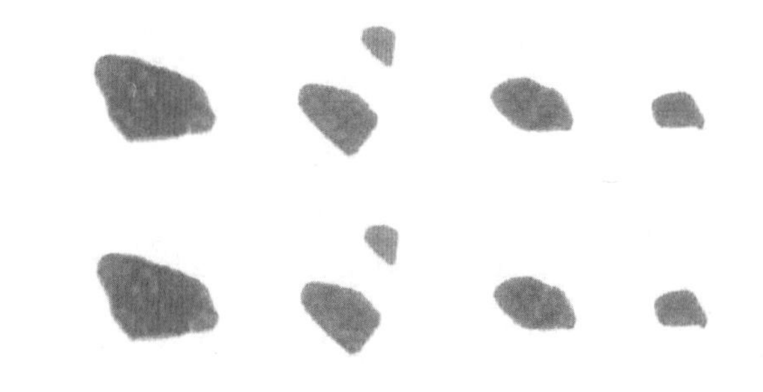

线笔触

用马克笔绘制线条时要干脆利落、有变化，不能拖泥带水。马克笔绘制的线条不要有“线头”。

面笔触

面笔触是用马克笔的宽头绘制出来的基本笔触，绘制时笔尖要与纸面完全接触。

点、线、面 3 种笔触是构成组合笔触的三大要素，缺一不可。

错误用笔解析

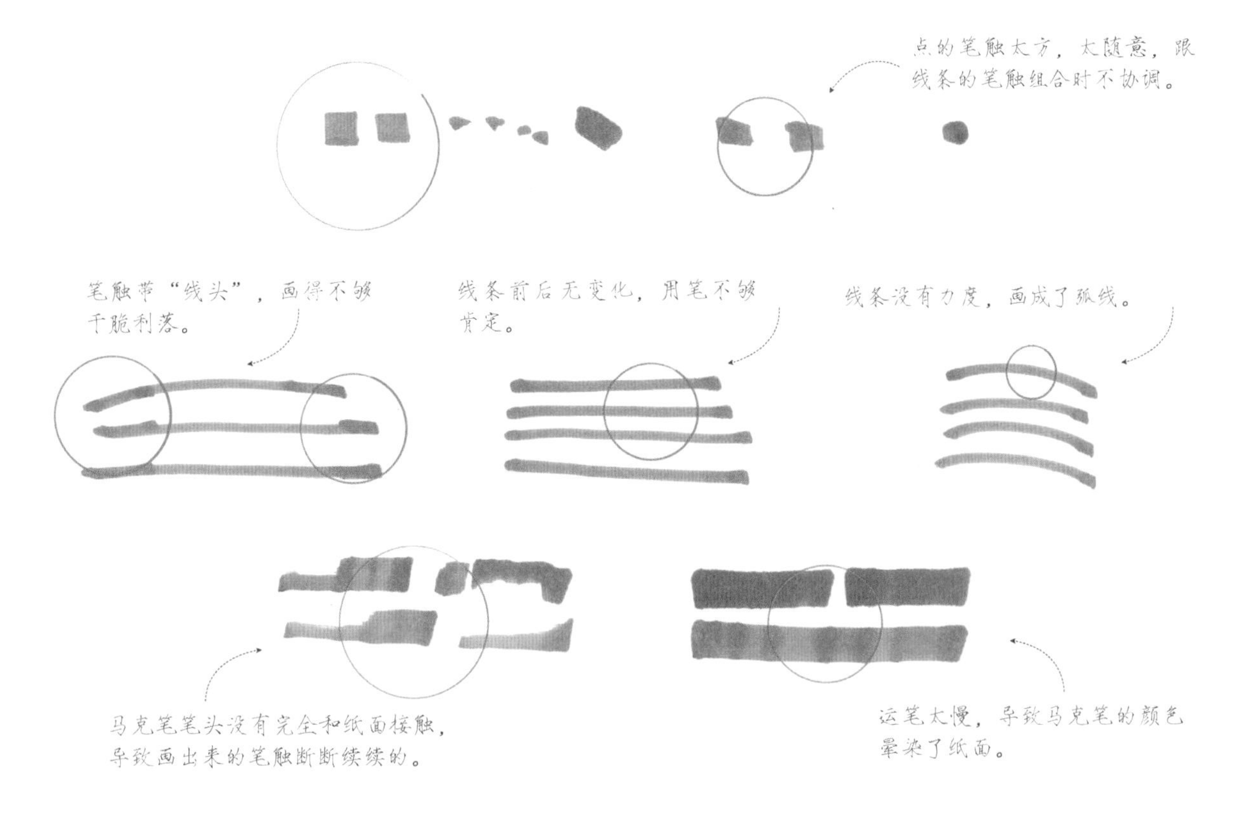

组合笔触

组合笔触是以点线面笔触组合的形式表达某一个面而画的。

组合笔触分为上下过渡笔触和左右过渡笔触，绘制时要求用笔干脆利索、不拖拉。

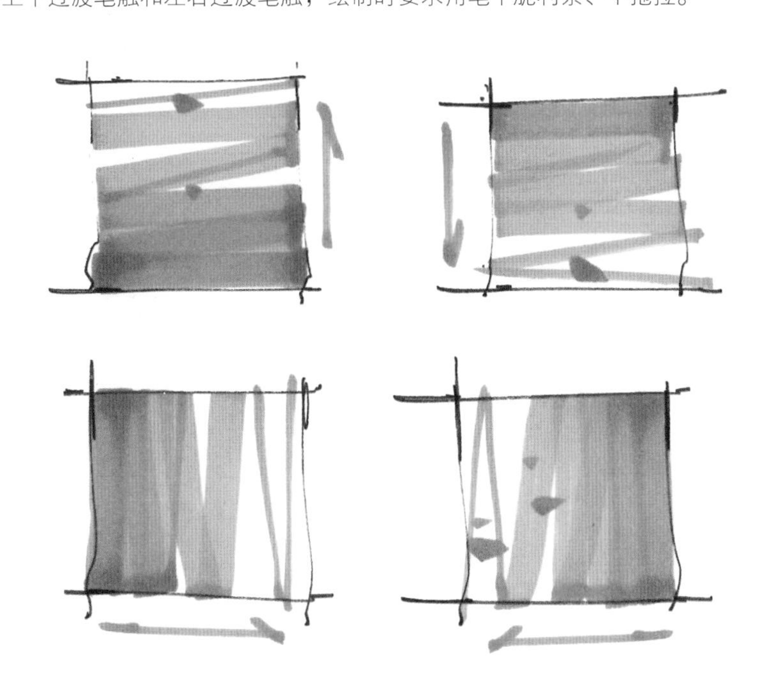

快扫笔触

快扫笔触主要是用浅色马克笔在物体亮部刻画过渡效果，绘制时要求手腕不动，起笔重、收笔轻。

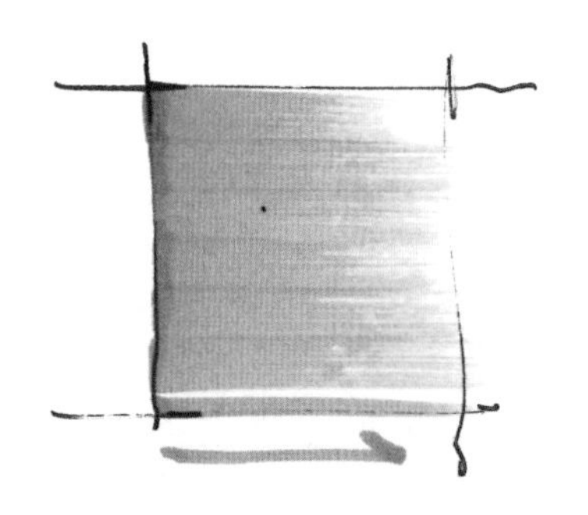

斜推与平涂笔触

斜推笔触适合绘制地面或者菱形的物体表面；平涂笔触适合绘制小面积的结构，一般用于绘制家具的投影。

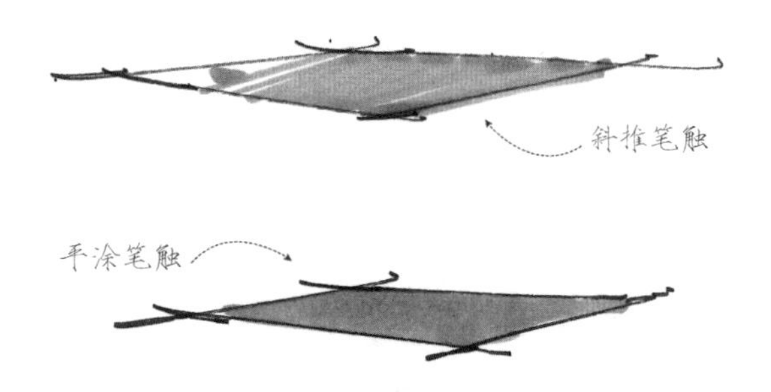

5.1.3 笔触的练习方法

练习笔触的目的是为了表达家具和空间结构等。可以通过绘制黑白灰立方体的方式来练习控制笔触，在上色时可以选择同色系的颜色，这样能更好地熟悉马克笔的色号与上色效果。

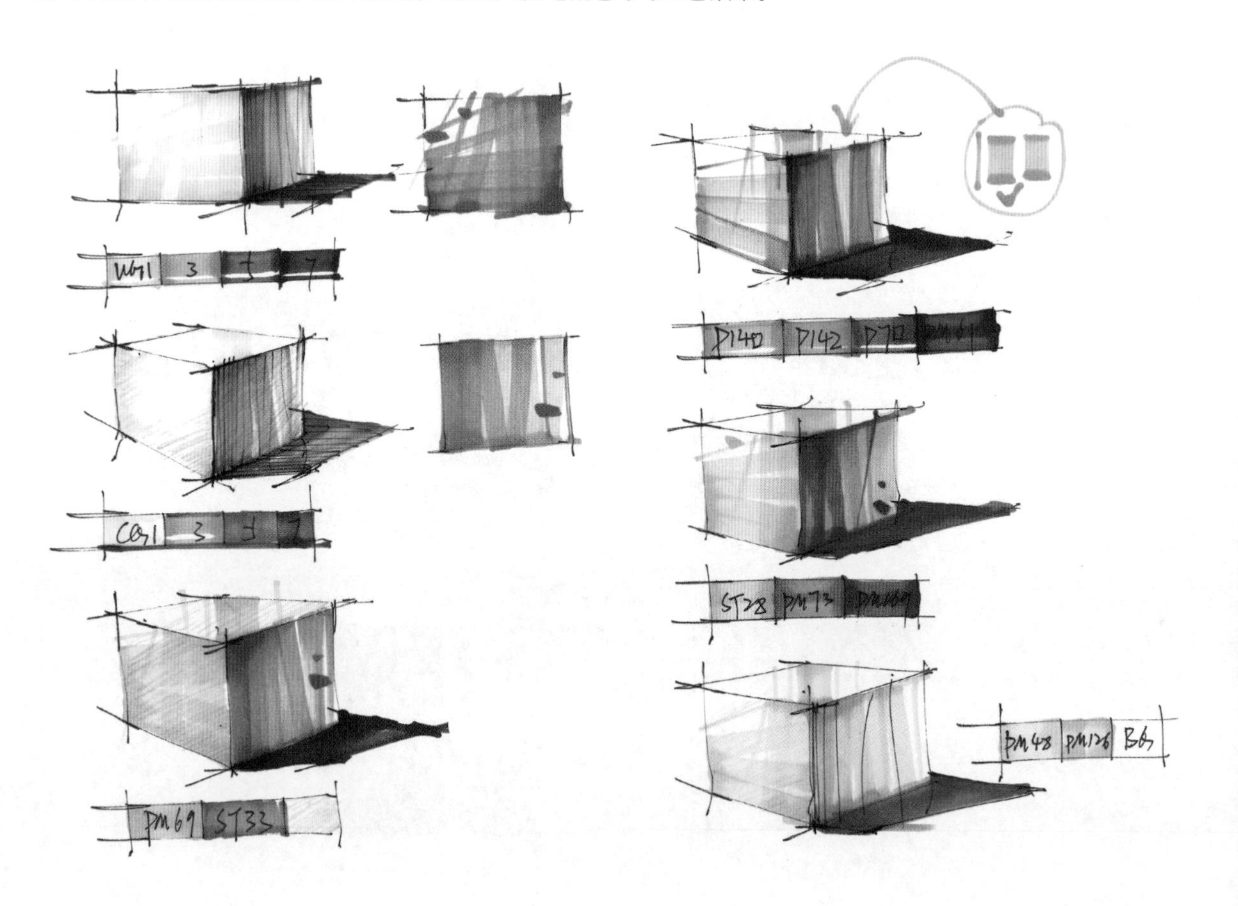

5.2 室内效果图材质色彩表现

本节主要讲解室内效果图中常见材质的色彩表现，如石材、木材、织物和水体等。准确地表现物体的材质才能让效果图更生动、更有质感。

木材和石材的材质表现

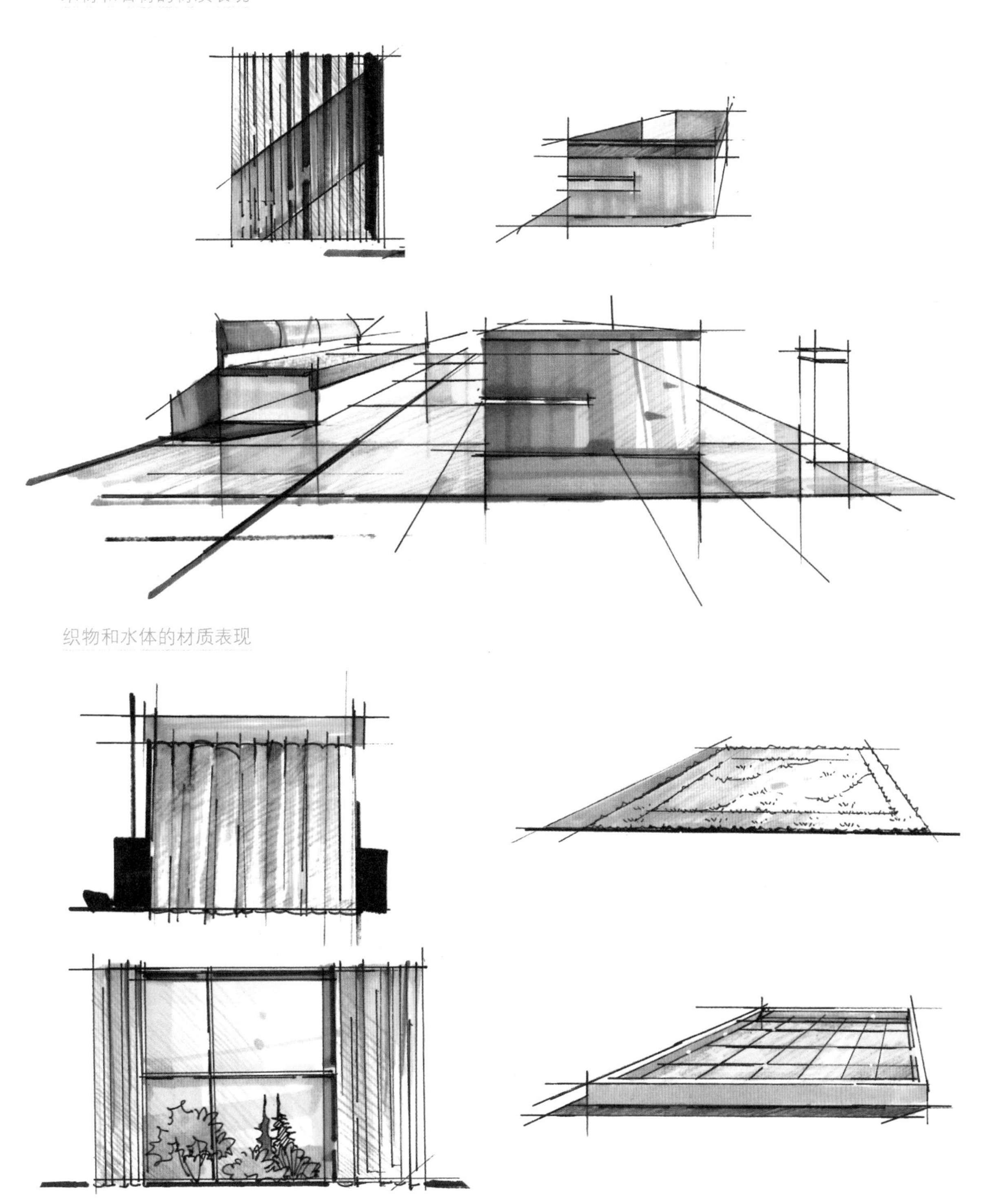

织物和水体的材质表现

金属和玻璃的材质表现

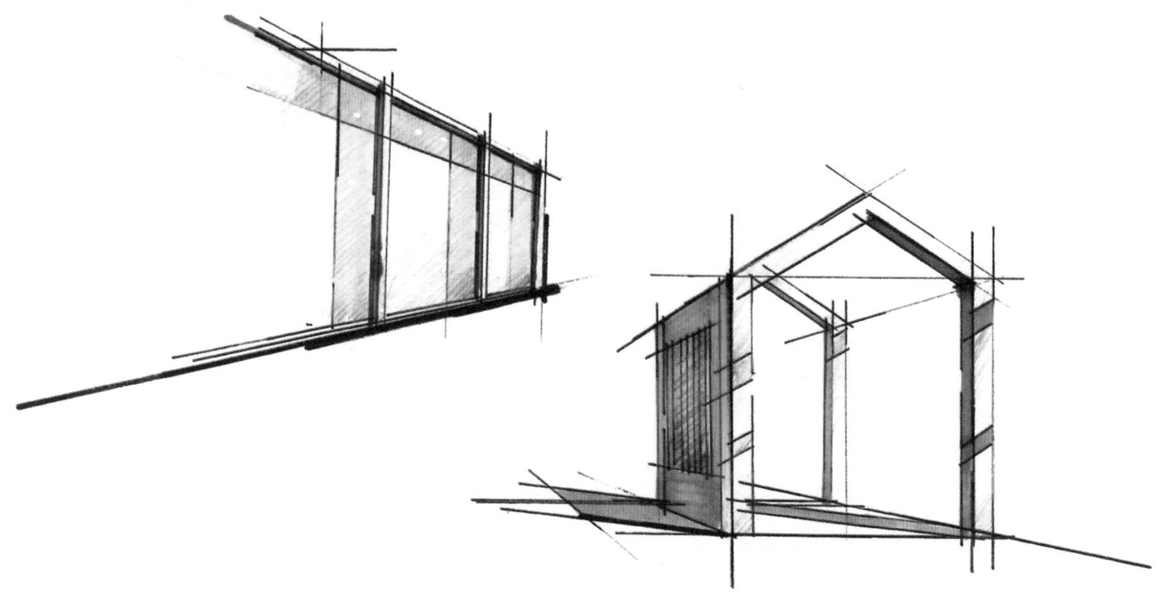

材质表现应用举例

立面饰面板和家具上的木材质表现

玻璃材质的常规表现方法

用绘制天空和玻璃厚度的方式表现玻璃材质

织物（地毯）的材质表现

地面和踏步石的材质表现

金属框架的材质表现

5.3 单体家具着色表现

室内单体家具着色是学习马克笔上色的基础内容，本节通过 3 个常见的单体家具来具体讲解马克笔的上色技法。

5.3.1 单体沙发的着色表现

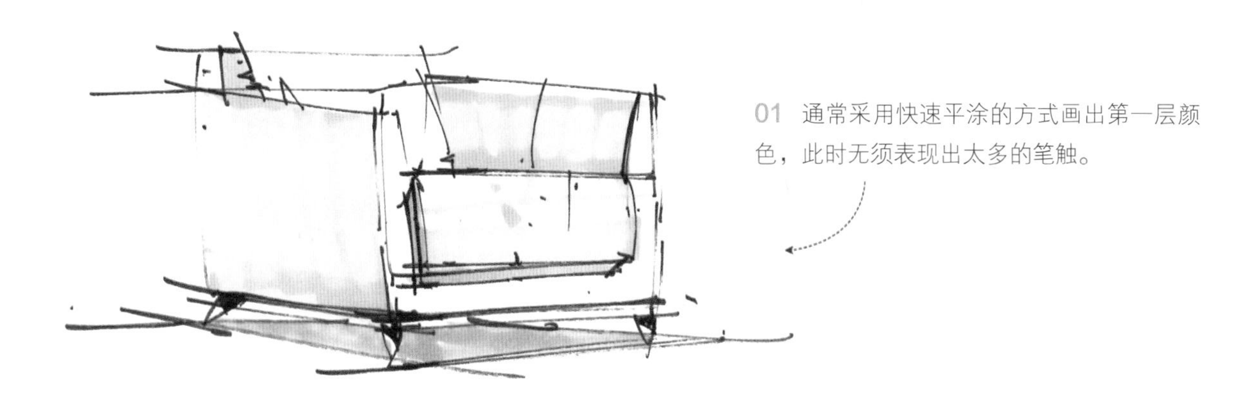

01 通常采用快速平涂的方式画出第一层颜色，此时无须表现出太多的笔触。

02 画第二层颜色时需要注意区分受光面和背光面，相比第一层颜色会更加注重笔触的表现。用的颜色不要太多，每层颜色一般用一根线作为过渡即可。

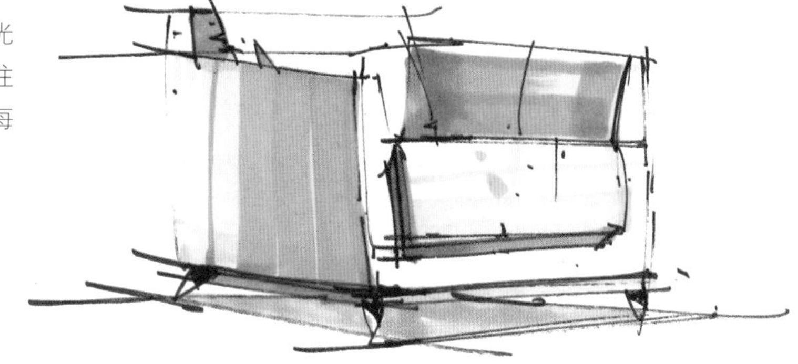

03 对于这种比较简单的单体家具，用马克笔画 2~3 层颜色即可。最后可以适当地用彩铅进行柔和过渡，用彩铅过渡处理时要注意笔触的变化，笔触间要透气一些。

5.3.2 床体的着色表现

01 用灰色和浅紫色马克笔快速平涂，绘制出床体和床垫的暗面。

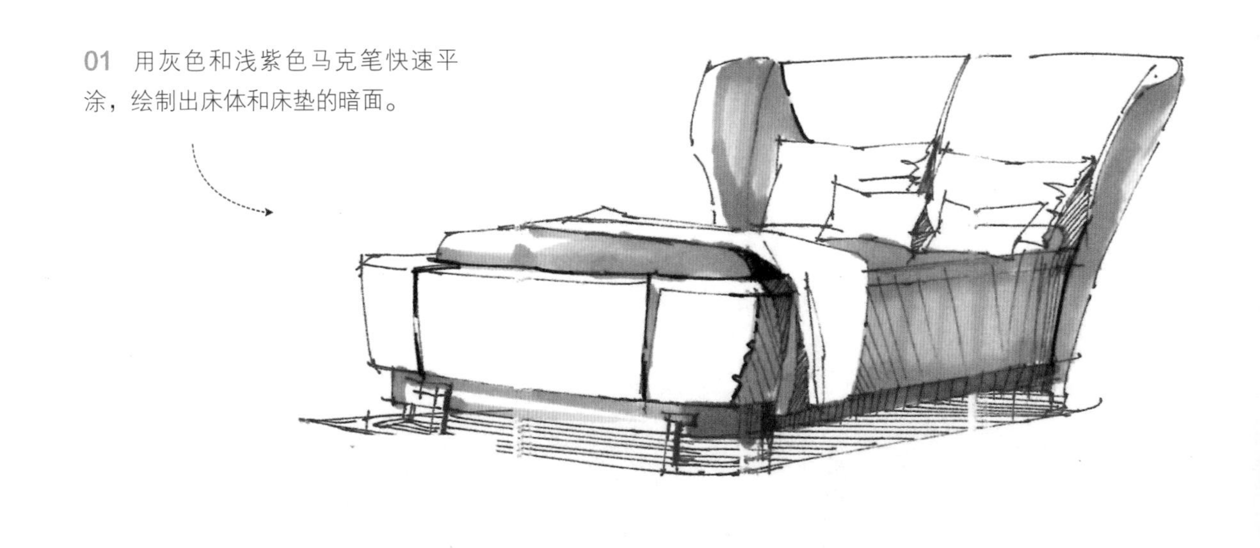

02 画第二层颜色时需要注意区分受光面与背光面，画出抱枕的主要颜色，对暗部进行加重处理。注意控制好笔触，这一遍上色时可以在暗部画出完整的笔触。

03 开始绘制床体的灰面颜色，注意亮部的留白处理，然后用彩铅过渡，准确表现出材料和质感，最后用勾线笔加重明暗交界线的结构点和靠枕在靠背上的投影线。

5.3.3 休闲椅的着色表现

01 用快速概括的笔触画出休闲椅和坐垫暗部的第一遍颜色，注意在结构的亮部留白。

02 画第二层颜色时先绘制坐垫的灰面，因为坐垫的灰面结构不多，所以可以用完整的马克笔笔触来丰富坐垫。接着加重椅子支撑部分的暗部，因为结构较小，所以不用体现过多的笔触，快速平涂即可。

03 画第三层颜色，用彩铅过渡亮面和灰面，用彩铅以排线的方式画出笔触，注意笔触的轻重缓急变化，要表现出透气感，然后用黑色马克笔加重坐垫和休闲椅支撑结构的颜色，最后用黑色勾线笔加重局部，调整细节，完成绘制。

5.3.4 常见单体家具着色图案例评析

下面列举了一些常见的单体家具的着色图，并对一些常见问题进行了评析，希望初学者在临摹时能够多思考总结。

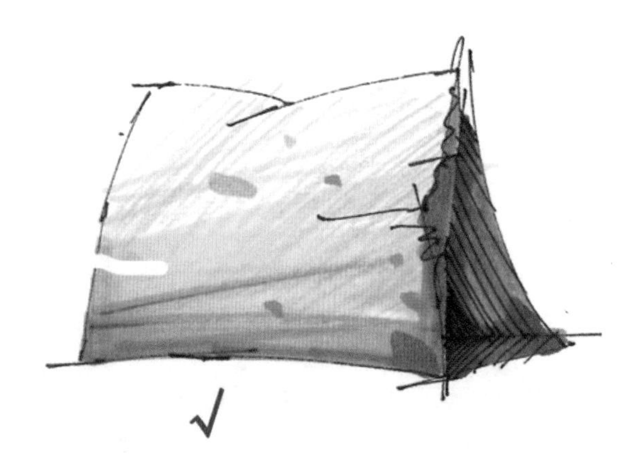

沙发抱枕亮部的笔触太碎，缺少灰面过渡。

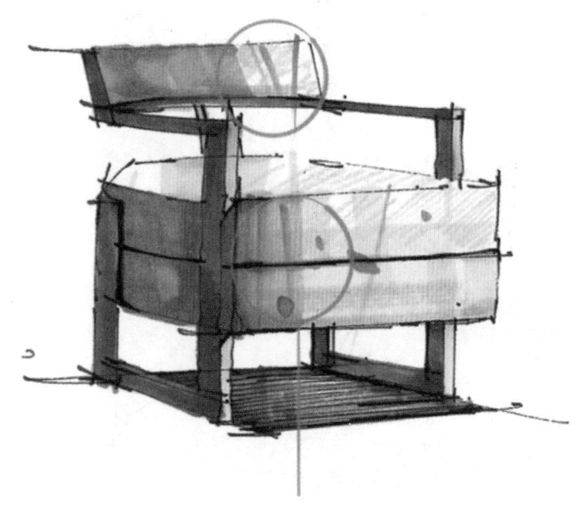

沙发坐垫和靠背的颜色画得太重，笔触太乱。

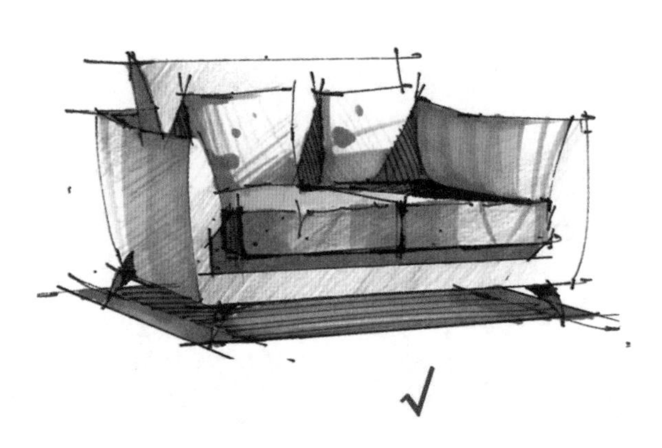

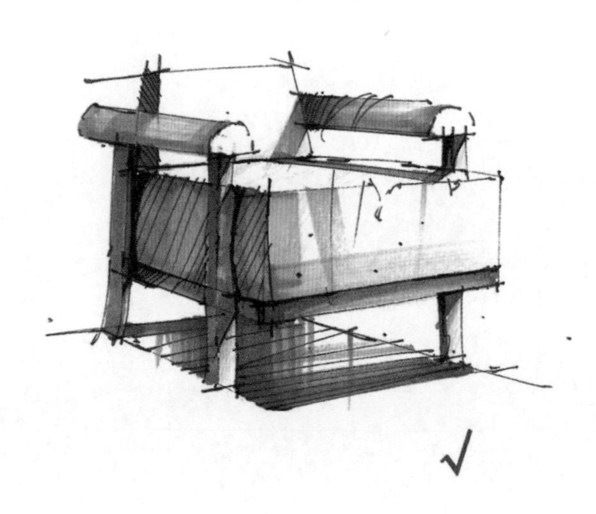

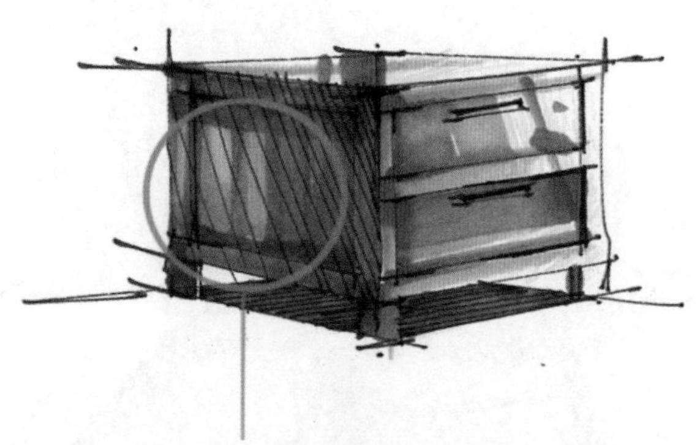

亮暗面不分，素描关系不明确。

暗部笔触太碎，点的笔触太多，素描关系不明确。

暗部缺少一遍底色，可以再用彩铅过渡一下。

暗部笔触没有过渡好，显得太生硬。

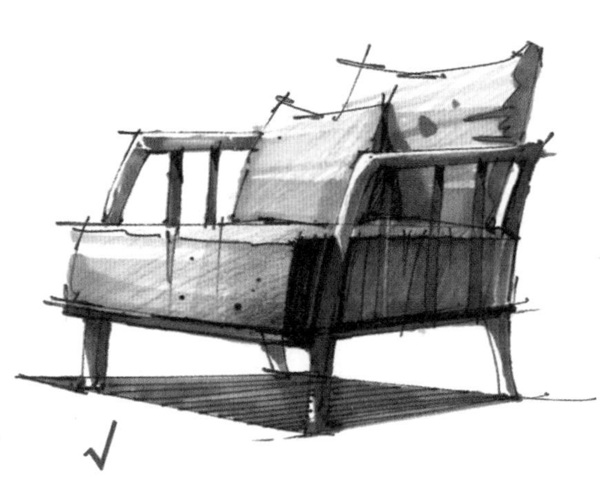

下面和下页的家具效果图的素描关系较明确，笔触过渡合理，部分使用了彩铅进行过渡处理，材质表现得更加到位。临摹时一定要注意明暗对比，暗部要处理得整体一些。

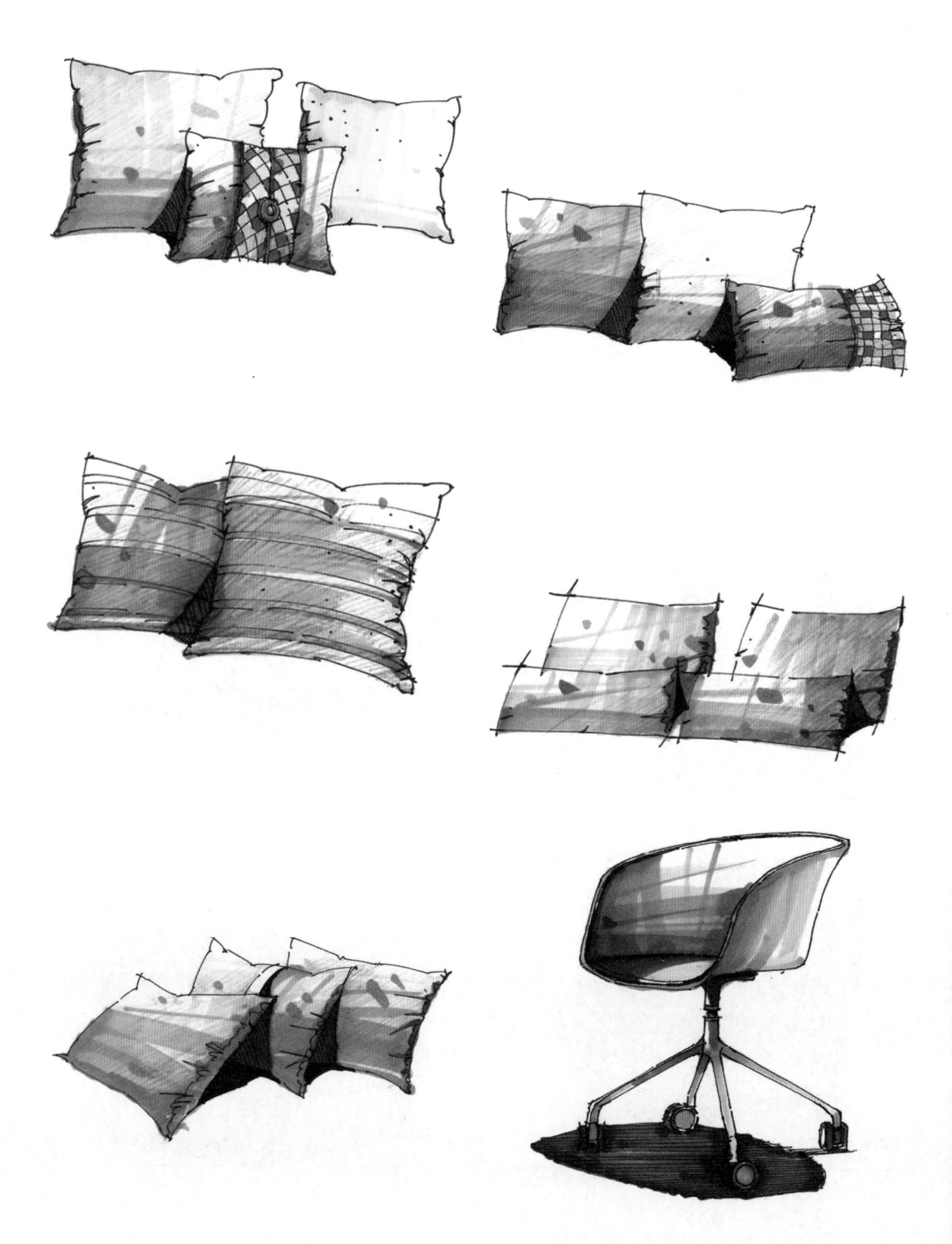

5.4 组合家具着色表现

5.4.1 组合沙发的着色表现

01 确定光源位置，第一遍颜色主要表现沙发和茶几的暗部，以快速平铺的笔触为主。

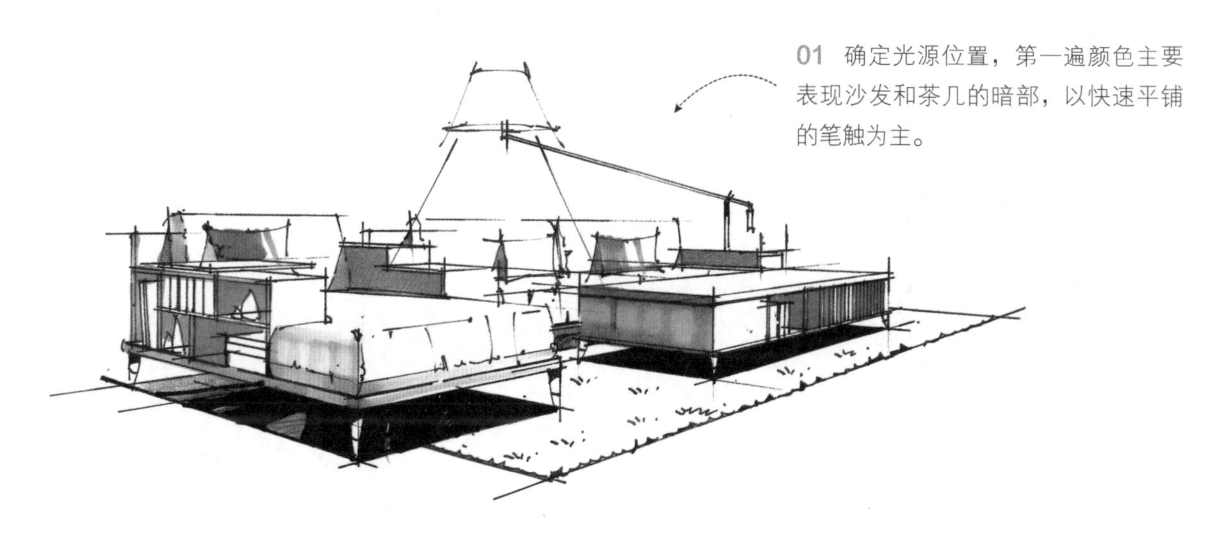

02 沙发垫的暗部采用垂直排笔的方式绘制，书籍在书柜里，可以运用对比色来表现，这样能使画面更有趣。

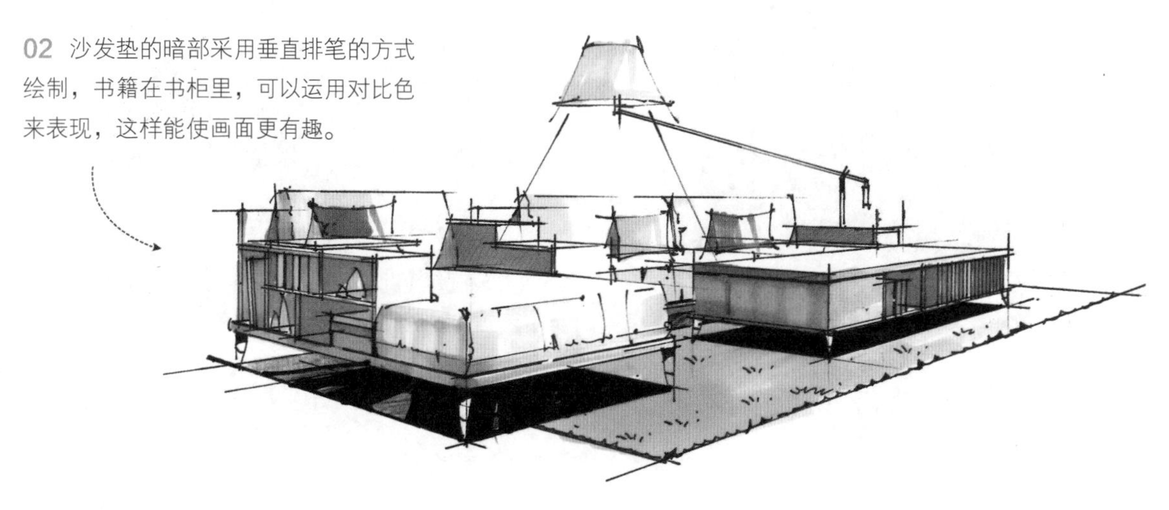

03 用马克笔将暗部加重，并使用彩铅进行适当的过渡处理。

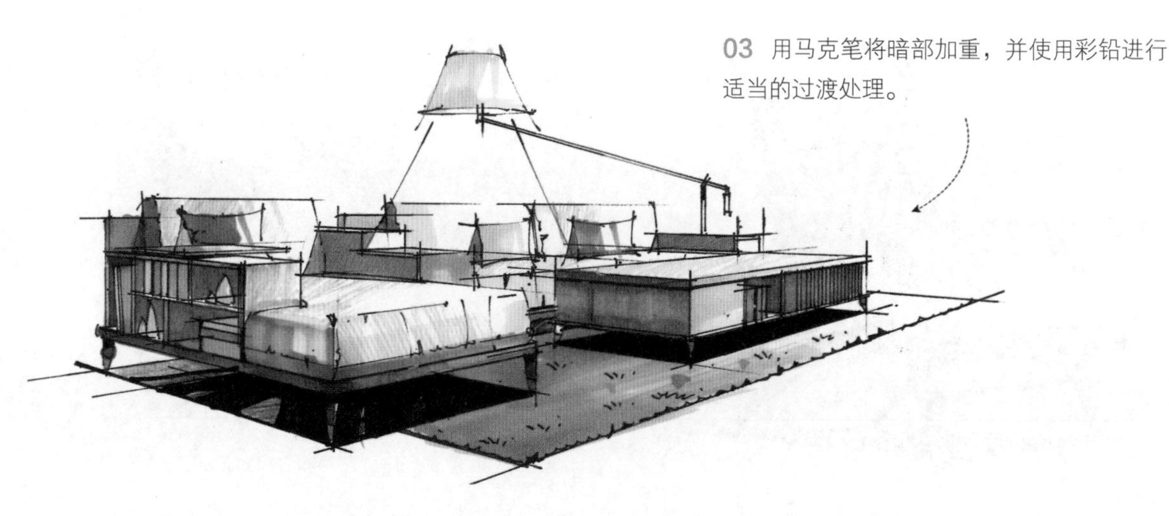

04 用马克笔强化细节，用勾线笔勾勒轮廓线，最后用彩铅进行过渡处理以完善画面。

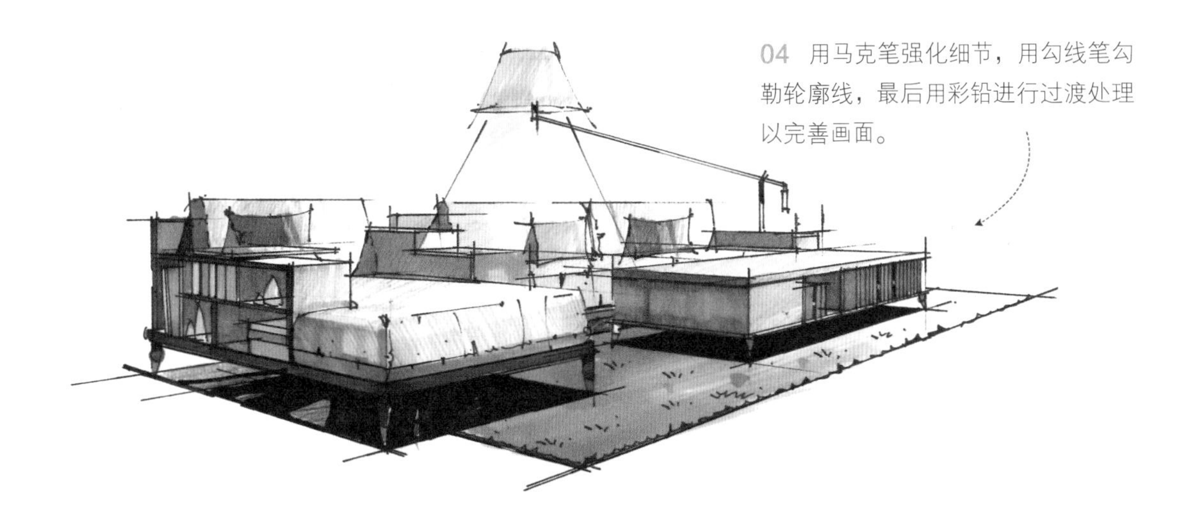

5.4.2 组合办公桌椅的着色表现

01 确定光源位置，画第一层颜色表现办公桌椅的暗部，用笔以平铺为主，注意颜色搭配。

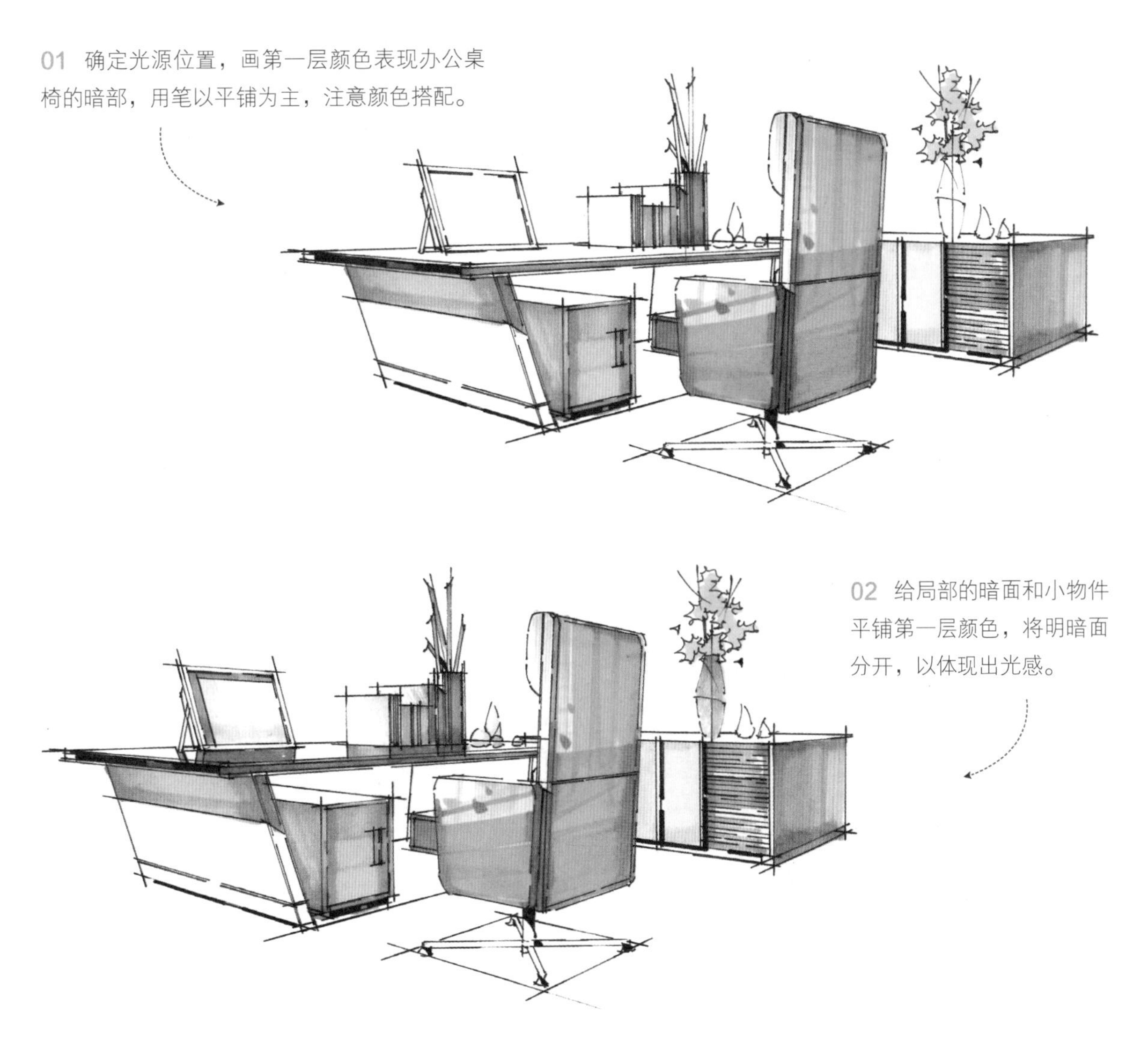

02 给局部的暗面和小物件平铺第一层颜色，将明暗面分开，以体现出光感。

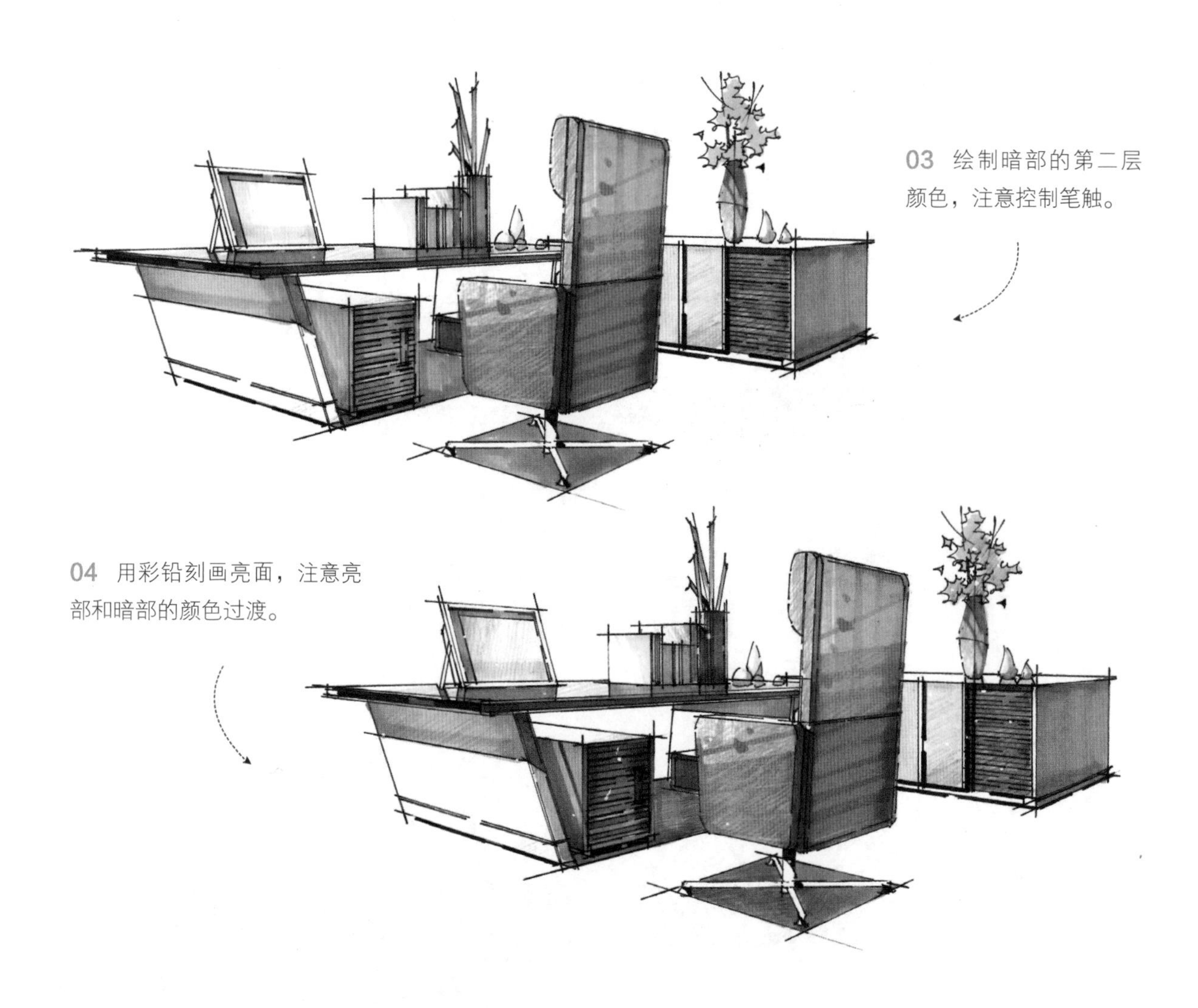

03 绘制暗部的第二层颜色，注意控制笔触。

04 用彩铅刻画亮面，注意亮部和暗部的颜色过渡。

5.4.3 组合餐桌椅的着色表现

01 确定光源位置，根据桌椅的结构平铺暗部的第一层颜色，桌子的亮面反光采用垂直上色的方式处理，然后绘制摆件和抱枕的第一层颜色。

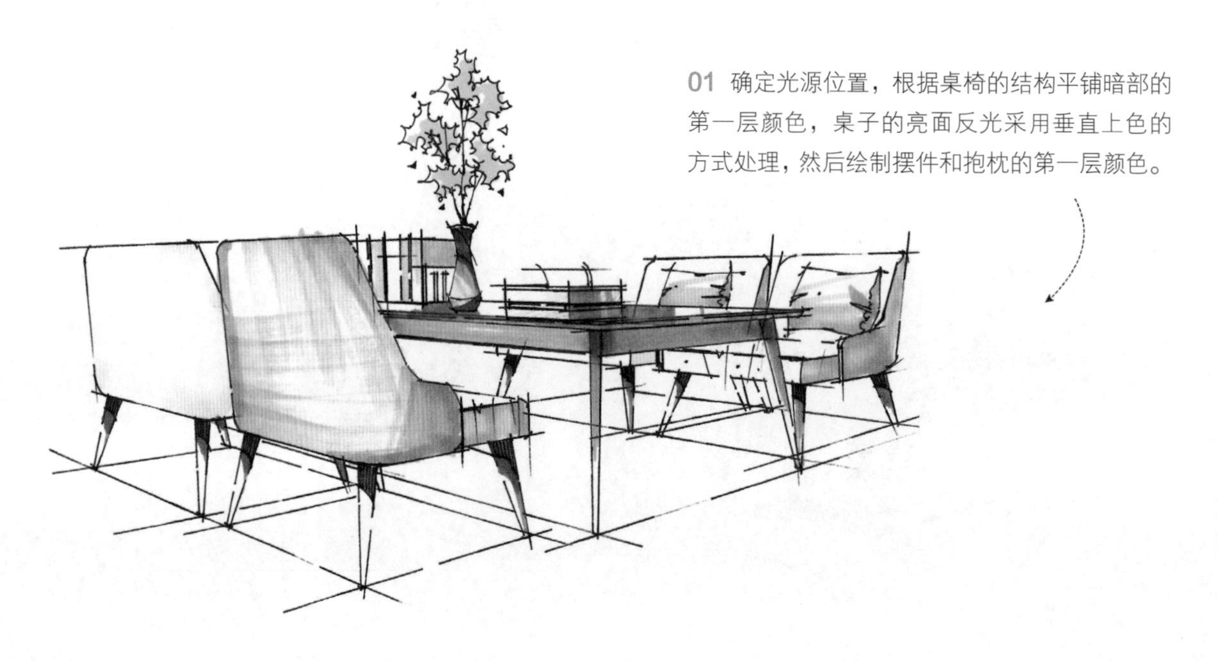

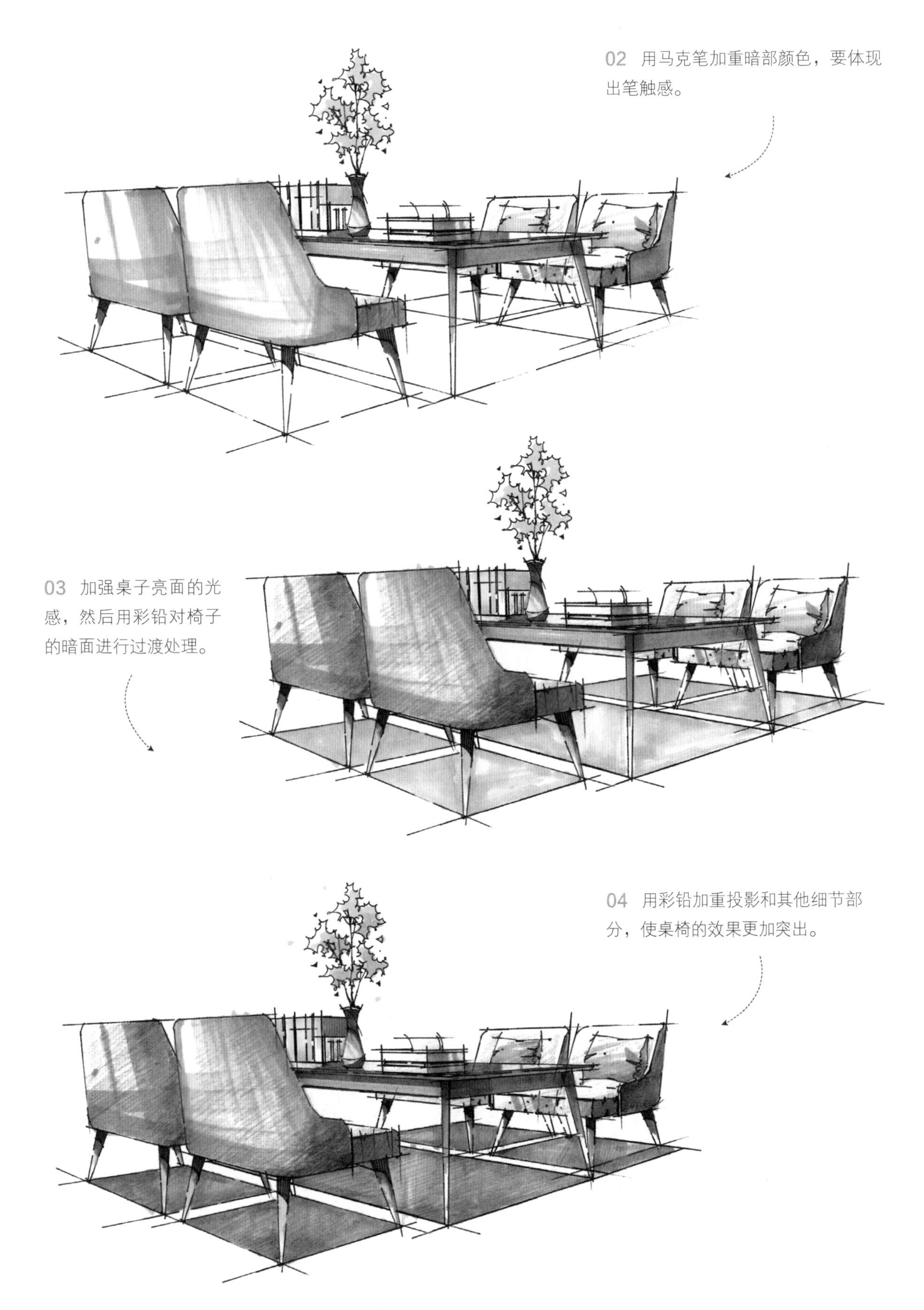

02 用马克笔加重暗部颜色，要体现出笔触感。

03 加强桌子亮面的光感，然后用彩铅对椅子的暗面进行过渡处理。

04 用彩铅加重投影和其他细节部分，使桌椅的效果更加突出。

5.4.4 常见组合家具着色图案例评析

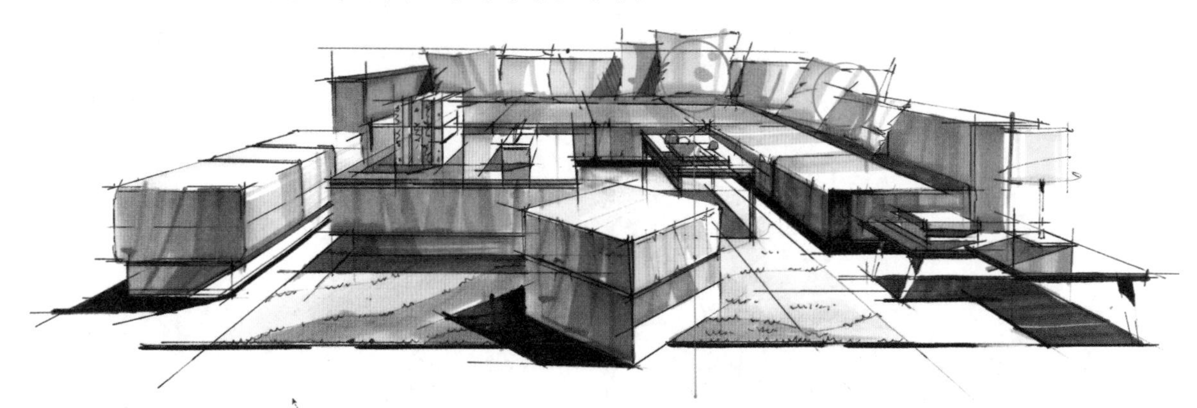

这张组合家具着色图素描关系明确，但细节材质的刻画不够准确，抱枕可以用彩铅过渡一下，这样布艺材质的效果会更好。

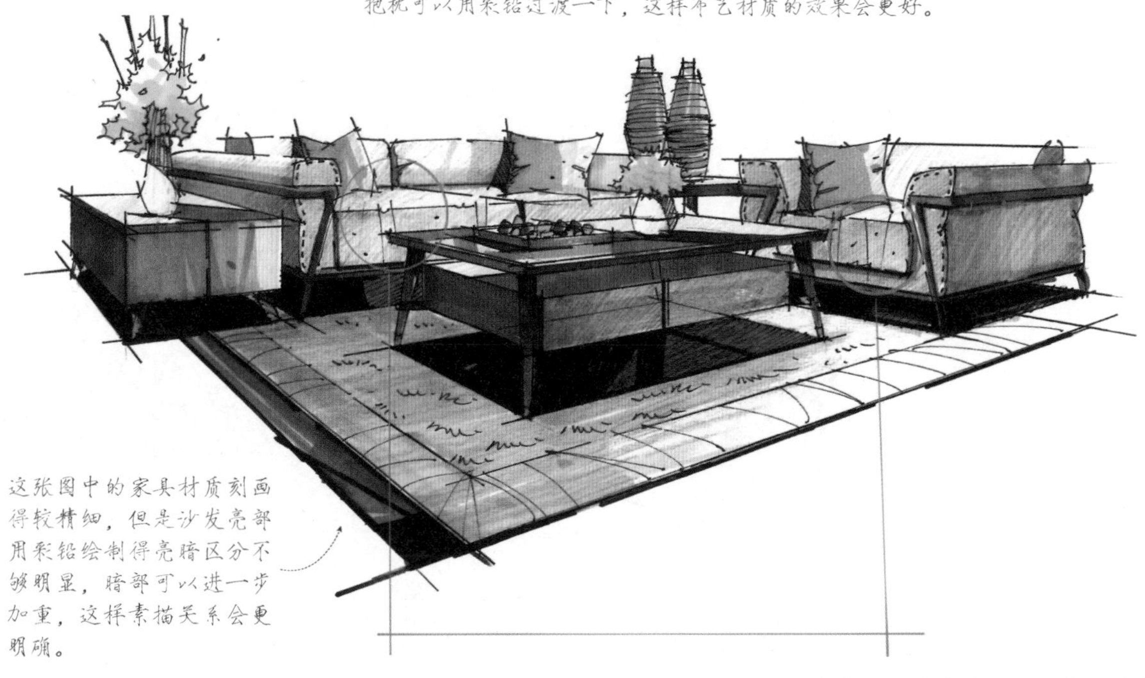

这张图中的家具材质刻画得较精细，但是沙发亮部用彩铅绘制得亮暗区分不够明显，暗部可以进一步加重，这样素描关系会更明确。

这是一组常见的组合沙发，图中素描关系明确，物体的材质使用马克笔与彩铅结合处理得很细腻，颜色搭配也比较合理。

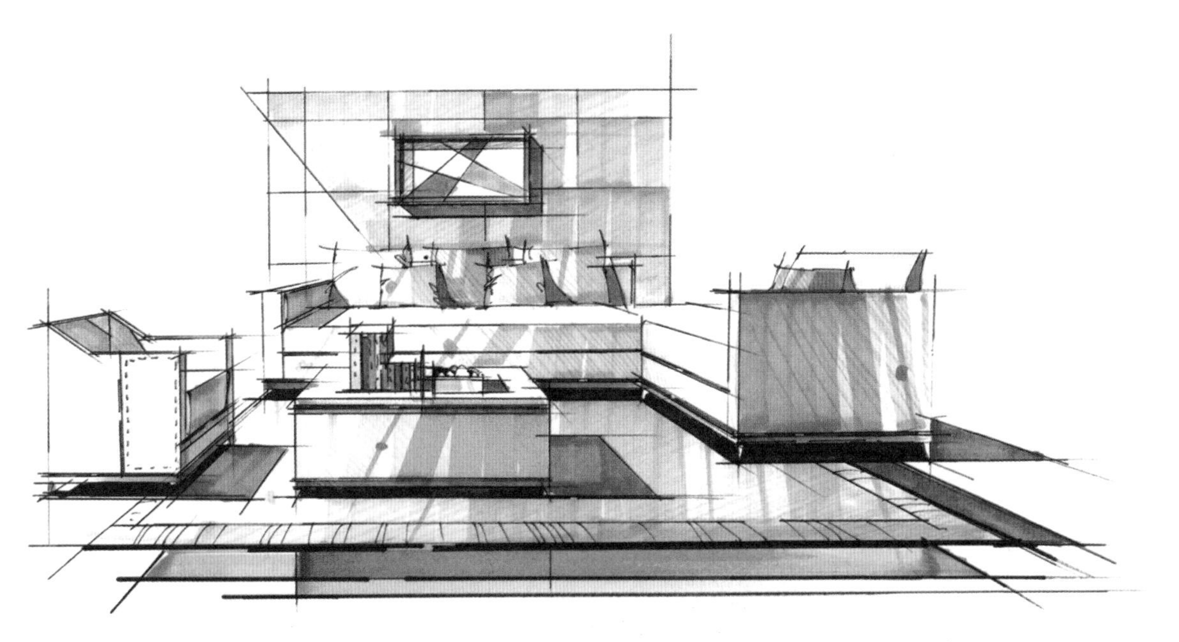

这张效果图光影关系比较强烈，是快速表达中常见的一种效果，画面视觉效果突出，但细节刻画欠佳，适合考试和设计交流使用。

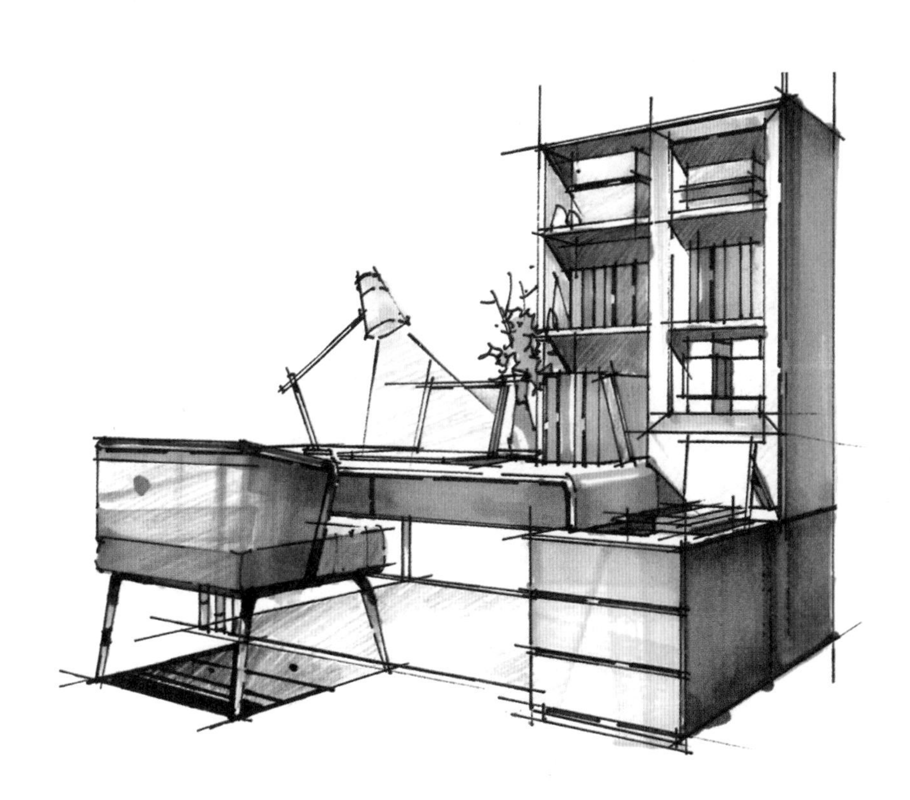

这是一张书房办公家具效果图，整体色调统一，书本和摆件的用色大胆，起到了点缀作用。画面光影关系明确，整体效果较好。

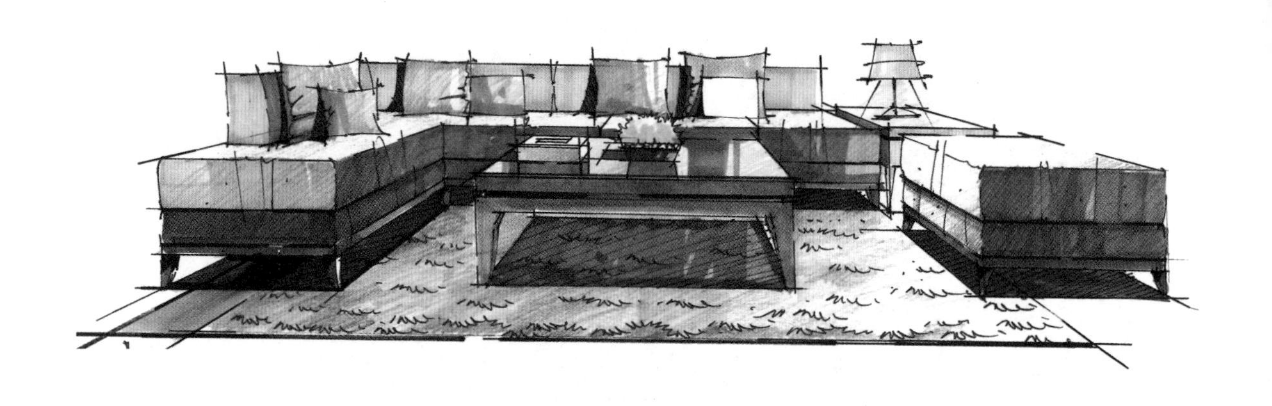

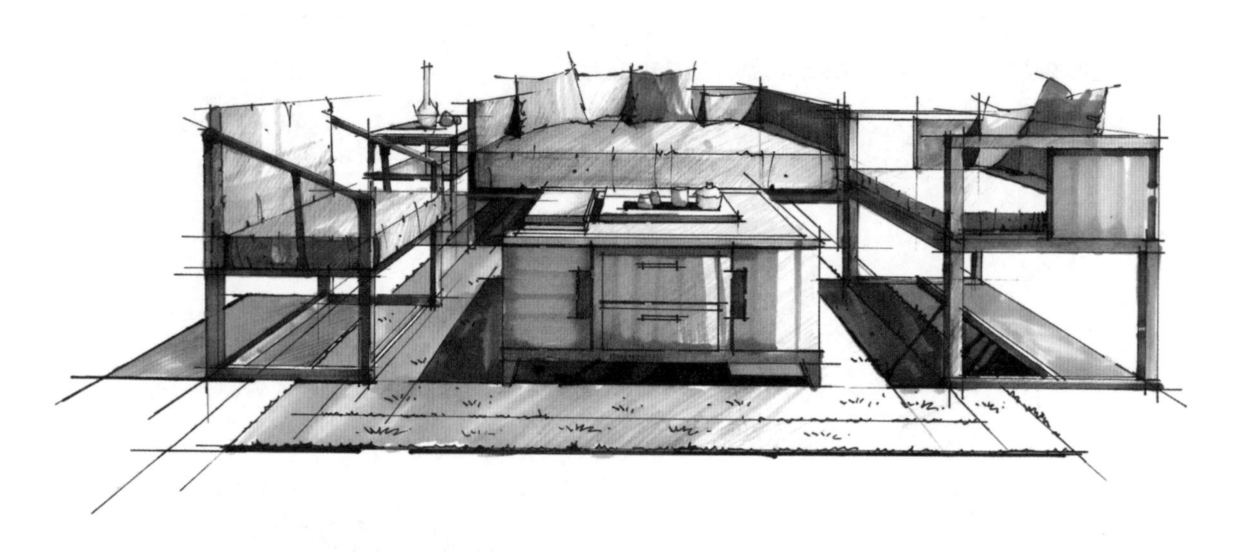

以上 3 张效果图所画的均为常见的家装空间组合家具，组合沙发的材质一般多为布、木、铁等，绘制时一定要注意区分沙发的布艺和木材的纹理，此外光影关系的准确程度是影响画面整体效果的关键，在上色的过程中一定要刻画好亮面。

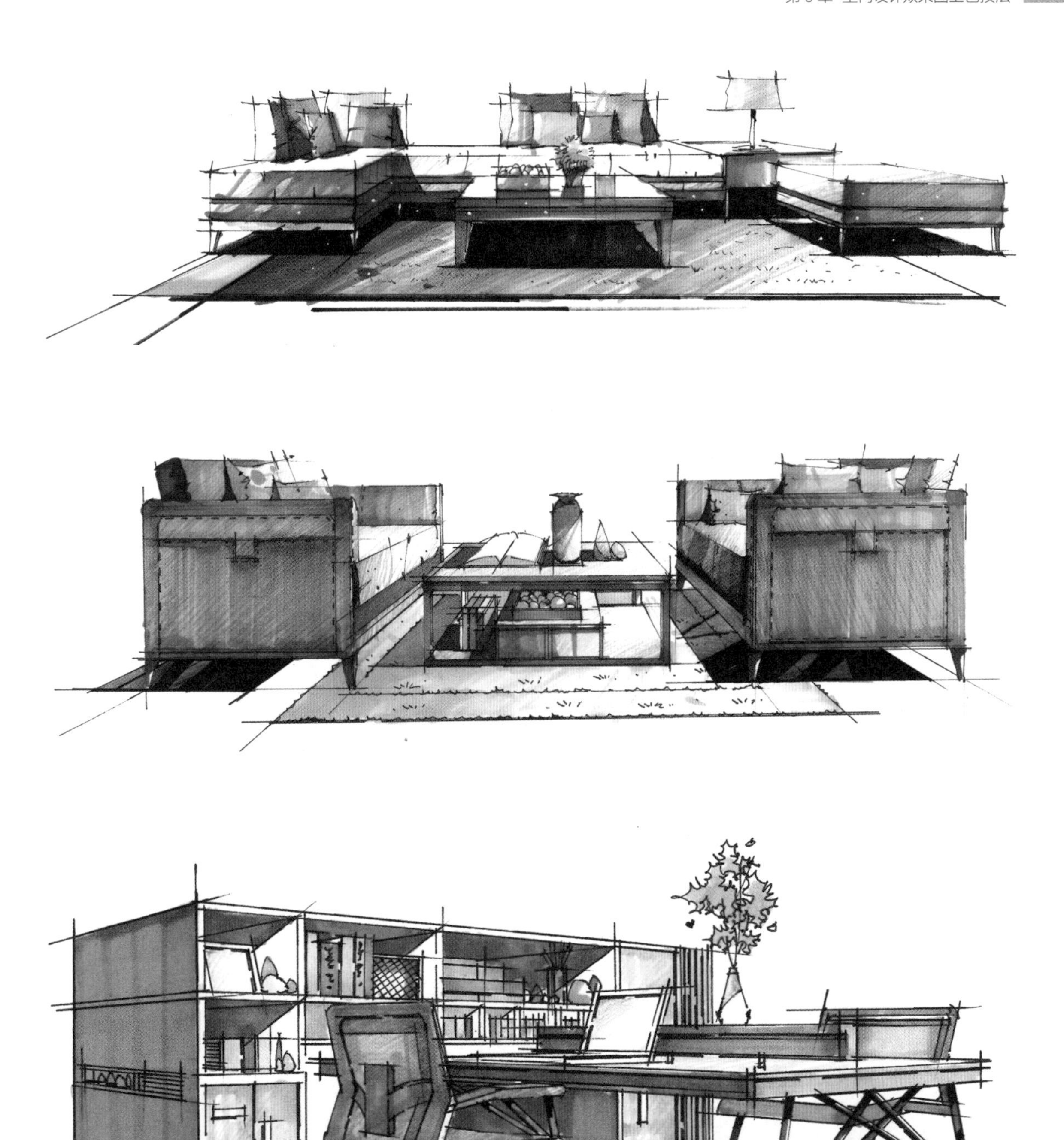

上面前两张效果图画的是常见的家装空间家具，第三张画的是办公家具。前两张效果图中的沙发色调接近，同为黄绿色调，红色和黄色作为点缀，这样既统一又有变化。这两张图的光影效果都比较强烈，笔触处理得也很得当。第三张图中的小摆件和书籍等比较多，如果颜色搭配不当很容易造成画面混乱，临摹时一定要注意对家具的光影和材质的刻画。

5.5 室内空间效果图着色表现

5.5.1 客厅空间的着色表现

01 该案例为一点透视。上第一层颜色时，要先确定光源投影和暗部的位置，虽然室内一般采用点光源照明的方式（光源是散光的），但是在有窗户的空间，仍然会以窗户的方向作为主光源的位置。

02 所有需要加重颜色的地方，都要全面考量，比如沙发下面基本上光是被挡住的，因此颜色会比较重。电视墙作为画面的重点，笔触和细节都画得比较多。地毯可以用彩铅来表现。

03 对于各种材质的表现，通常要用不同的笔触和色彩搭配来体现，不过最需要处理的是整张图的空间关系和色彩关系。要遵循近亮远暗的透视原理，注意地板的处理要完整，反光则是采用垂直的笔触画出来的。

04 天花板的灰色也有轻重之分，在刻画天花板时，马克笔的笔触一定要直。绘制时手臂要放松，运笔要干脆。

05 用彩铅和高光笔进一步完善画面，该提亮的部分一定要画准确。

06 最后检查画面，完善一下细节。

5.5.2 办公空间的着色表现

01 该案例为一点斜透视，一点斜透视是室内设计效果图中常用的构图手法。上第一层颜色时，注意对暗部和阴影的处理，以平铺为主。

02 铺大色调时，要注意色彩的搭配和变化。如果色彩搭配出现问题，就会影响美观和设计的表达。画面亮部一定要体现出马克笔的笔触，尽量表现出空间的光感。

03 在处理细节时，要全面细致地考虑色彩的搭配，而且不要空出白色的纸面（留白的部分除外）。对于远处空间的处理，一定要用重色压下去，注意只是在明度上加重，而不是大面积地使用黑色。

04 整体观察画面的明暗关系是否需要进一步调整，完善细节后完成绘制。

5.5.3 购物空间的着色表现

这张购物空间效果图在线稿和细节表现上比前两个案例更精细，因此初学者在临摹时要对每个细节都尽力地刻画到位，否则就失去临摹这张图的意义了。

处理好线稿，上色就比较容易了。注意地面前边的黑色，可以使画面显得更加沉稳。这张图中的装饰整体以木材为主，所用到的颜色也比较统一。

01 上第一遍颜色时要先确定光源的方向，重点绘制中间展柜上的包和摆件的暗部，对立面和天花吊顶主要结构的暗部要统一绘制。

02 第二遍颜色要深入刻画展架的结构，注意表现空间的明暗关系。绘制展架时不能急躁，因为每一个格子的结构和光感都不相同，对投影要做渐变处理。

03 第三遍颜色主要表现家具的亮面，暗部则需要继续加重。画面整体的明暗光感要区分开。

04 最后用彩铅表现一下环境色，对墙面进行过渡处理。

5.5.4 餐饮空间的着色表现

01 上色时要注意环境色对地面和墙面的影响。先确定光源，第一遍上色时将书、吧台、廊架等大结构的暗部快速平铺表现出来。

02 加入环境色，将家具的暗部加重且要体现出笔触和质感，注意书架细节的处理方式。

03 加黑色时，要注意近亮远暗的空间关系。在植物的阴影处加黑色，加之前要先画出植物的轮廓。刻画书架时要表现出每个格子的光影关系和层次感。

04 对室内光源的处理很重要，光源表现到位可以极大地增强画面效果，通常会使用黄色彩铅来处理光源。用彩铅画出地面的磨砂质感，使地面显得更加真实、自然。

5.5.5 室内空间着色图案例评析

本图为家装空间效果图，配色柔和细腻，重点突出组合家具的材质和配色，弱化周边环境，这样绘制既节省时间，又能突出整体效果，一举两得，是初学者限时训练上色的首选方法。

本图为商业空间效果图，素描关系强烈，整体色调偏冷，所以用水果的暖色加以平衡，形成冷暖对比的关系。用马克笔与彩铅结合表现墙体的材质，效果十分生动。植物绘制得概括统一，整体效果不错。

本图为商业空间效果图，光影效果强烈，关系处理准确，整体色调偏冷但用书籍和摆件的暖色做了对比。不足之处是配色略显锐利，如果能把视觉中心的家具的效果丰富起来，弱化右边的组合书柜，整体效果会更好。

本图为书吧效果图，光影效果强烈，用色准确大胆。绘制时要特别留意桌面上书籍的光影关系，暖色调加暗红、蓝绿做对比，配色均衡。

本图为餐饮空间效果图，整体色调偏冷，用偏暖的植物和柜子里的摆件做了对比。光影关系处理大胆，地面采用了直接留白的方式。室外植物在地面上的投影丰富了地面的效果，同时进一步增强了素描关系。绘制时要注意对光影的处理，家具的用色略显单调，如果家具的颜色能再丰富一些效果会更好。

本图为餐饮空间效果图，光影关系处理得十分明确，只是在整体环境色处理上相对有些“油腻”，如果天花板右边的木条纹理部分能换成黄色材质加以区分，效果会更好。此外，家具的颜色缺乏变化，应该与整体颜色区分开。

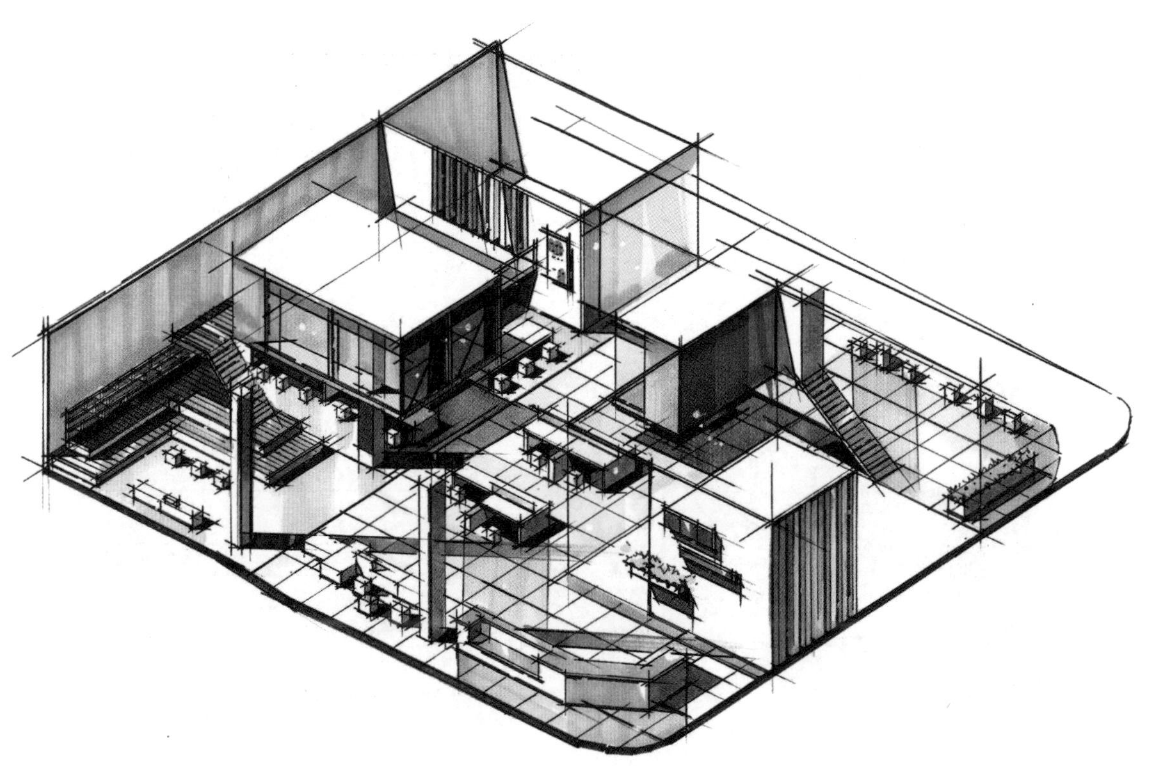

本图为办公空间轴测图，配色鲜明有格调，光影关系处理得很明确。临摹时需要留意画面中的玻璃材质，配色方案可以直接临摹。

本图为家装空间效果图，图中左边为大面积的落地窗，玻璃的处理是难点，如果用传统方法绘制玻璃颜色，工作量大且效果也不好，图中采用的方法是绘制窗外天空的颜色，只表达出玻璃的厚度，这样玻璃通透的感觉就跃然纸上了。整张图的光影关系明确，但立面因为线稿处理不到位显得比较单调，这张图的线稿在第4章已经进行了评析，这里不再赘述。

本图为餐饮空间效果图，整体色调偏冷，用偏暖的植物和柜子里的摆件做了对比。光影关系处理大胆，地面直接留白处理。用室外植物在地面上的投影丰富了地面，同时进一步增强了素描关系，绘制时要注意对光影关系的处理。

本图为办公空间效果图，色调偏冷，采用新技法处理玻璃材质，刻画准确，美中不足的是整个空间的前后关系没有拉开，沙发前面的地面如果整体再加重一些，效果会更好。

本图为书店空间效果图，色调偏冷，整张图的绘制难点在于书籍和摆件的上色，既要分开层次又要做到色调统一，前后用色要注意细微的差别，虽然是一个色系，但是后面的颜色更灰。中间台地式平台的上色笔触干净、利索，素描关系准确，空间关系处理得当。

本图为餐饮空间效果图，光影关系处理大胆，光感强烈，玻璃材质处理恰当，临摹时可以多学习。但视觉中心的家具刻画得过于简单，亮部刻画应该更细致一些。

本图为别墅空间效果图，画面配色协调、整体性强，光影关系处理准确，局部刻画精细。整体色调偏暖，用红色和蓝灰色点缀使色调均衡。吊顶部分整体过渡细腻、笔触肯定，是临摹时需要重点学习的。

本图为休闲空间效果图，以蓝绿色调为主。这张图的绘制要点在于空间结构复杂，需要色调统一，同时还要处理好前后空间的关系，临摹时要重点处理整体的环境色。

本图为休闲空间效果图，基础色为“红、黄、蓝”，整体色调统一，有层次。素描关系明确，投影位置和大小等刻画准确，临摹时一定要注意对线稿的局部处理和对整体色调的把握。

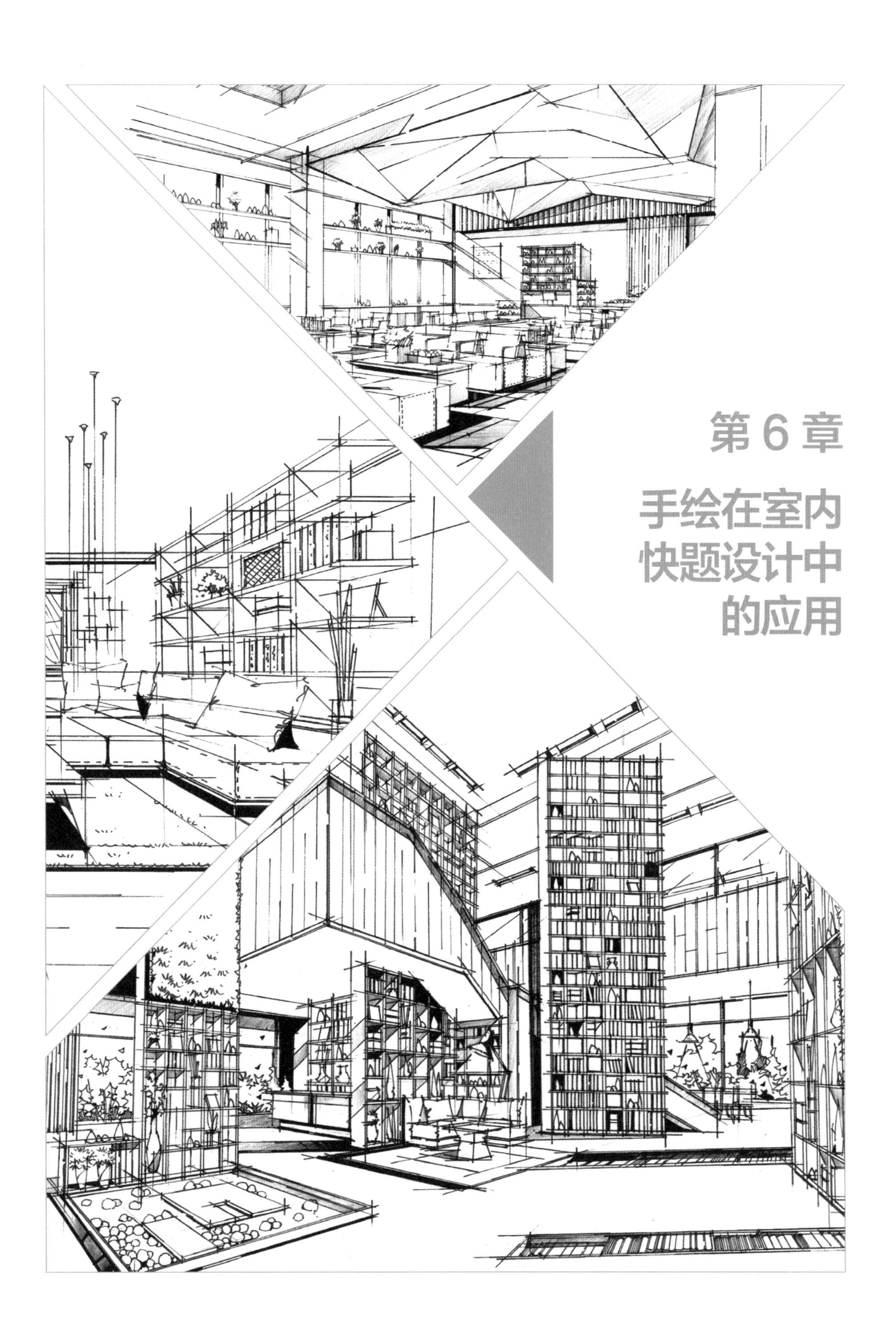

第 6 章

手绘在室内快题设计中的应用

6.1 手绘在方案前期构思中的应用

手绘在快题方案前期构思中的应用主要是在对设计主题的提取、绘制平面图中的功能分区泡泡图、绘制交通流线分析图等方面。这一阶段要求设计师在最短的时间内快速地把自己的想法在草图纸上绘制出来，迅速确定设计方案。

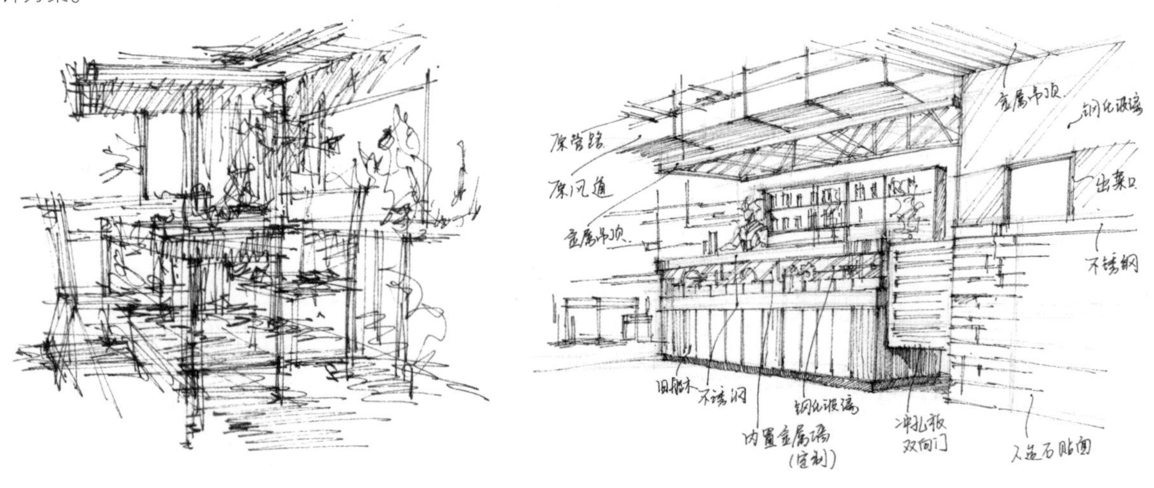

6.1.1 设计主题与元素提取手绘分析

设计主题一般会从项目所在地的文化元素或者某一条线索入手，如用具象的几何图形体现当地特有的文化，或者用室内灯带贯穿整个空间以作为串联空间的纽带。无论是哪一种方法，都需要用手绘的方式不断推敲，把抽象的概念或者文化符号转化成方案中能够具体落地的元素或符号。

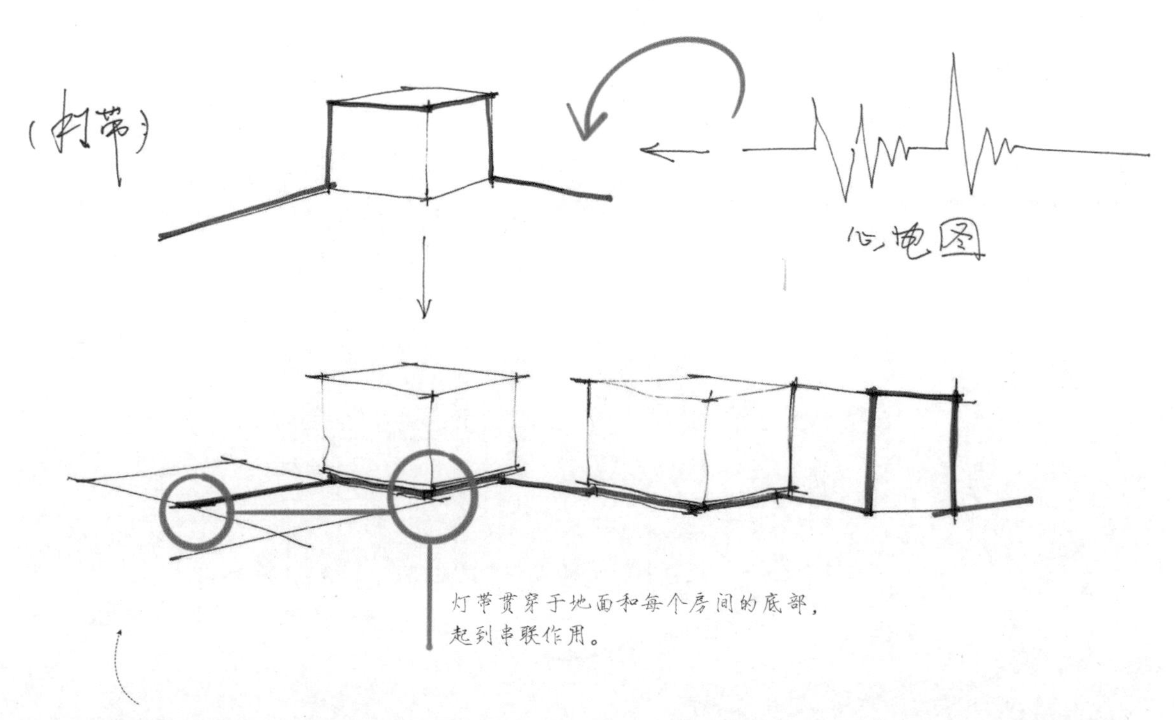

通过曲折的心电图联想到室内的LED灯带，为了能够让灯带作为一条线串联起整个空间，从地面路径引导开始，逐步推进每个方盒子所代表的室内空间底部以形成围合，再以地面灯带路径引导结束，由此起到串联作用。

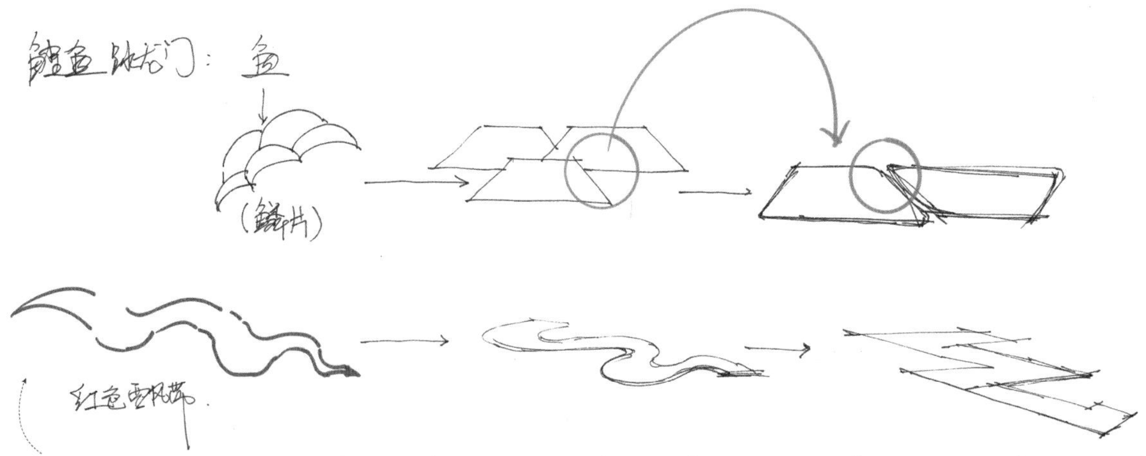

以上两个主题的手绘分析转化方式类似：第一个是以鱼的鳞片为出发点，从弧形的鳞片转化为几何体的组合，进一步调整组合方式，组成一个接近平行四边形的几何元素；第二个是以红色飘带为基本元素，将其转化为规则的弧形，再进一步转化为几何转折的形式，这种形式可以用在组合家具的平面及吊顶结构上等，设定的主题比较容易落地。

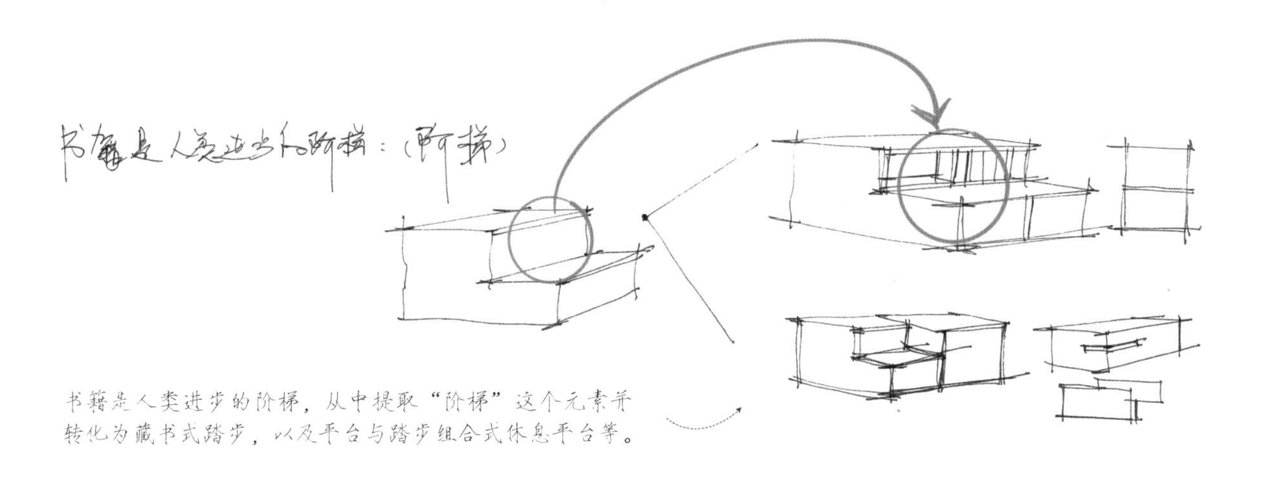

书籍是人类进步的阶梯，从中提取"阶梯"这个元素并转化为藏书式踏步，以及平台与踏步组合式休息平台等。

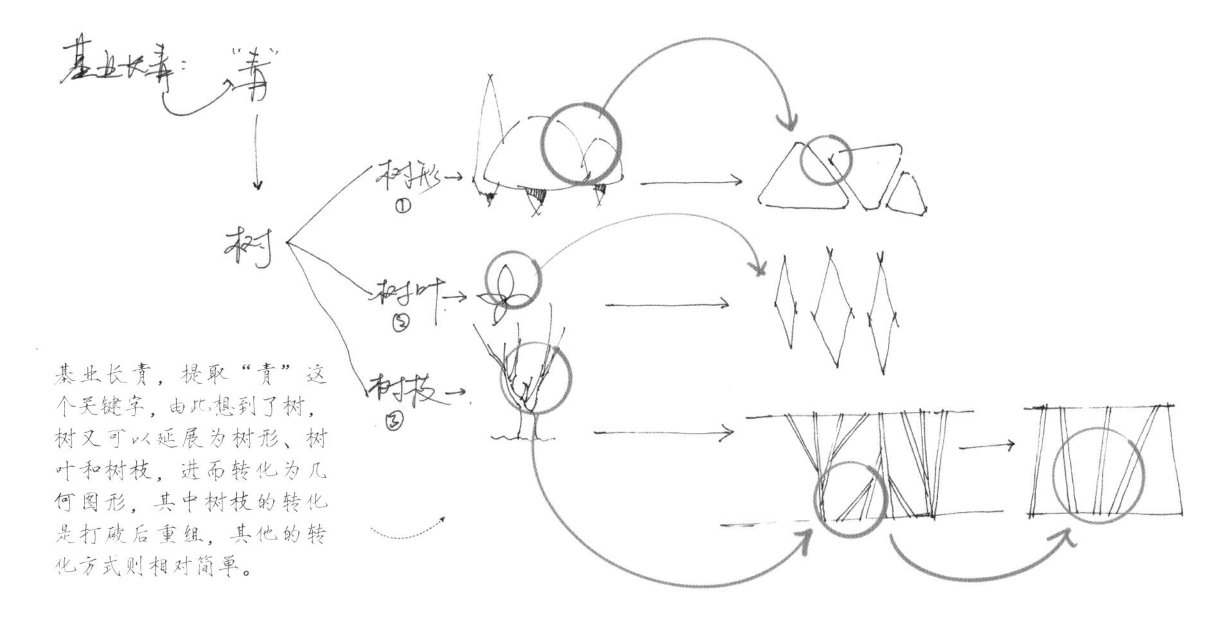

基业长青，提取"青"这个关键字，由此想到了树，树又可以延展为树形、树叶和树枝，进而转化为几何图形，其中树枝的转化是打破后重组，其他的转化方式则相对简单。

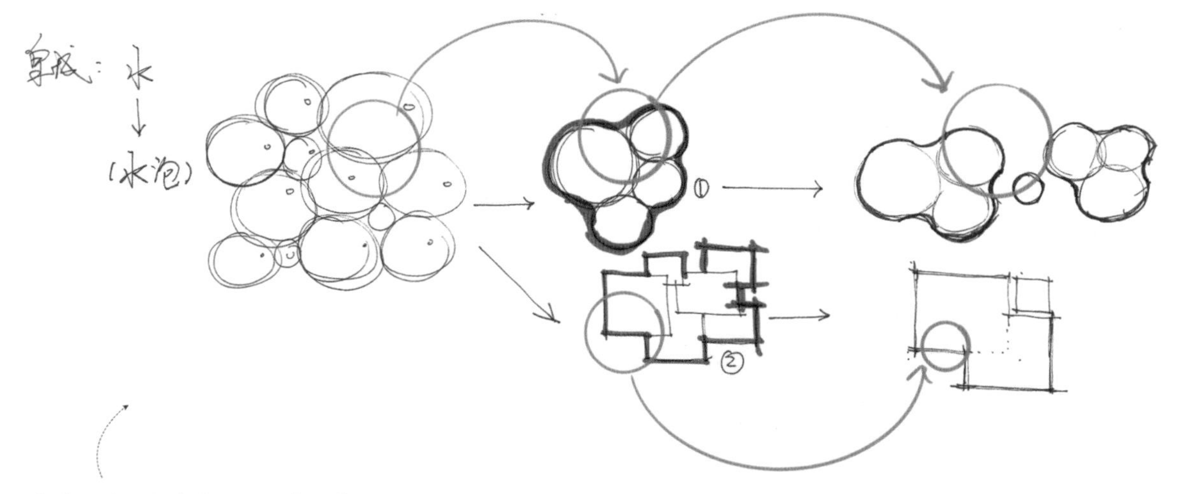

泉城，提取水中水泡的元素。第一种转化方式是组合后提取圆形，用圆的外轮廓转化为我们要应用的形式；第二种转化方式是在组合方式不变的情况下直接改变元素形式（方形），进而转化为我们能够应用的形式。

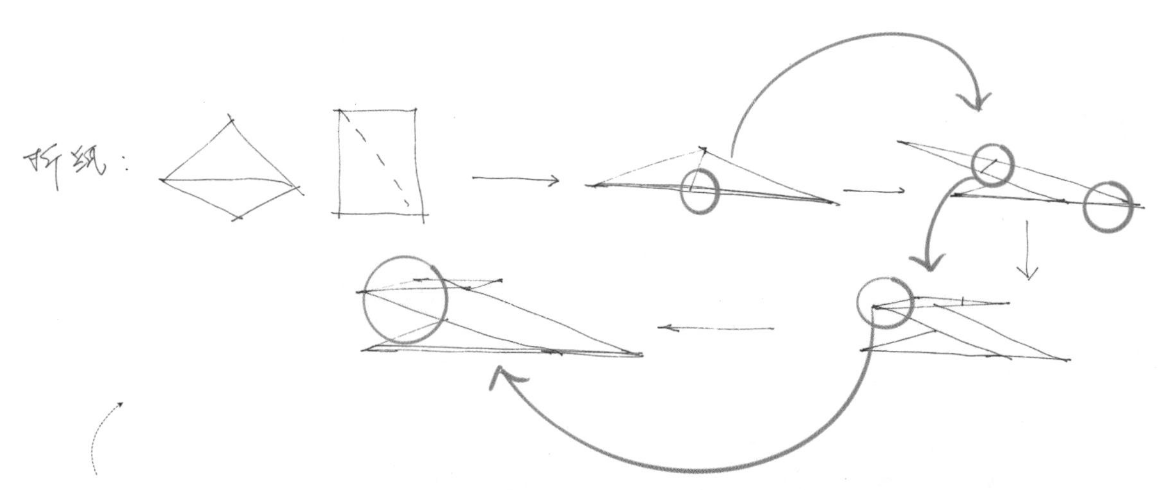

折纸的元素应用范围很广，可以折成我们想要的各种形式，所以在快题方案设计中比较常见。当然设计时也不能生搬硬套，主题的确定一定是在方案布置图确定之前完成的，而不是在画完图后强加的。

6.1.2 功能与人流动线手绘分析

功能分析和人流动线是设计方案的骨架，这两部分不是分开设计的，而是同时进行且相互制约的。设计方案的最终目的是让功能和人流动线找一个理想的交叉点，功能合理的同时确保人流动线清晰是平面布置的关键。在推敲功能和动线的过程中，手绘是一种非常重要的方式，通过不断地在草图上勾勾画画，才能得出使两者平衡的方案。

1. 案例一

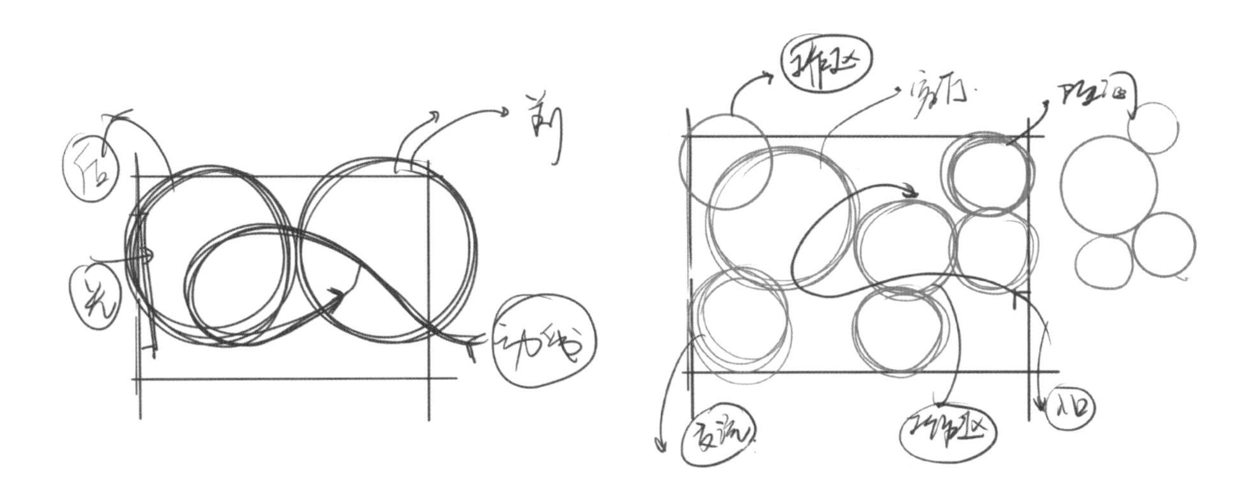

该案例为家居空间设计，第一张草图从建筑结构上确定了两大空间布局，受光面用来会客办公，其他空间则用作洗漱和餐饮；第二张草图进一步确定了房间的位置和人流动线。

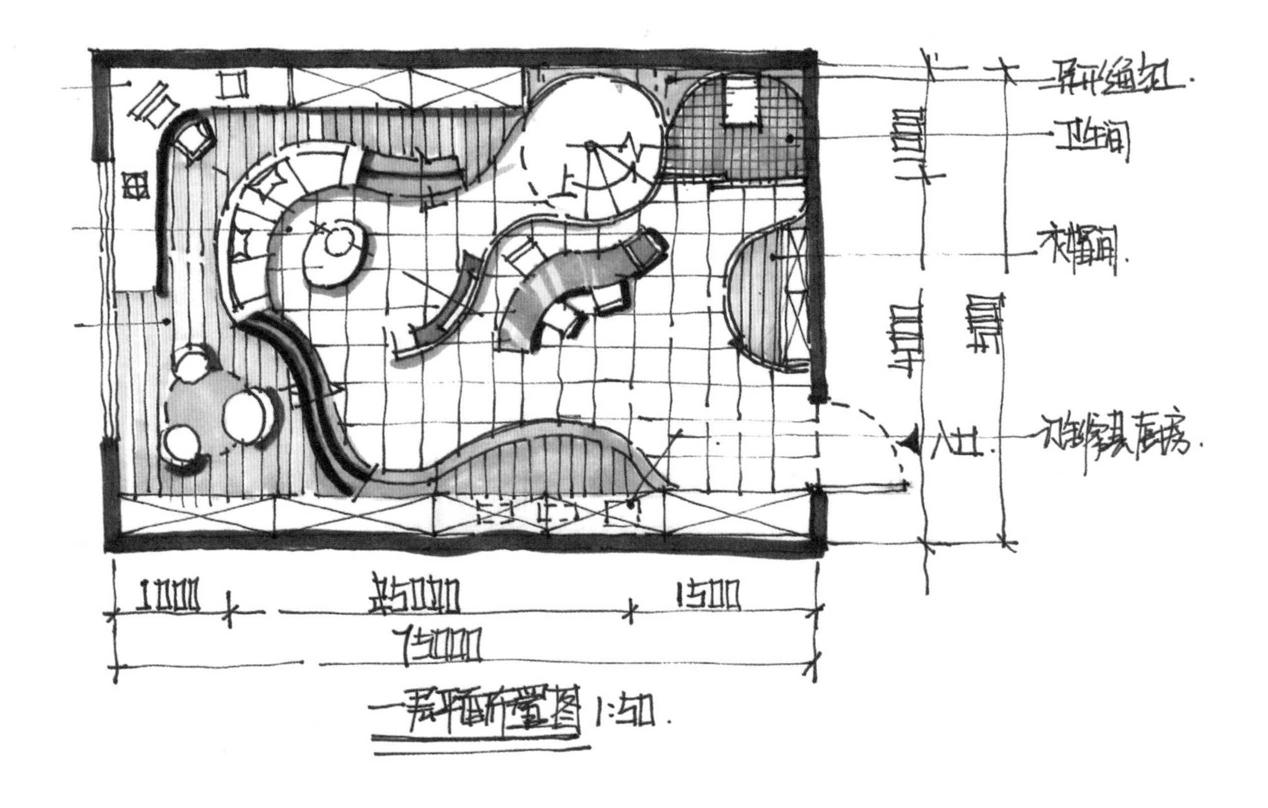

在草图的基础上确定了房间的布局形式，并进一步细化完善，完成平面图的绘制，如上图所示。

2. 案例二

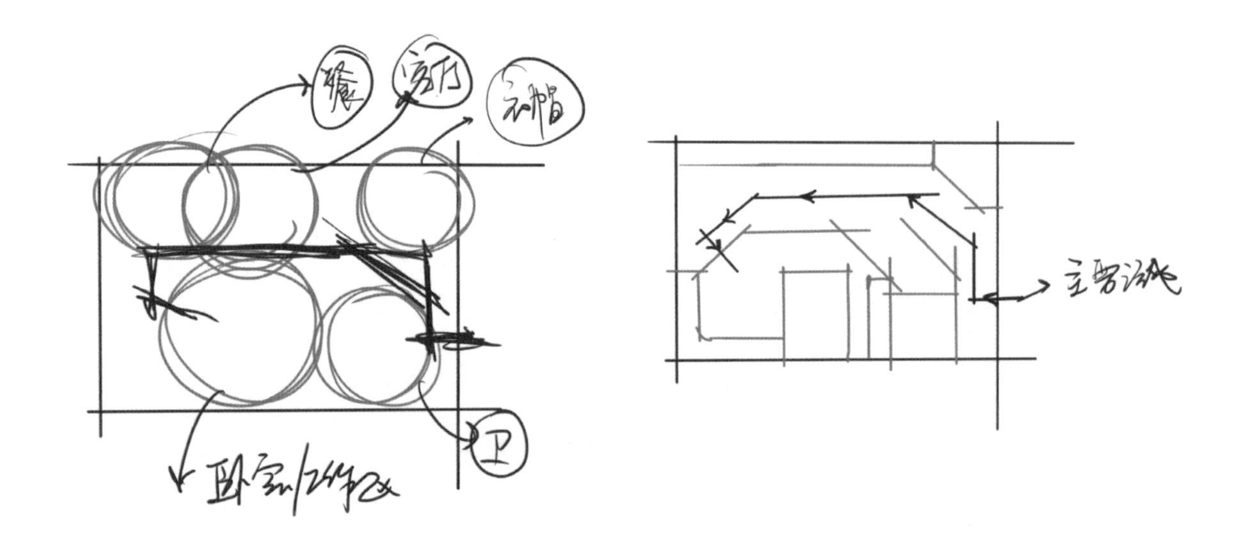

该案例也是家居空间设计，与方案一不同的是把用餐区和卧室安排在了阳面，把客厅部分安排在了中间，把洗漱空间安排在了门口，这样整个空间设计更加合理。第一张草图初步确定了人流动线和各个部分的位置；第二张草图在第一张草图的基础上进一步确定了空间形式和更加准确的动线。

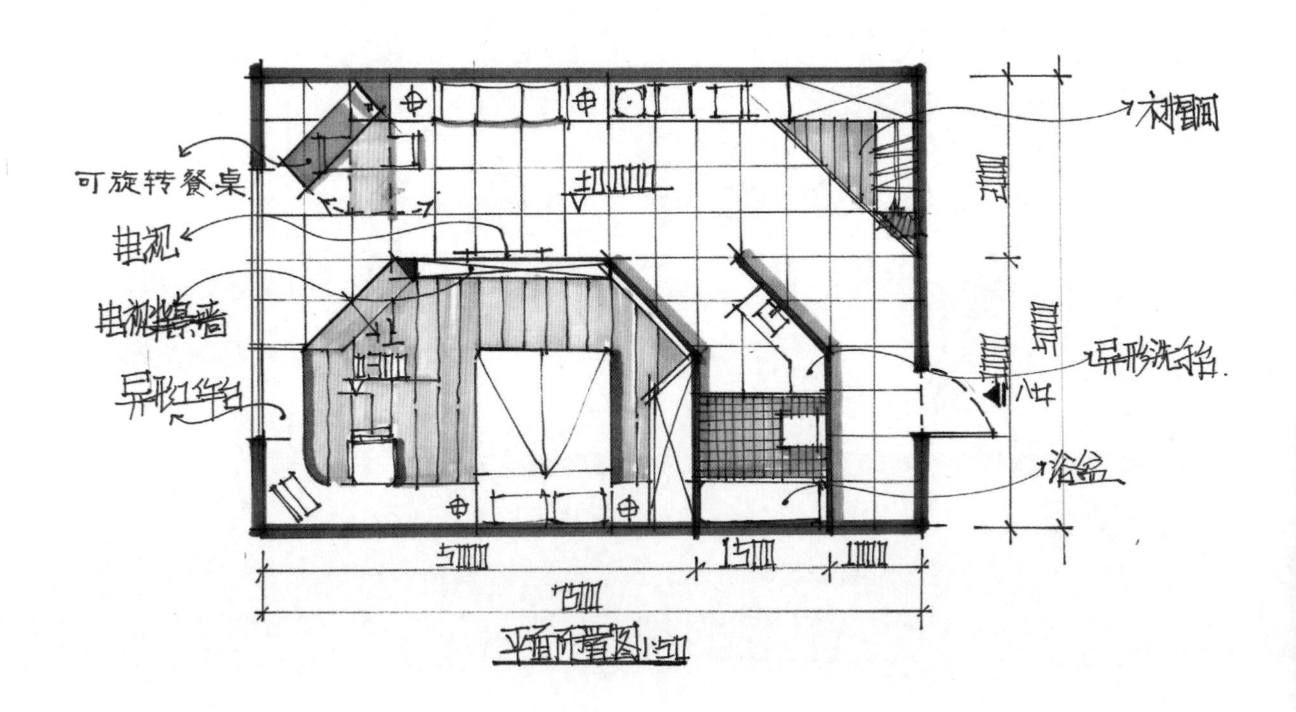

最后，根据比例和空间尺度准确地画出平面布置图，完善铺装、家具图例和标注等元素。

6.2 手绘快题表现

手绘快题表现包括对平面图、立面图、分析图、天花吊顶布置图、效果图的快速绘制，区别于前期手绘草图的构思表达，这里的手绘表现要求更加准确细腻，配色更讲究，读者在临摹学习时一定要注意。

6.2.1 手绘平面图

平面图的绘制包含家具图例、标注和图名比例尺等元素，绘制平面图时一定要注意线型的区分和常用颜色的搭配。下面是一些手绘平面图的示例。

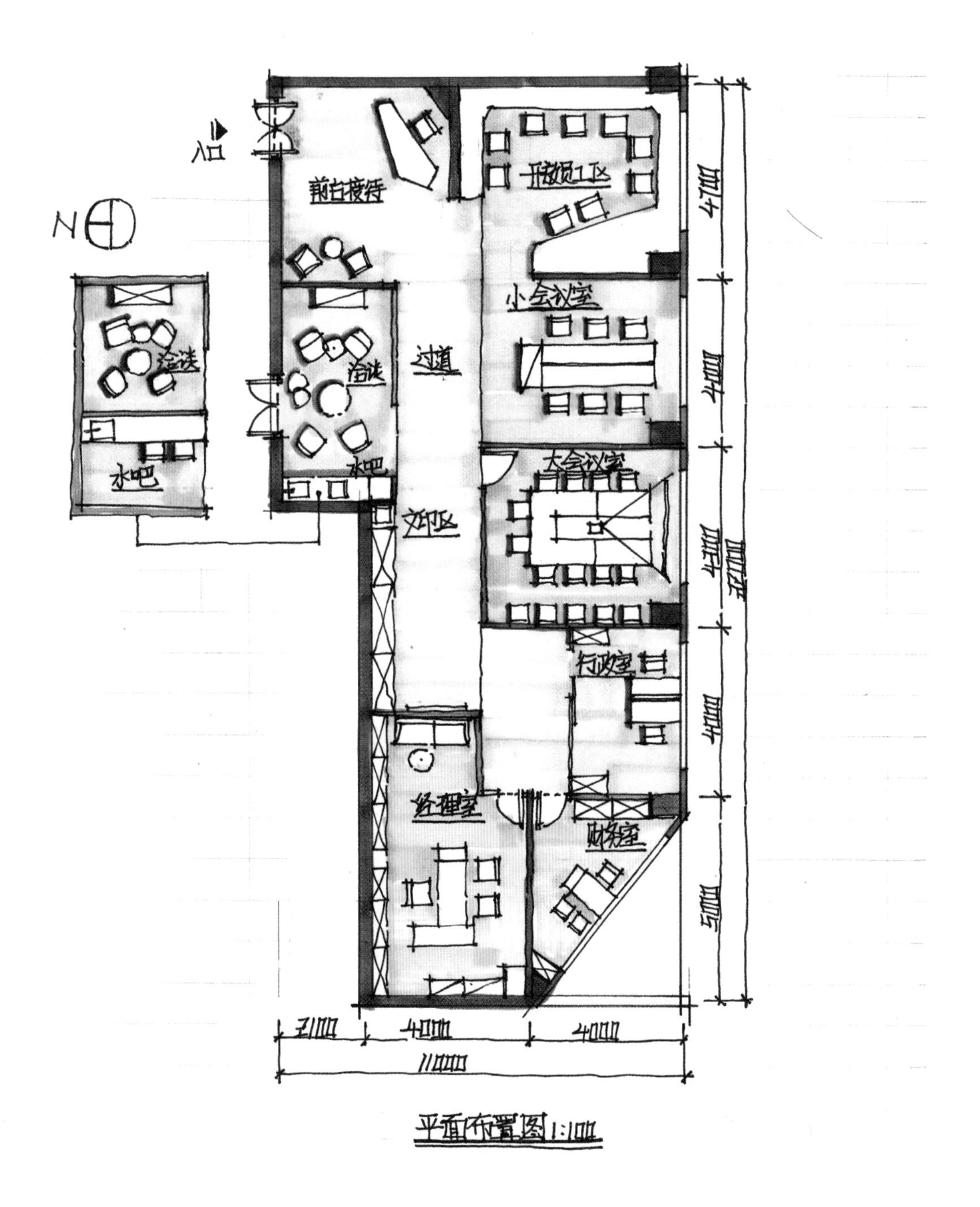

平面布置图1:100

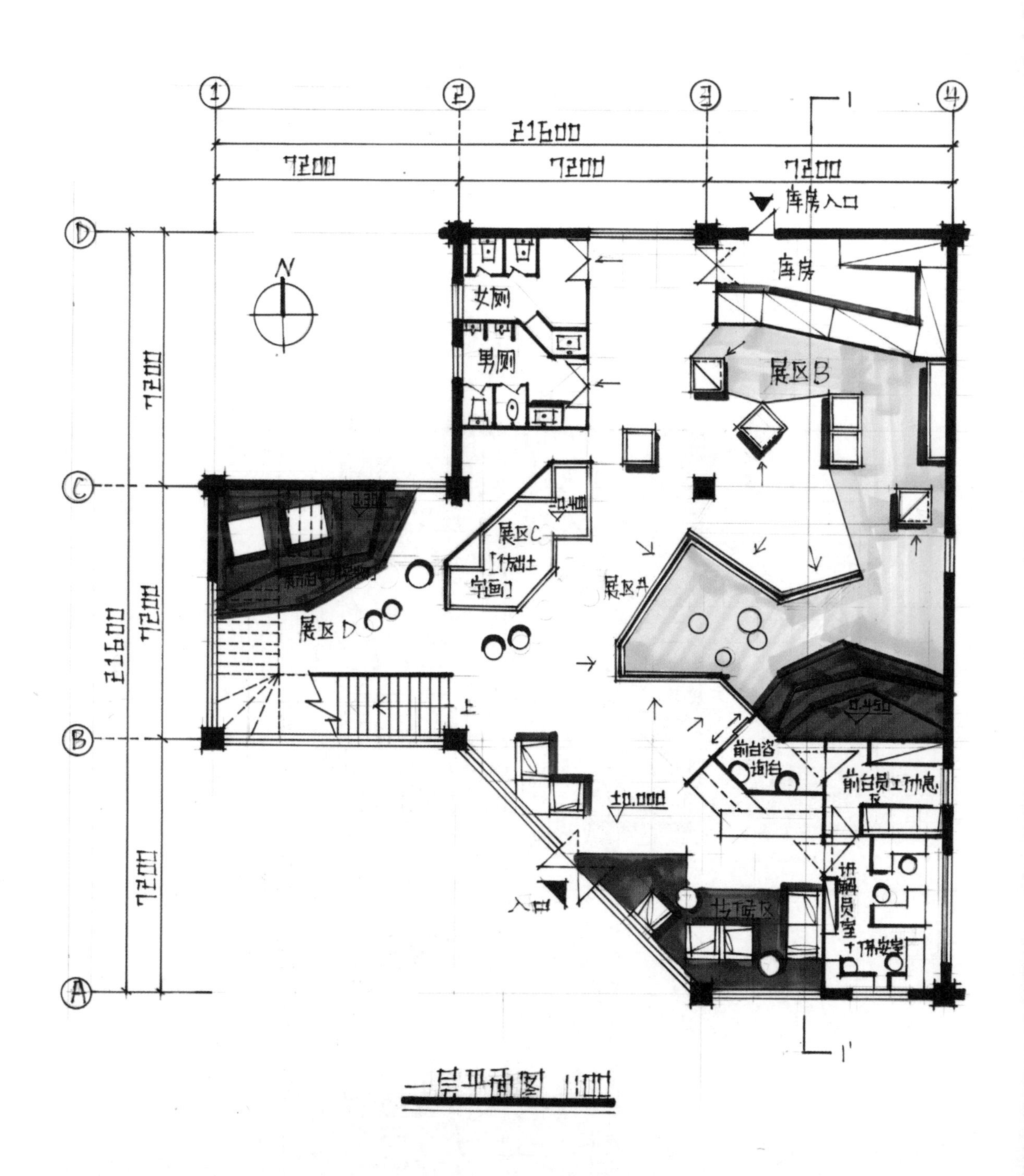
21600
7200
7200
7200
库房入口
库房
女厕
男厕
展区B
展区C
展区A
展区D
上
前台咨询台
前台员工休息
±0.000
0.450
入口
讲解员室
7200
21600

一层平面图 1:100

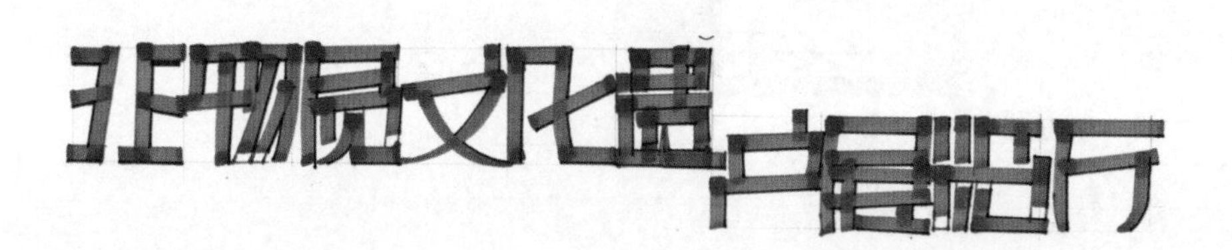
非物质文化遗产展厅

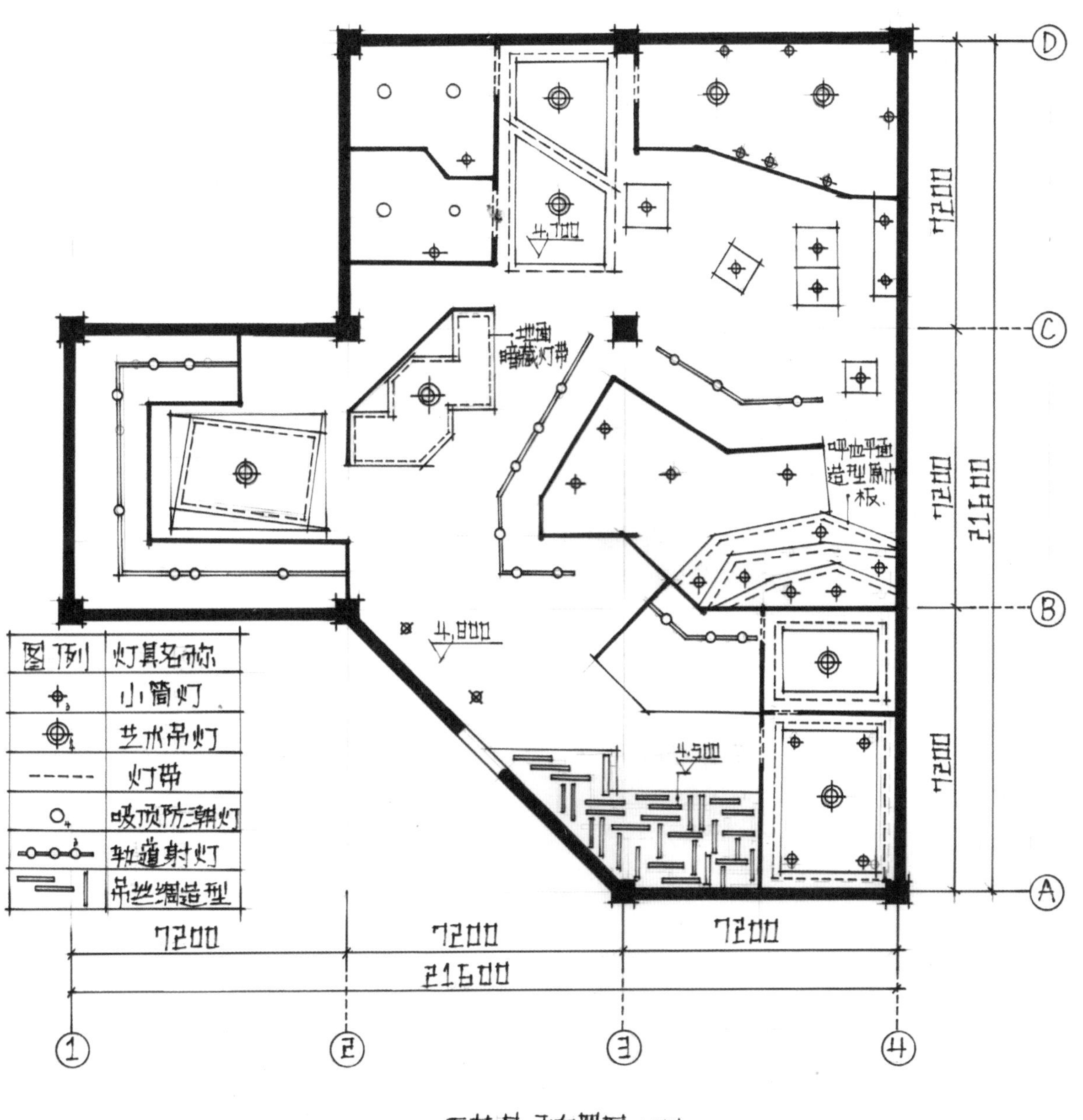

天花吊顶布置图 1:100

创意行业传媒公司设计

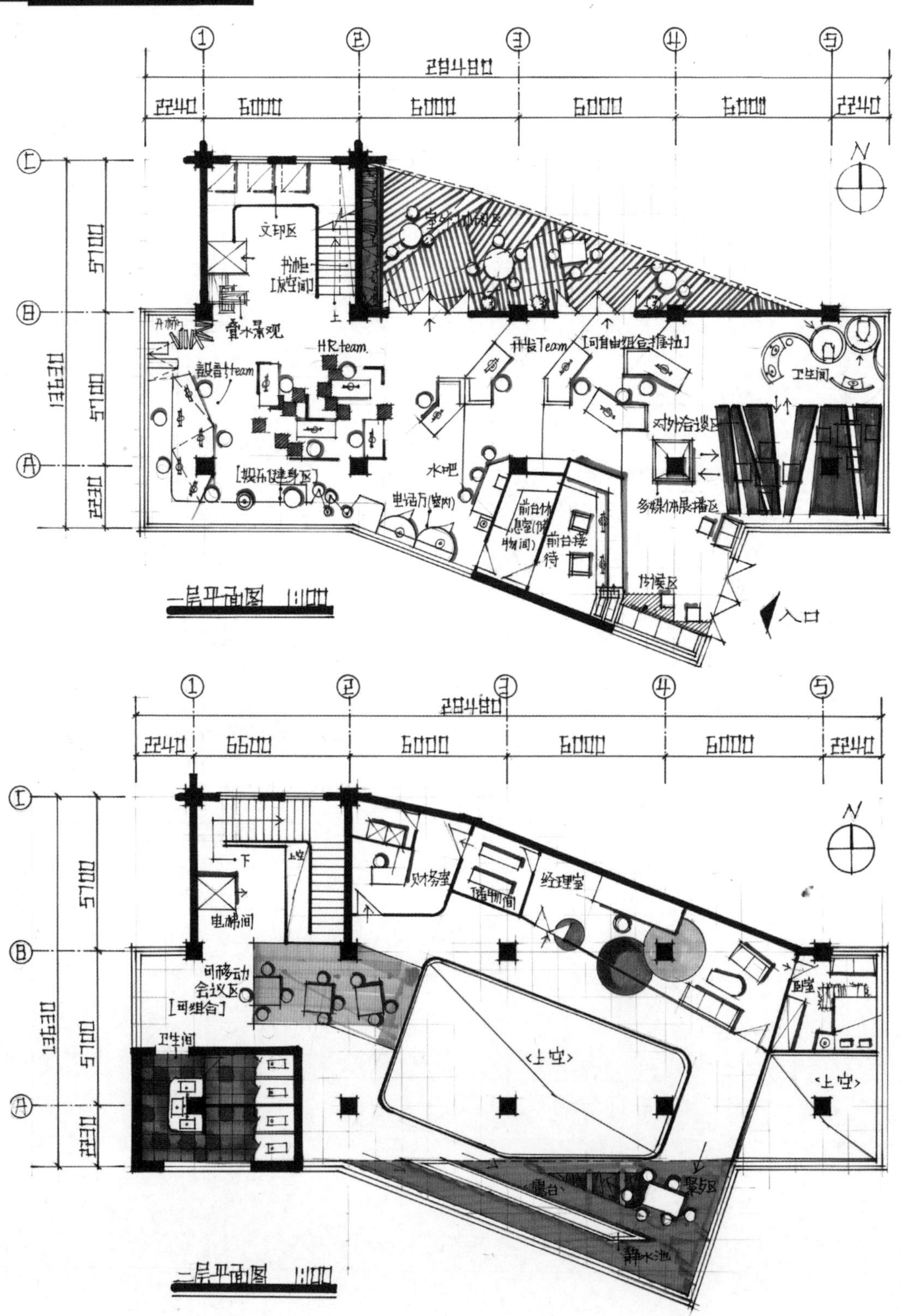

28480
2240
6000
6000
6000
6000
2240
5700
5700
2230
13630
文印区
书柜
[放空间]
童水景观
HR team
设计team
开发Team
[可自由组合推拉]
卫生间
对外洽谈区
水吧
[娱乐健身区]
电话厅(室内)
前台休息室(储物间)
前台接待
多媒体展播区
休憩区
入口
一层平面图 1:100
6600
电梯间
财务室
储物间
经理室
可移动会议区
[可组合]
卫生间
卧室
<上空>
<上空>
露台
聚乐区
静水池
二层平面图 1:100

6.2.2 手绘立面图

手绘立面图包括对立面材质的表现、标注、索引和图名等，是快题表现中重要的一部分，为了使立面图表现得更加有层次感一般会绘制出投影，着色技法和效果图的着色技法类似。下面是一些手绘立面图的示例。

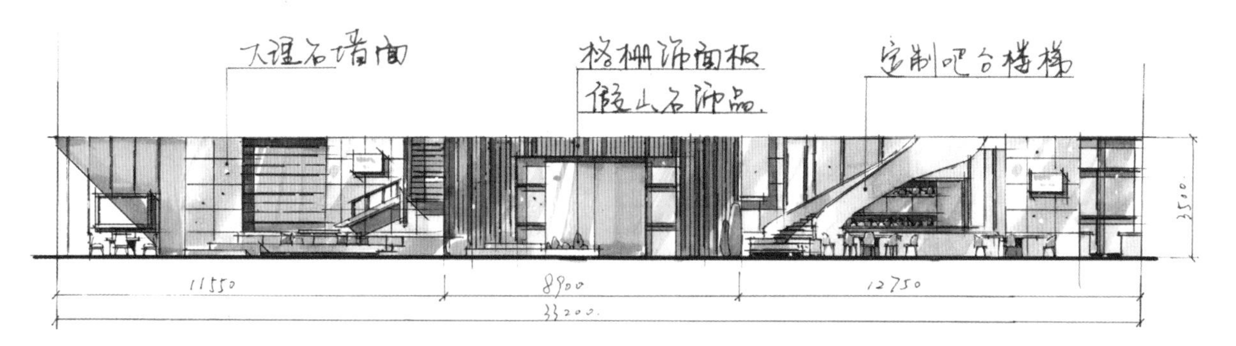

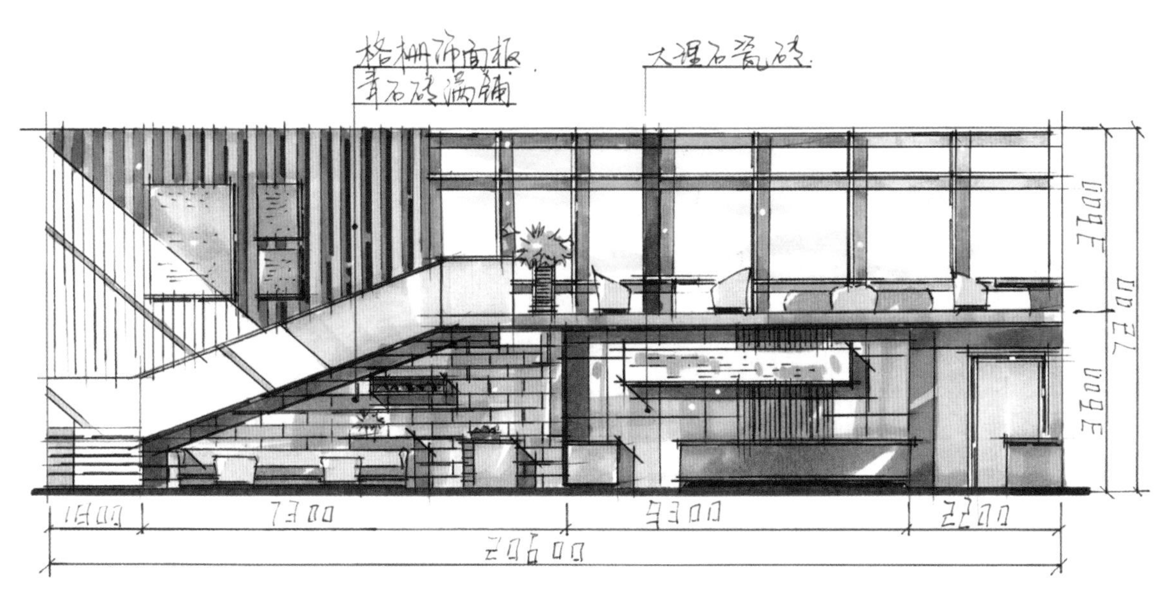

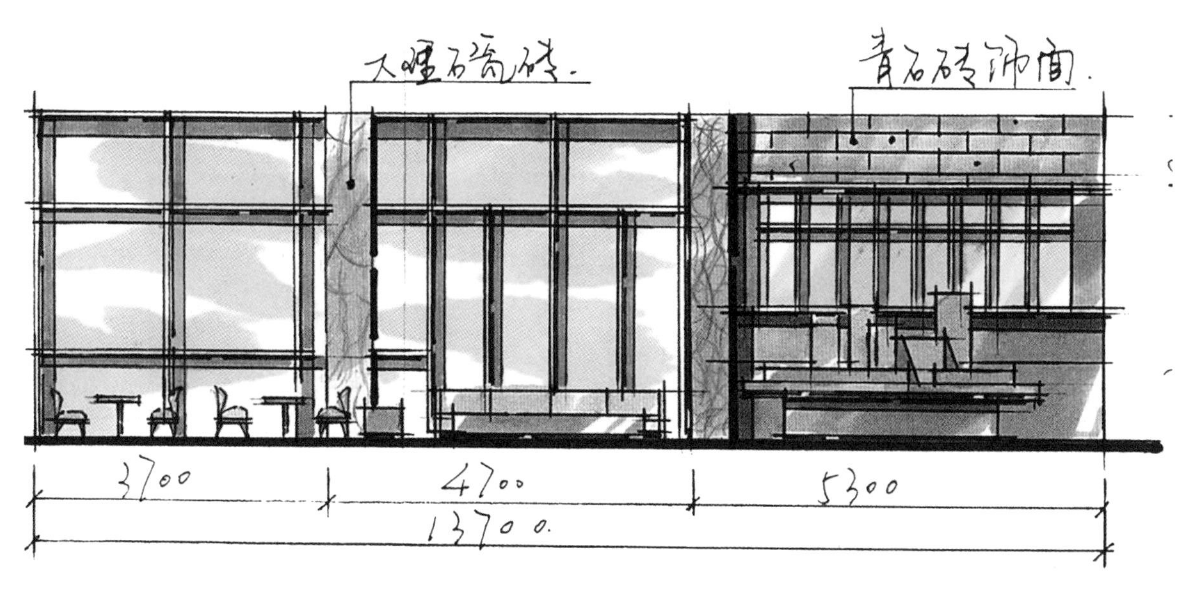

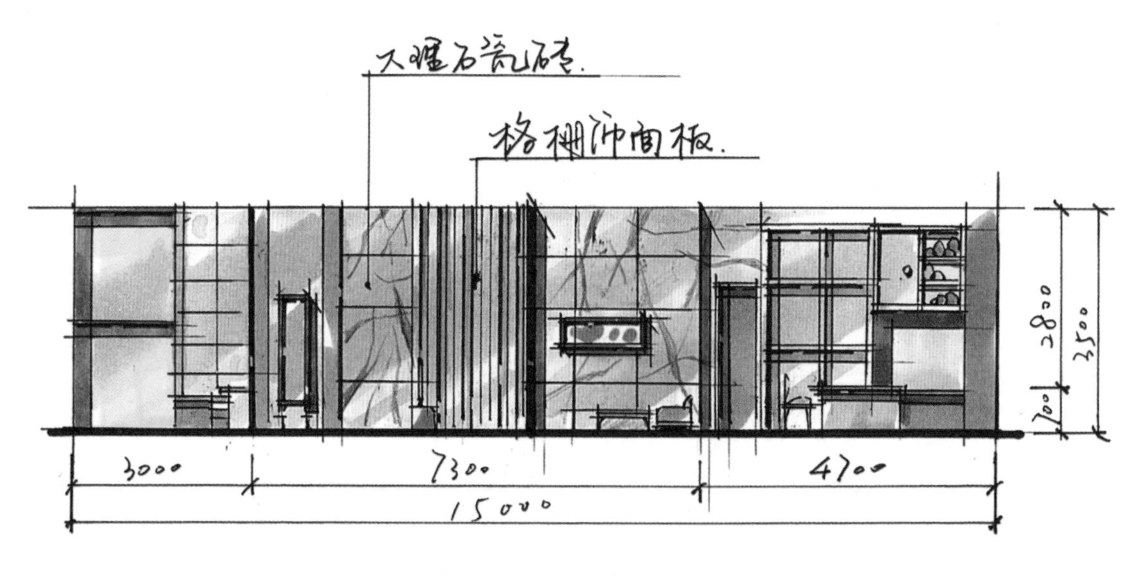

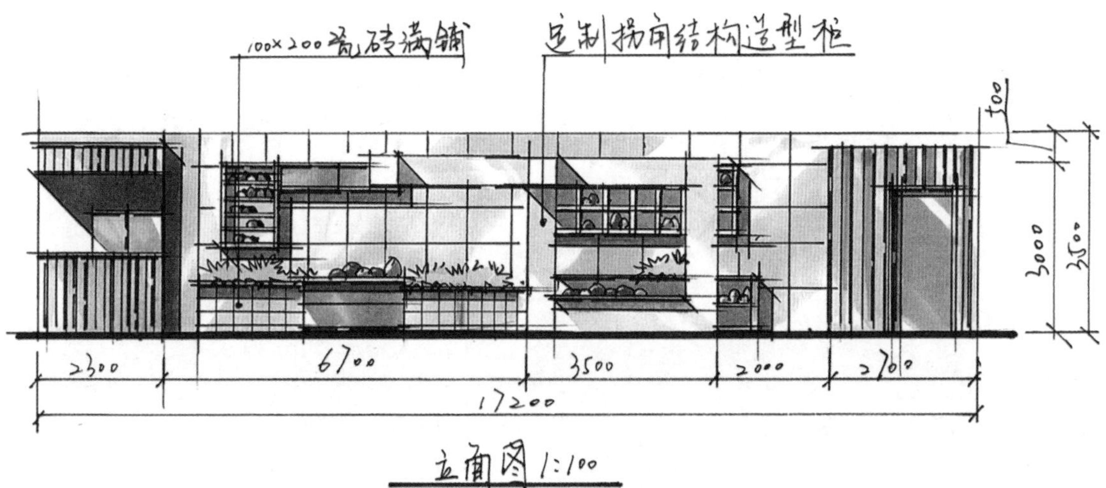

立面图 1:100

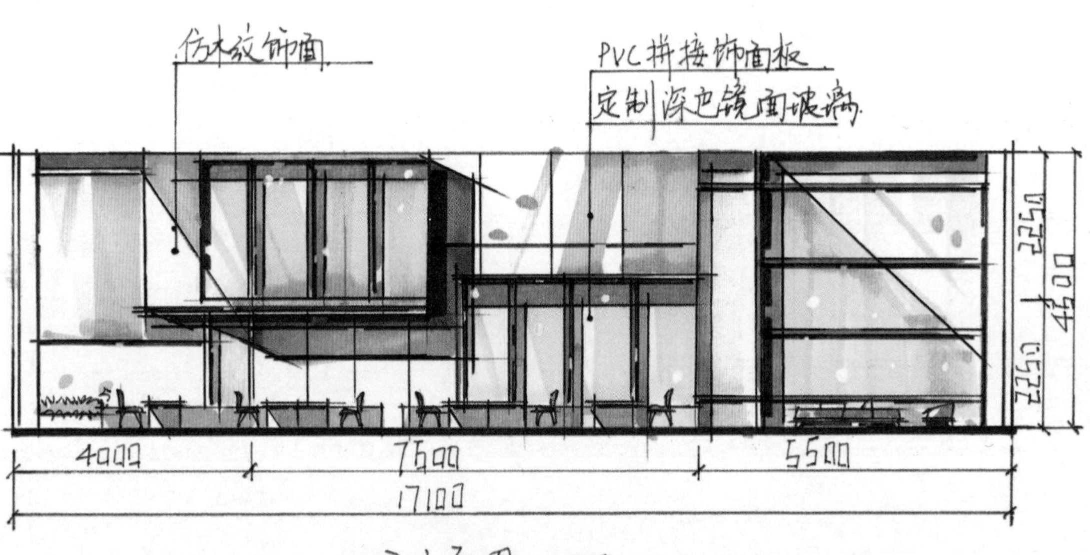

B立面图 1:100

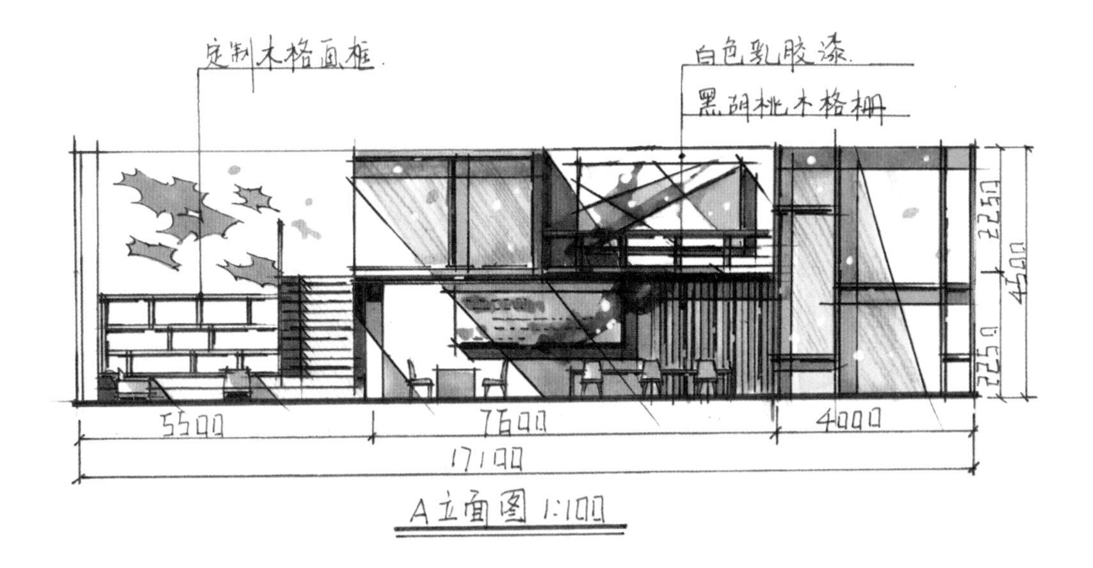

6.2.3 手绘分析图

手绘分析图是阐述方案最直观的表达方式，大体上可分为前期分析和后期设计阐述两种。前期分析包含功能分析图、动线分析图、设计构思分析图、行为分析图、光照分析图等，只要与前期方案设计构思相关的都可以绘制出来；后期分析图包含空间分析图、结构分析图、空间形态分析图、材料分析图等。绘制的各种分析图的最终的目的都不是炫技，而是实实在在的表达设计，这一点非常重要。

1. 分析图配色及常用元素表达

分析图一般选取纯度相对较低的颜色，当然空间和结构分析图除外（此类分析图为了凸显出空间结构的变化常常选用亮红色，如斯塔牌 33 号马克笔）。

分析图的元素一般包含体块、面和图标的表达等。

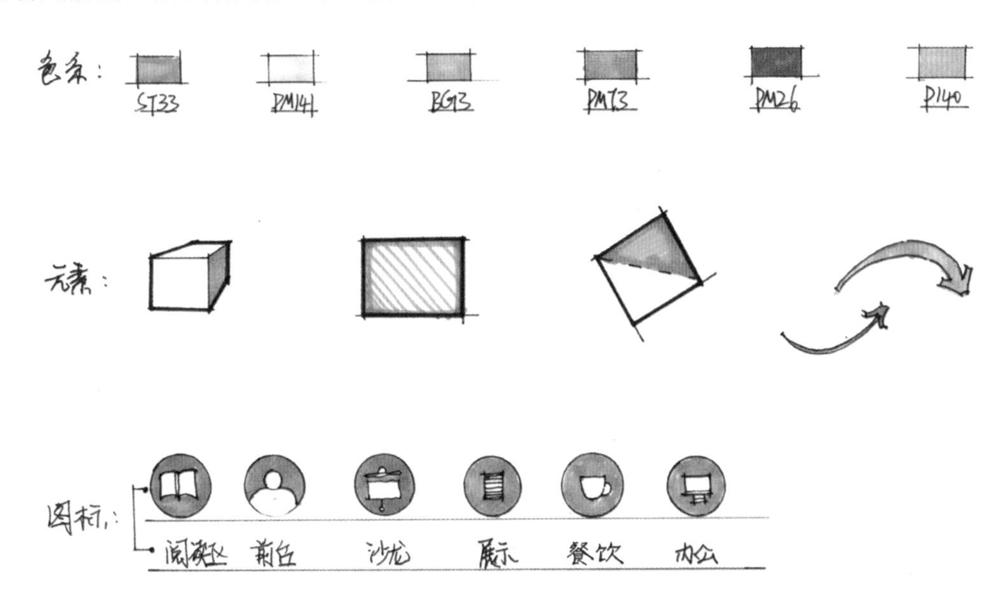

2. 分析图范例赏析

下面列举了一些常见的分析图绘制形式，包含功能与空间分析图、交通流线分析图、材料分析图、设计构思分析图和空间结构分析图等，其中需要注意的有两点。

第一，功能分区图不是室内空间名称的重复，很多初学者在画分析图时习惯性地用房间名字划分，如办公室、会议室、卫生间等，这种做法是错误的，正确的方式应该是结合空间属性划分，把功能相同或者类似的房间归纳为一个功能区，以功能区的属性命名。

第二，材料分析图不是简单地把材料罗列出来，一定要加以分析，如分析材料的属性、材料与空间的衔接方式，以及如何用材料区分空间和营造氛围等。

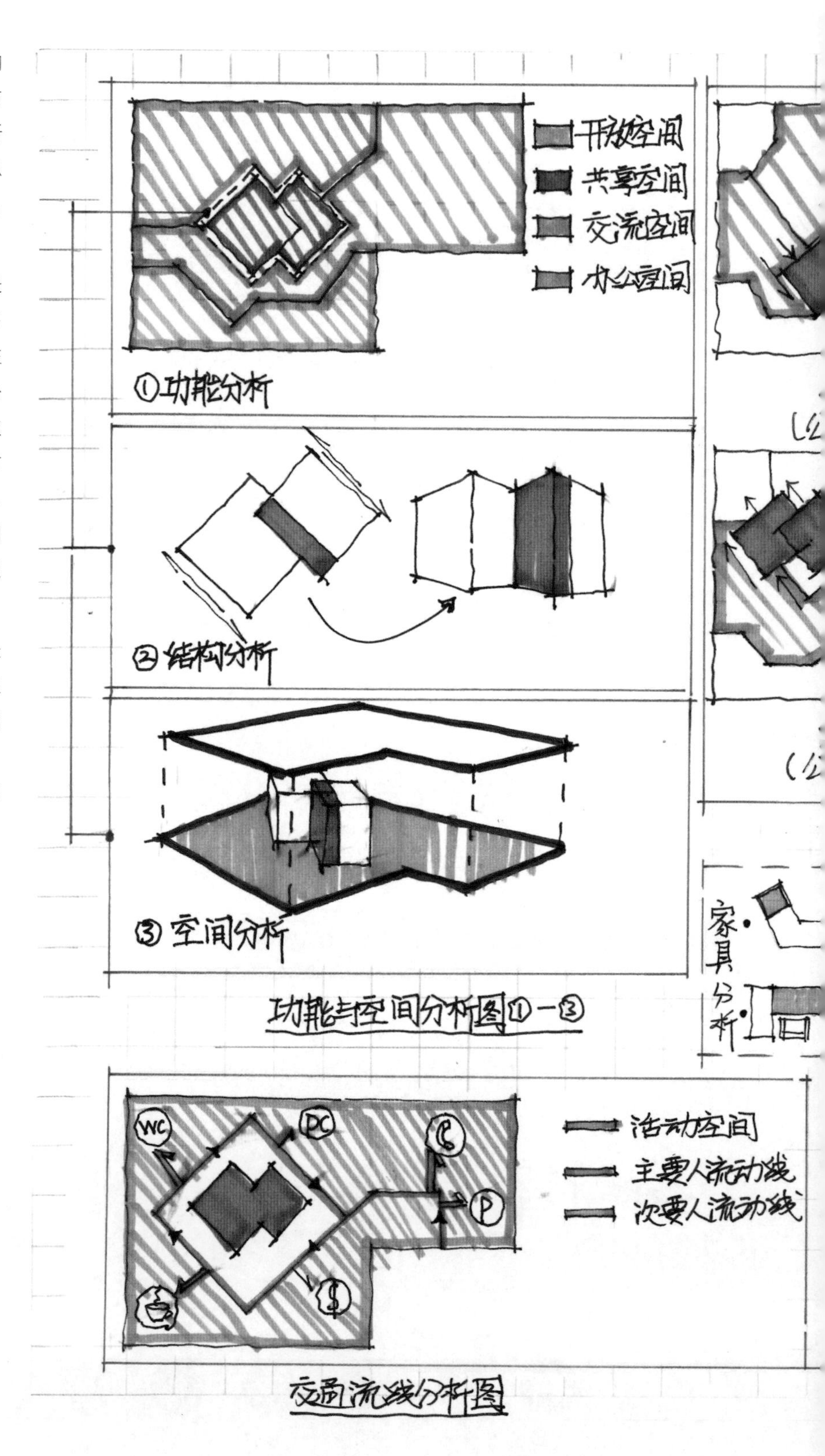

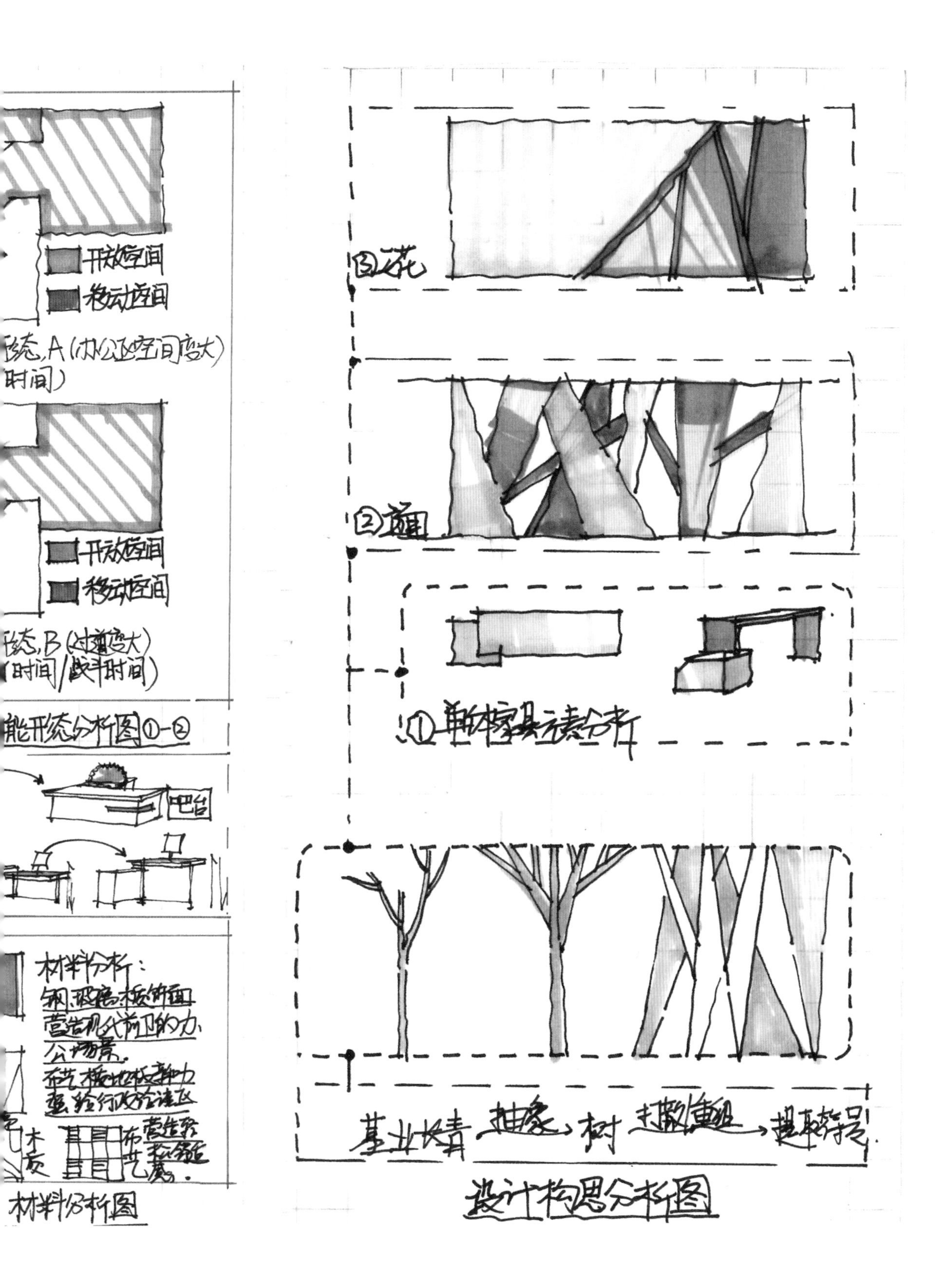
开放空间
移动空间
开放空间
移动空间
巴台
材料分析图
设计构思分析图

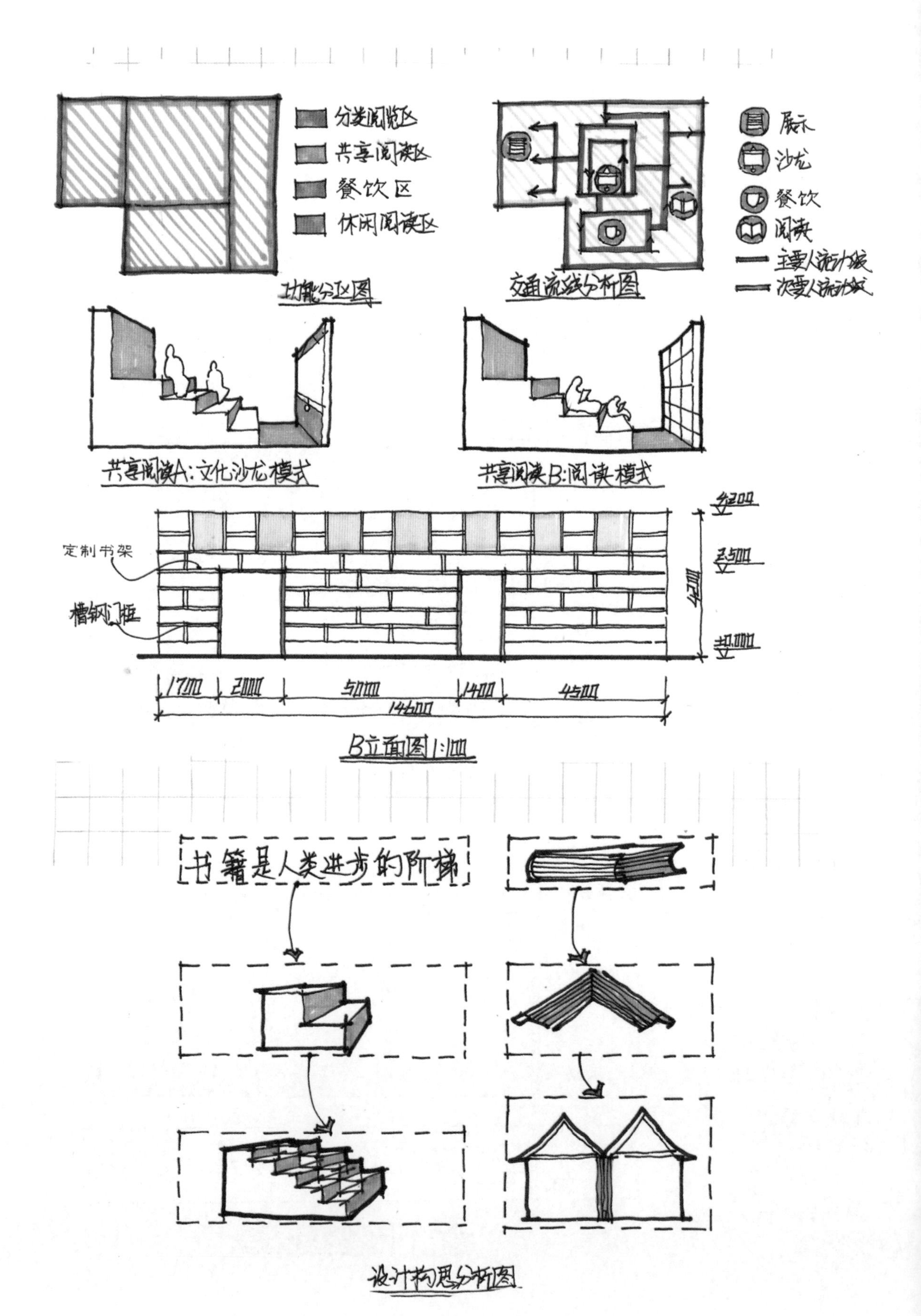
分类阅览区
共享阅读区
餐饮区
休闲阅读区
功能分区图
展示
沙龙
餐饮
阅读
主要人流动线
次要人流动线
交通流线分析图
共享阅读A：文化沙龙模式
共享阅读B：阅读模式
定制书架
槽钢门框
1700
2000
5000
1400
4500
14600
B立面图1:100
书籍是人类进步的阶梯
设计构思分析图

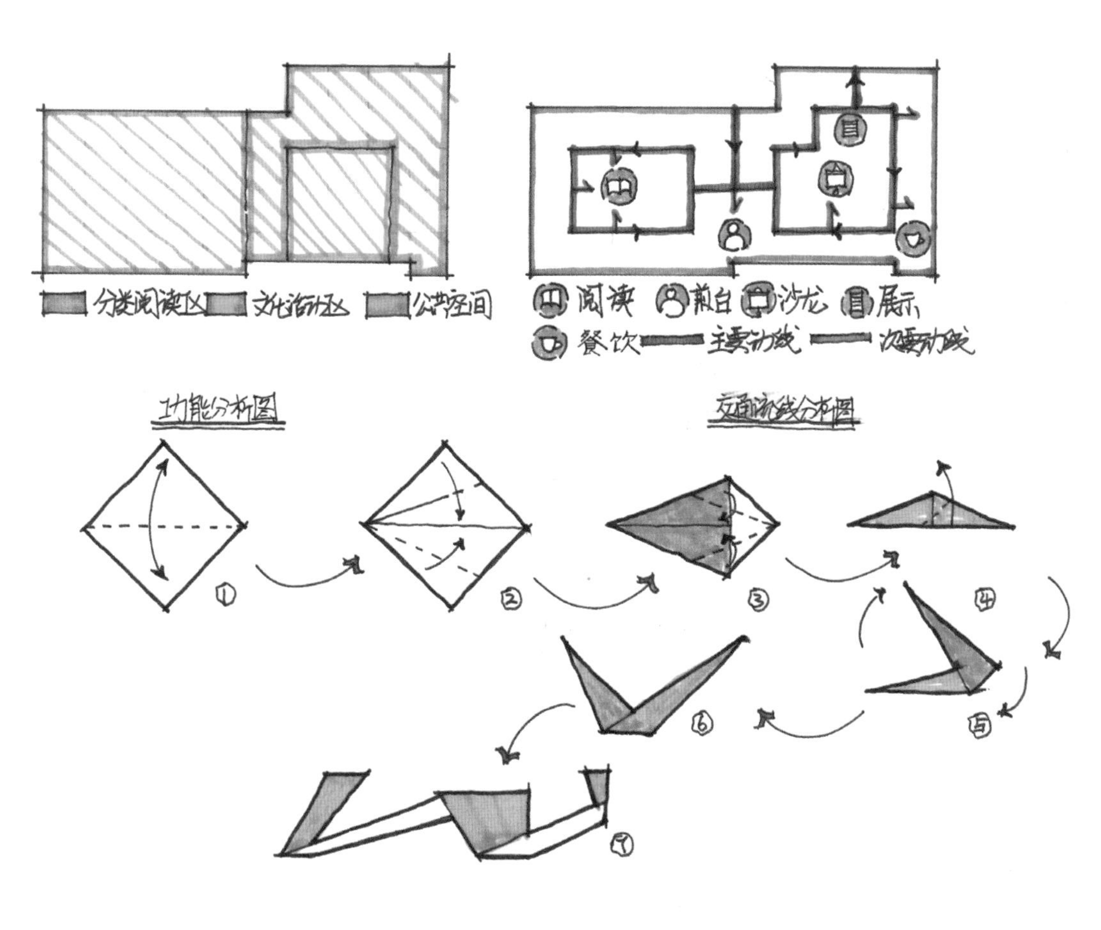

设计构思演变分析图

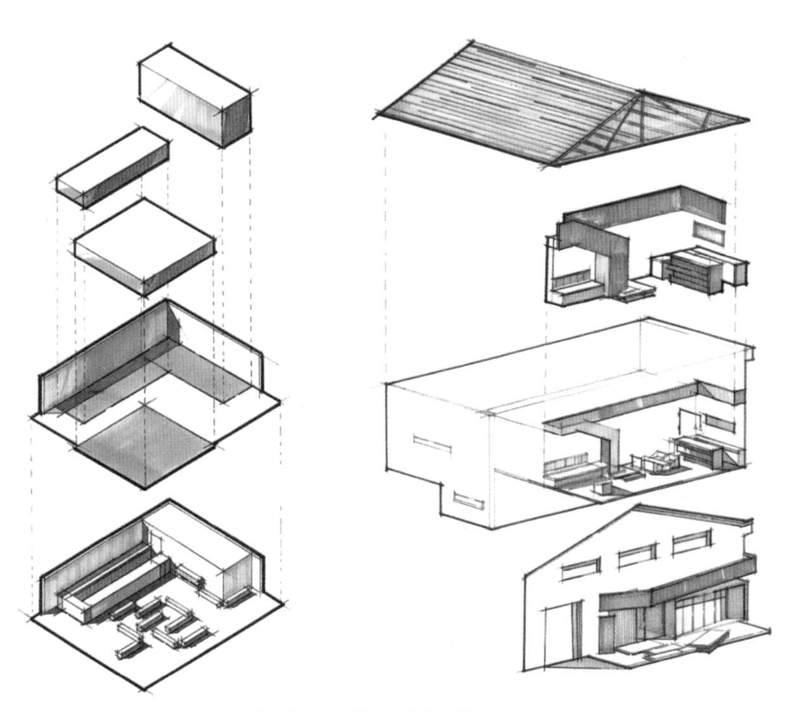

空间结构分析图

6.3 手绘室内快题设计案例

一套完整的室内快题设计作品包含平面图、立面图、天花吊顶布置图、分析图、效果图、设计说明等，此外还需要注意排版以及快题字的书写。下面列举了一些常见空间的快题设计范例，初学者可以从排版和效果表现方面学习借鉴。

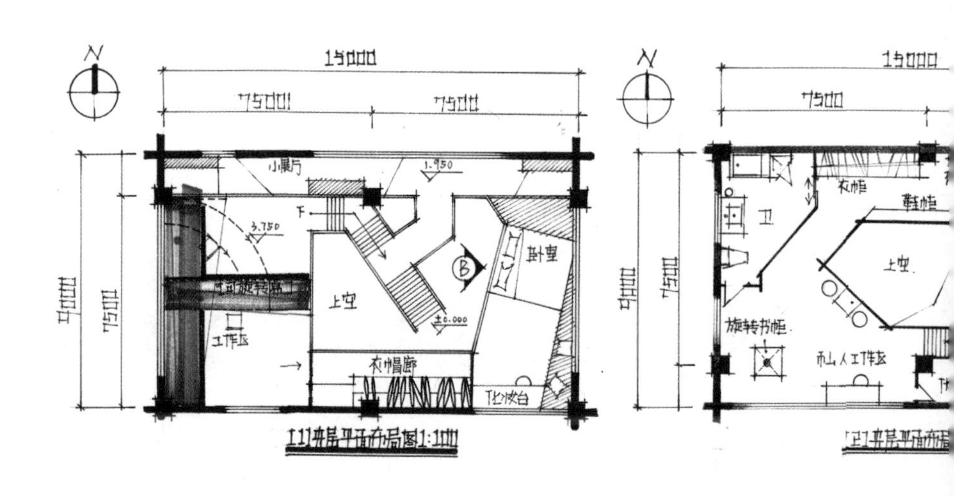

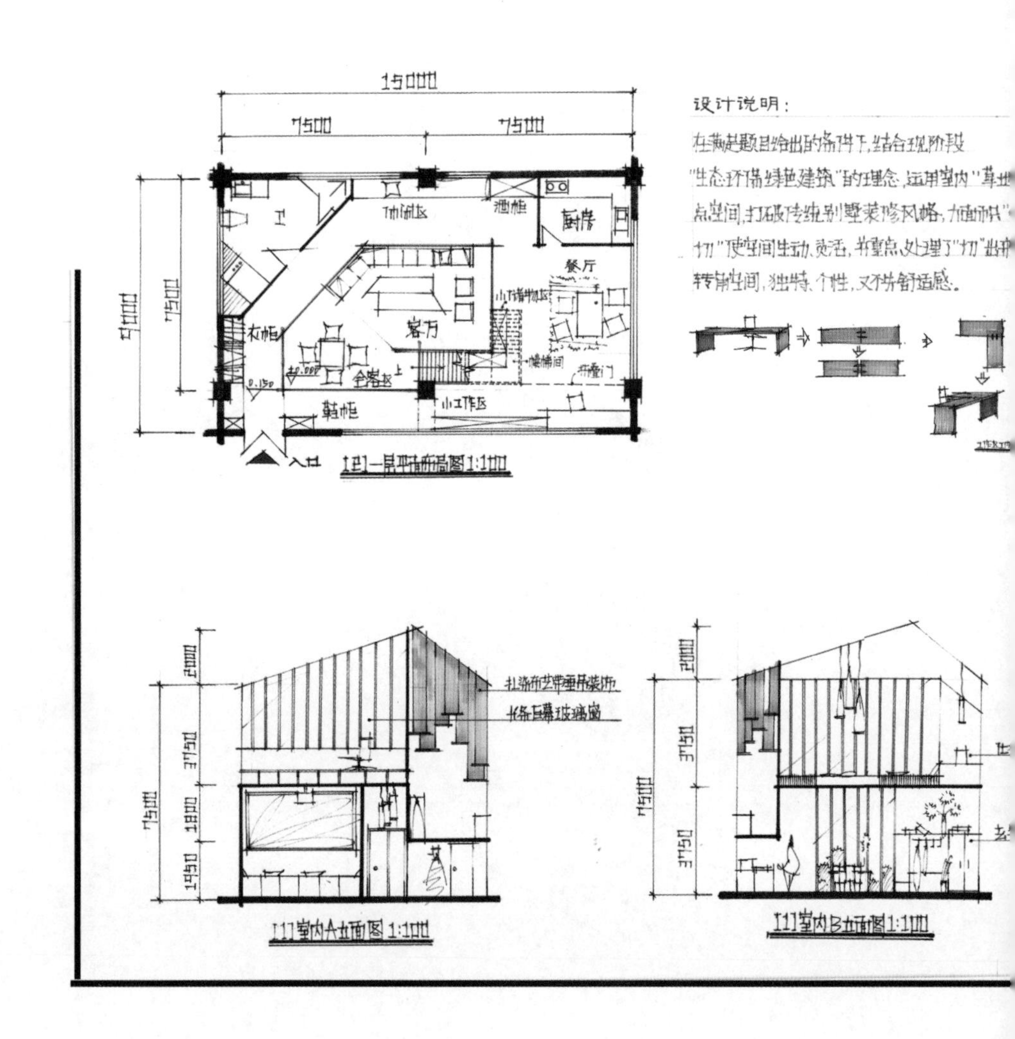

艺术家住宅

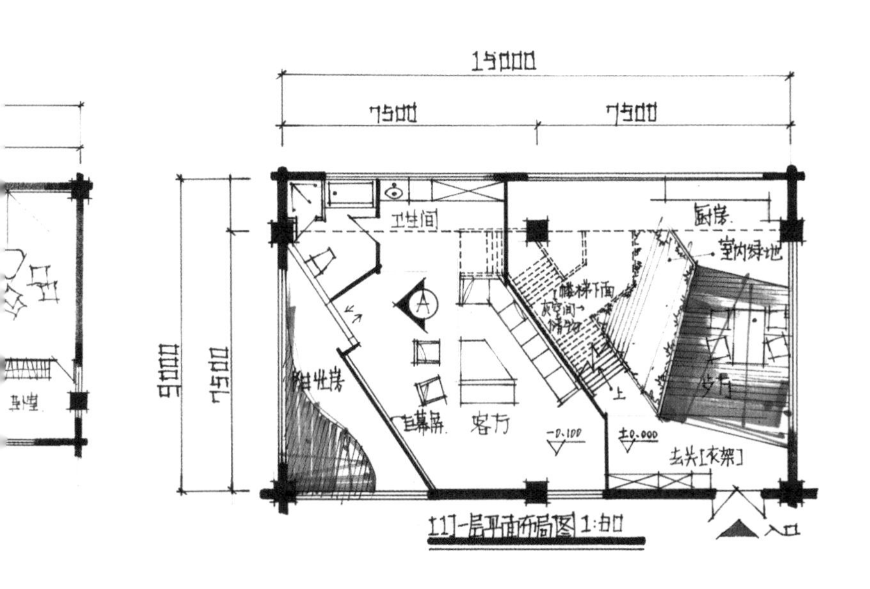
15000
7500
7500
9000
7500
卫生间
厨房
室内绿地
客厅
±0.000
-0.100
入口
[1] 一层平面布局图 1:80

单身公寓空间

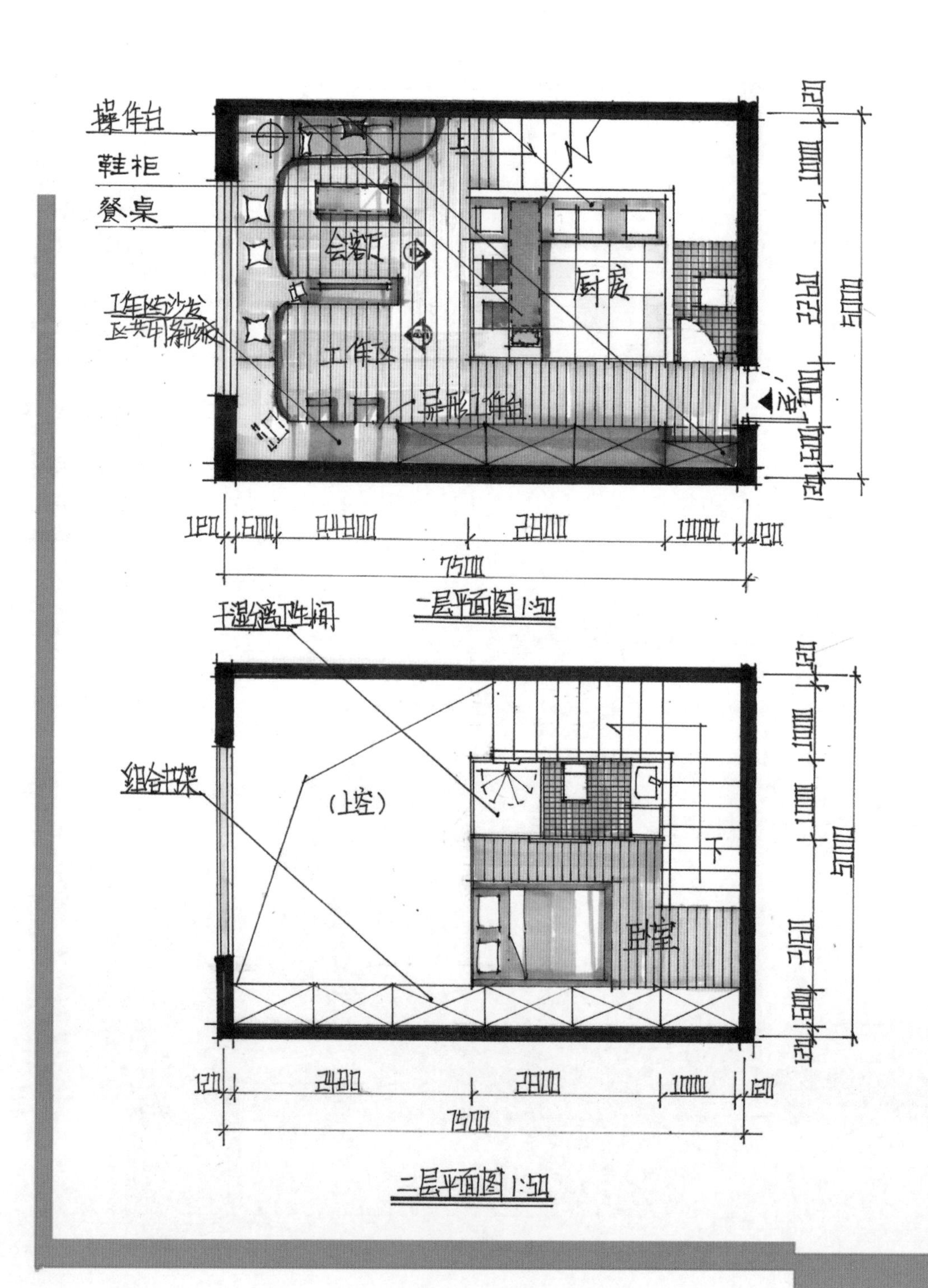

操作台
鞋柜
餐桌
会客厅
厨房
工作区
异形工作台
120
2800
1000
7500
二层平面图 1:50
干湿分离卫生间
组合书架
(上空)
卧室
下
120
2400
2800
1000
120
7500
二层平面图 1:50

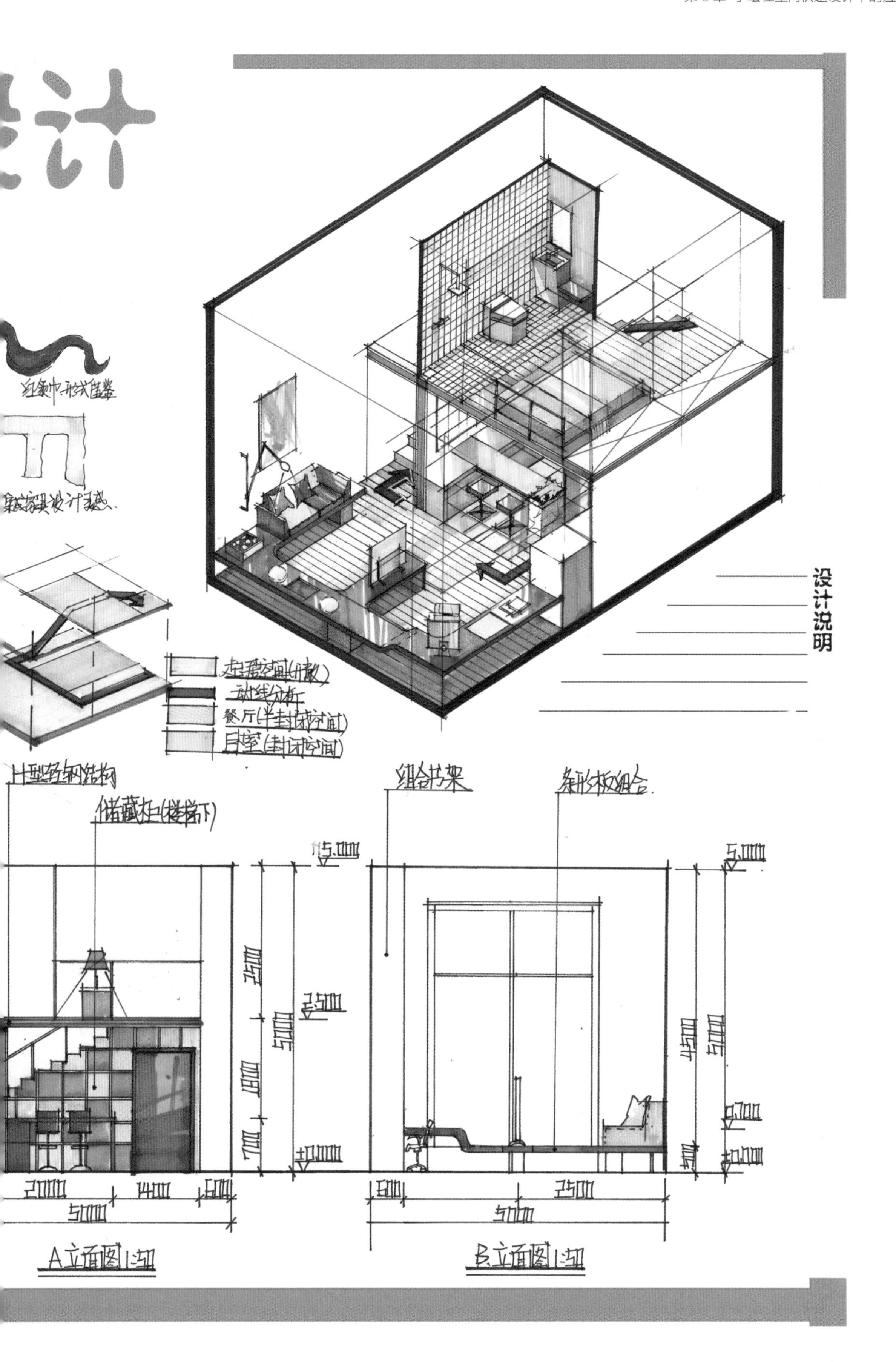
设计
设计说明
起居空间(开敞)
动线分析
餐厅(半封闭空间)
卧室(封闭空间)
组合书架
储藏柜(楼梯下)
A立面图 1:50
B立面图 1:50

小型阅览室 茶室 示意图

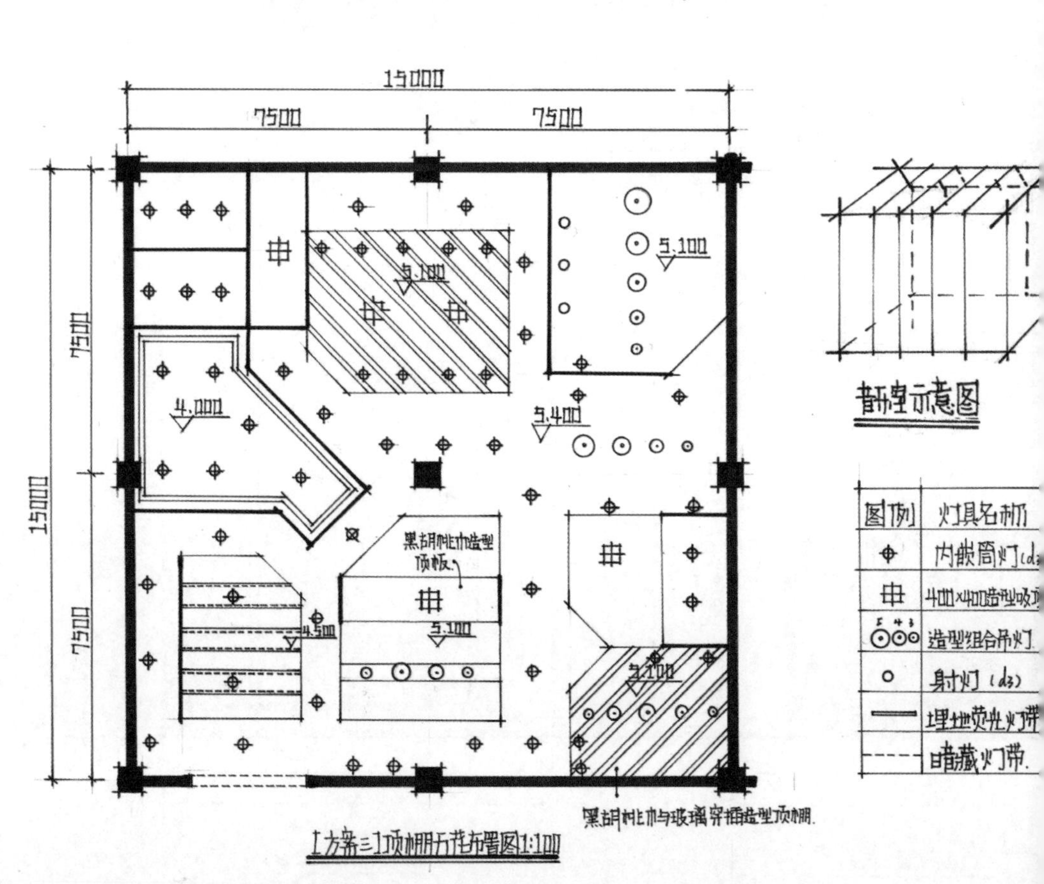
15000
7500
7500
15000
7500
7500
5.100
5.100
4.000
5.400
4.500
5.100
5.100
黑胡桃木造型顶板
黑胡桃木与玻璃穿插造型顶棚
[方案三]顶棚天花布置图1:100
书架示意图
图例
灯具名称
内嵌筒灯
400×400造型吸顶灯
造型组合吊灯
射灯
埋地荧光灯带
暗藏灯带

社区服务中心设计

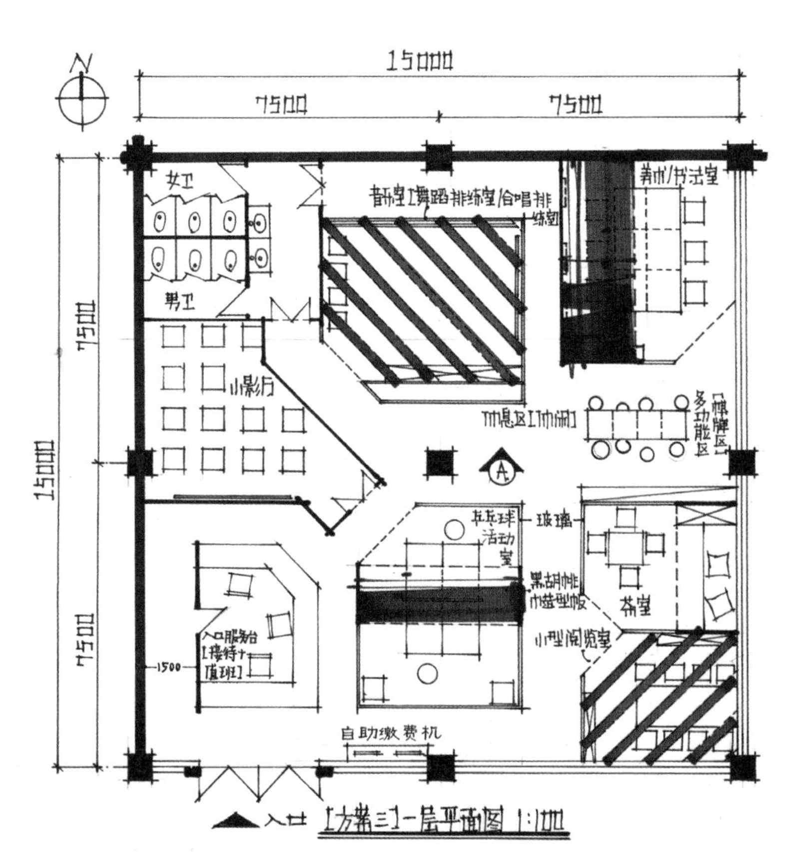

[方案三]一层平面图 1:100

设计说明

运用展示空间中"屋中屋"的设计手法，在大空间内用黑胡桃木与玻璃幕墙的结合，有意强调出每个独立空间的存在，丰富了立面形态的变化，木材与玻璃结合，又使得南面光源最大化地为屋内所用，进入室内映入眼中的便是一所一所的、形式不一的、排坡屋顶的半透明屋中屋。

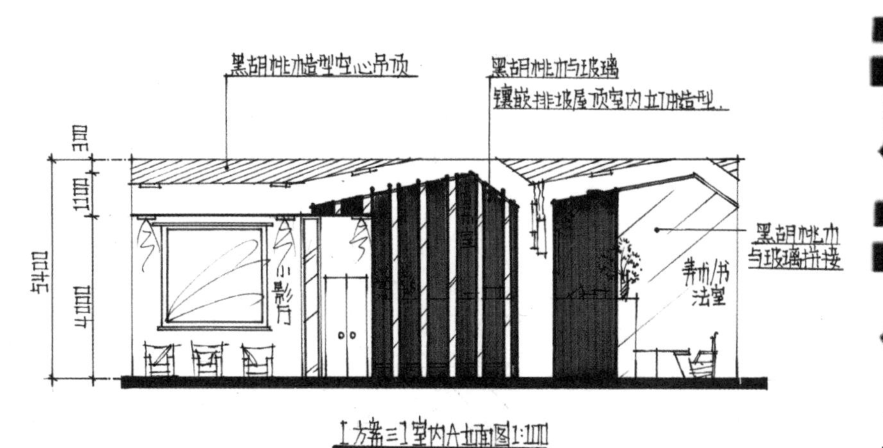

[方案三]室内A立面图1:100

A2图幅

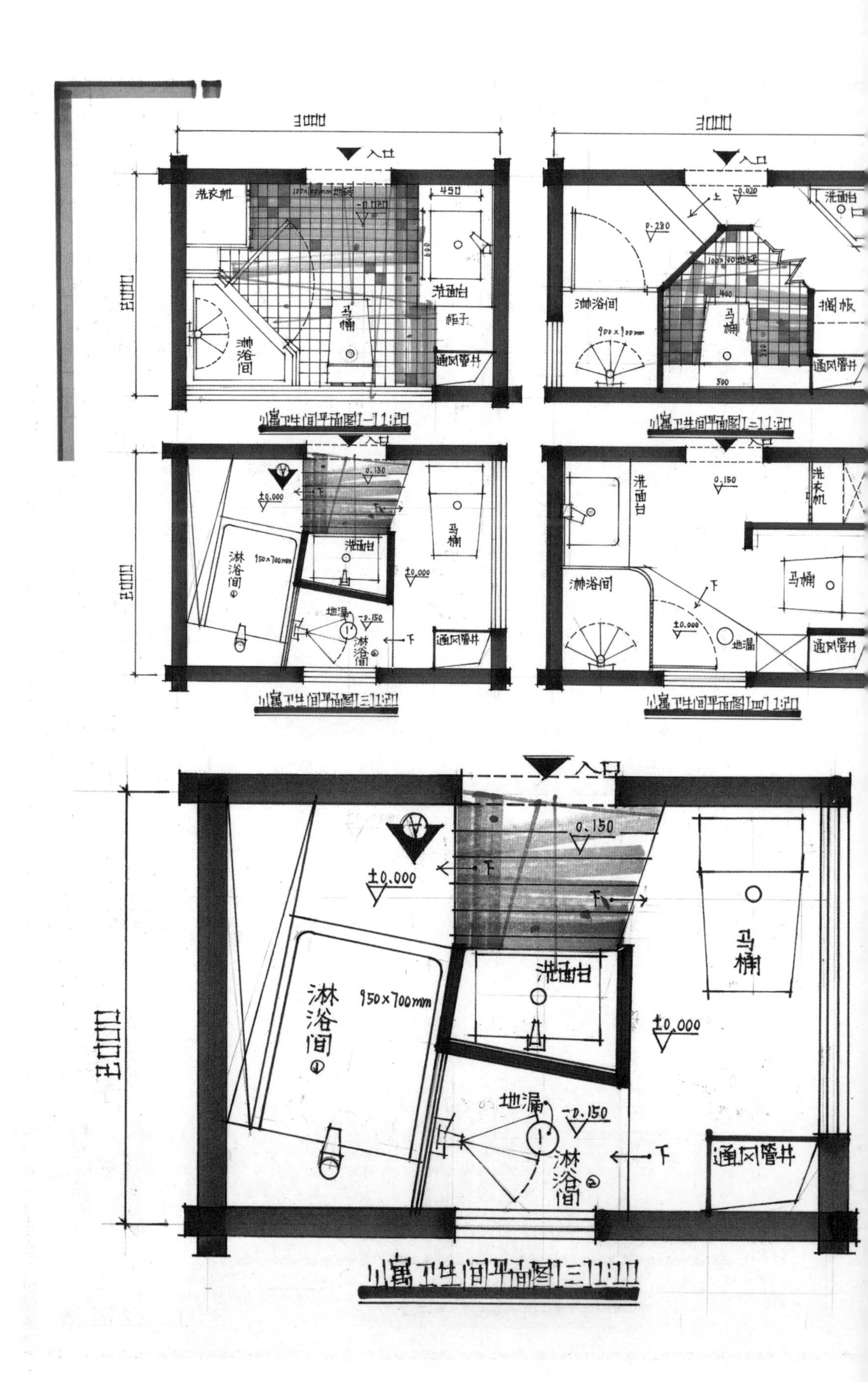
3000
入口
洗衣机
洗面台
柜子
马桶
淋浴间
通风管井
小寓卫生间平面图1-1:20
小寓卫生间平面图2-1:20
搁板
小寓卫生间平面图三1:20
小寓卫生间平面图四1:20
950×700mm
地漏
±0.000
-0.150
0.150
通风管井
小寓卫生间平面图三1:10

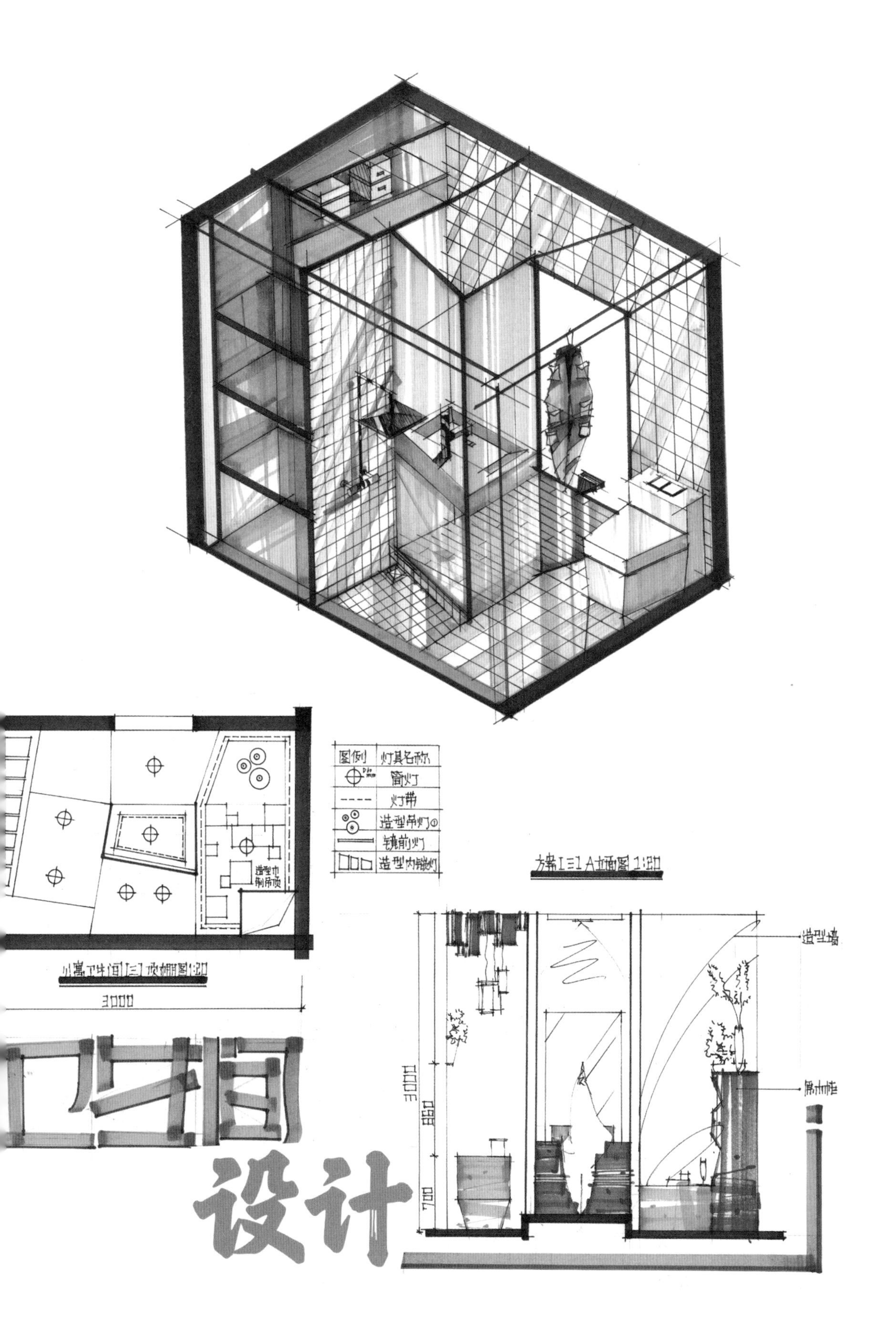

图例
灯具名称
筒灯
灯带
造型吊灯①
镜前灯
造型内嵌灯
方案[三]A立面图 1:20
造型墙
原木柱
3000
880
700
造型木制吊顶
小寓卫生间[三]顶棚图1:20
3000
设计

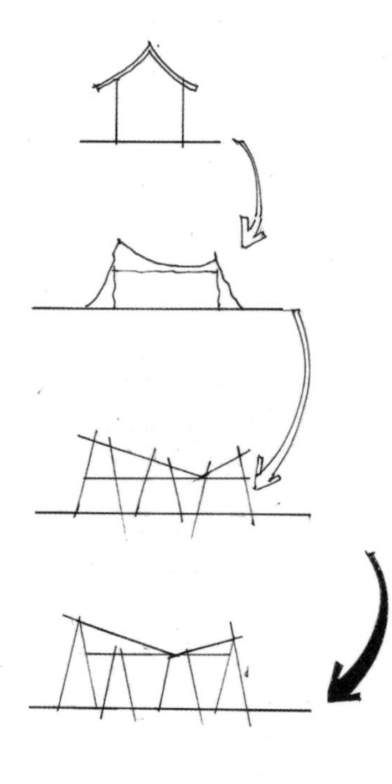

设计过程推演：

外观灵感来源于中国古建筑常用的坡屋顶元素，通过演变把坡屋顶元素放置于建筑外部，打破建筑固有的形式。

卫生间设计说明：

打破传统卫生间设计的思想，加强分隔空间，运用"二分离式"空间分隔形式，将干湿分离，运用地面加高差的设计，与用材质划分空间的理念，让既定的小面积空间得到最大化的利用。

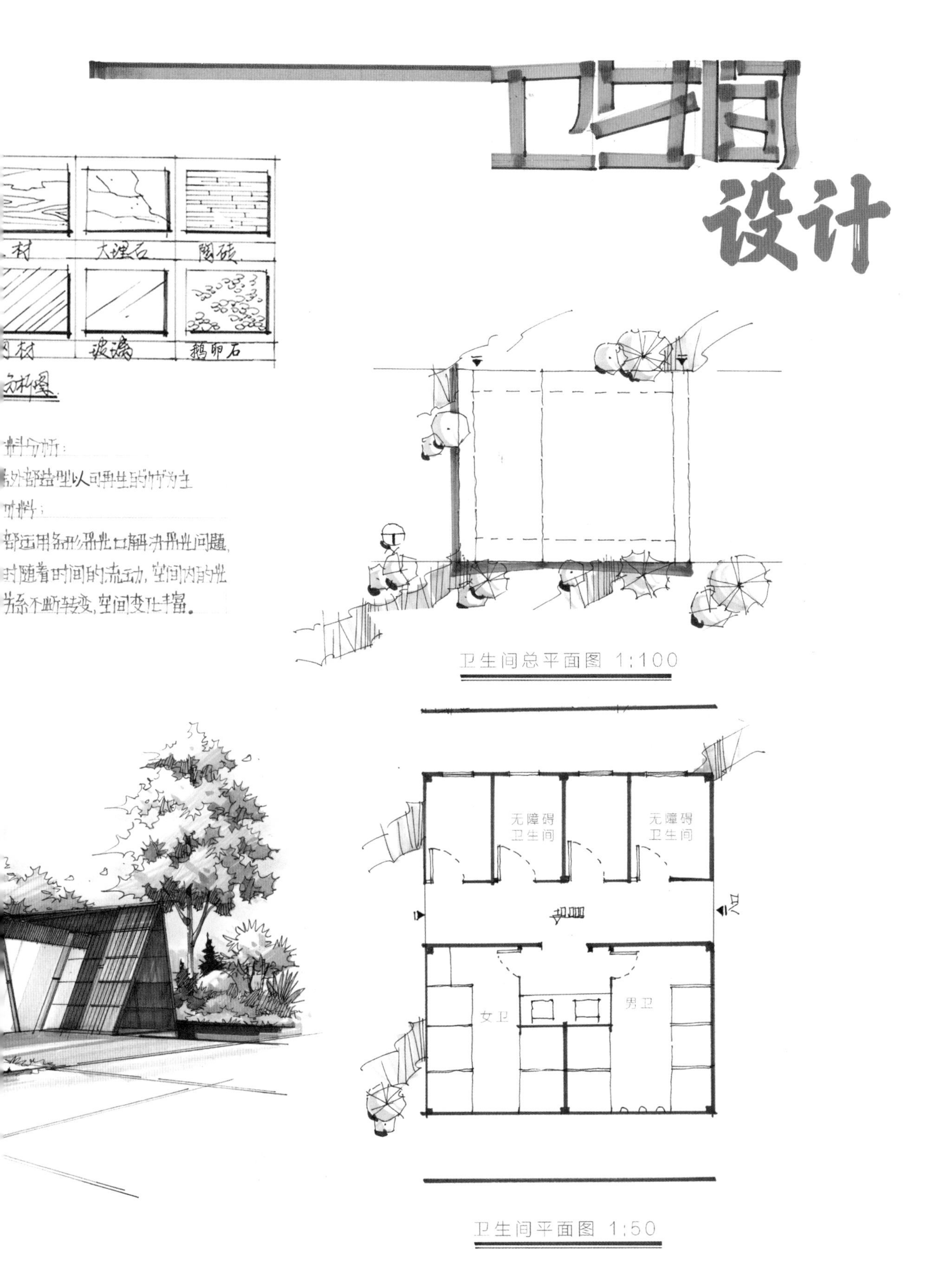

卫生间总平面图 1:100

卫生间平面图 1:50

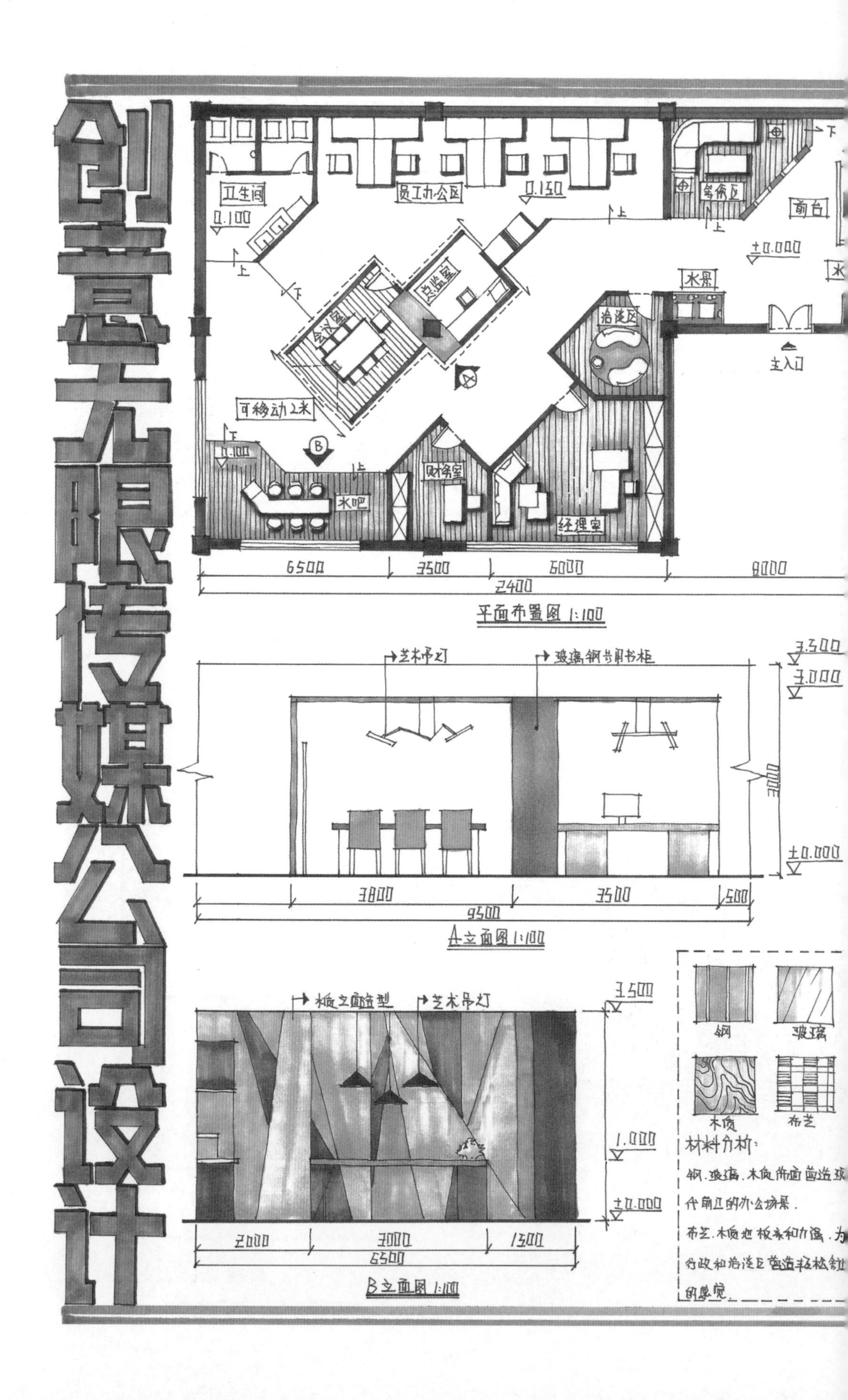

创意无限传媒公司设计
卫生间
员工办公区
等候区
前台
总监室
会议室
水景
洽谈区
主入口
水吧
财务室
经理室
6500
3500
6000
8000
平面布置图 1:100
艺术吊灯
3800
3500
500
9500
A立面图 1:100
艺术吊灯
2000
3000
1500
6500
B立面图 1:100
钢
玻璃
木质
布艺
材料分析:

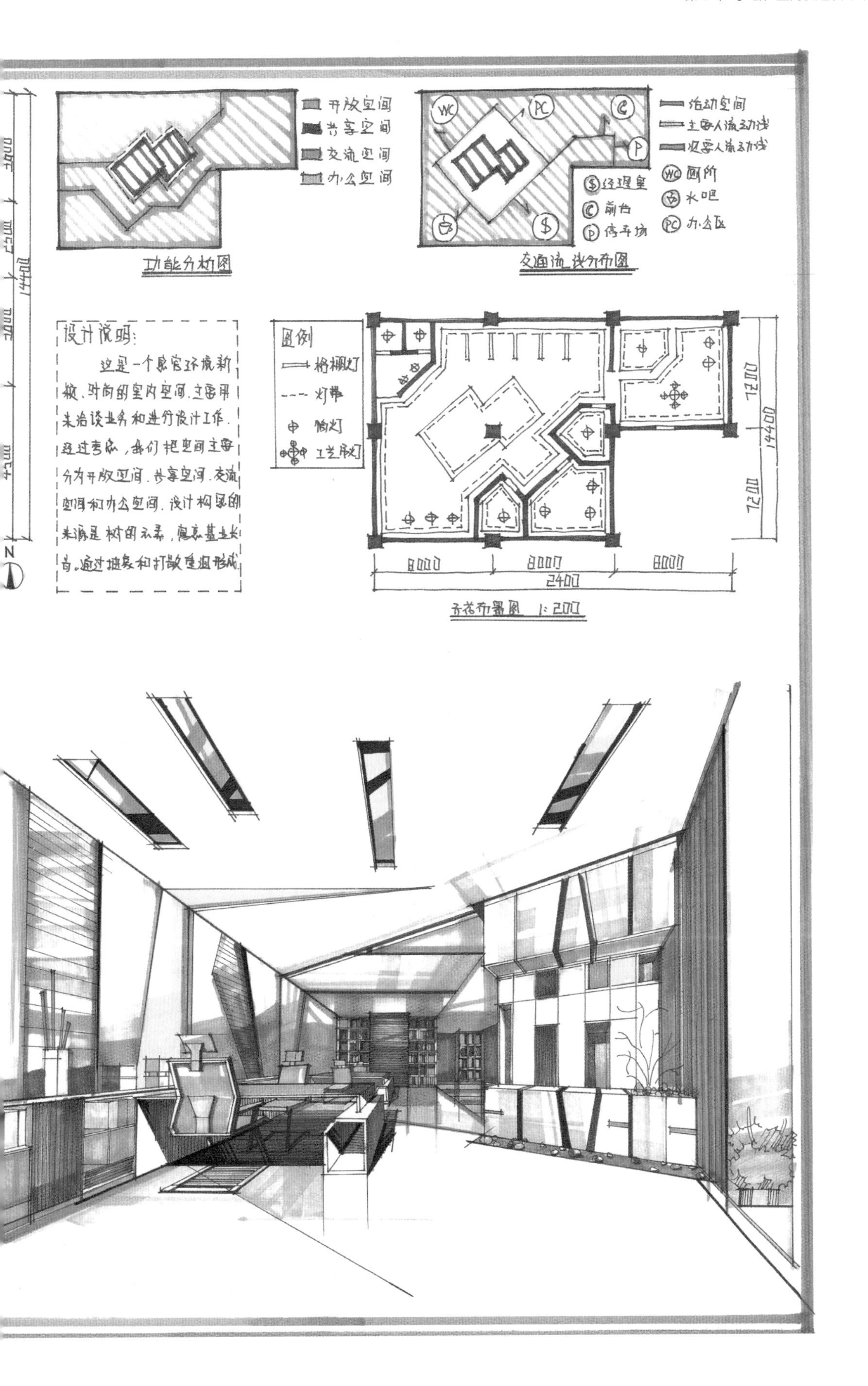
开放空间
共享空间
交流空间
办公空间
功能分析图
活动空间
主要人流动线
次要人流动线
WC
PC
经理室
前台
停车场
厕所
水吧
办公区
交通流线分布图
设计说明：
这是一个感官环境新颖、时尚的室内空间，主要用来洽谈业务和进行设计工作。经过考虑，我们把空间主要分为开放空间、共享空间、交流空间和办公空间。设计构思的来源是树的元素，寓意基业长青。通过抽象和打散重组形成。
图例
格栅灯
灯带
筒灯
工艺吊灯
7200
14400
7200
8000
8000
8000
天花布置图 1:200
N

办公空间
方案设计
方案一
方案二
打印室
方案三
茶水间
打印室
方案四
14800
3250
7880
3100
3150
4050
10300
平面图 1:50
14600
1700
1700
12000
2250
4000
4050
10300
4.000
吊顶图 1:50

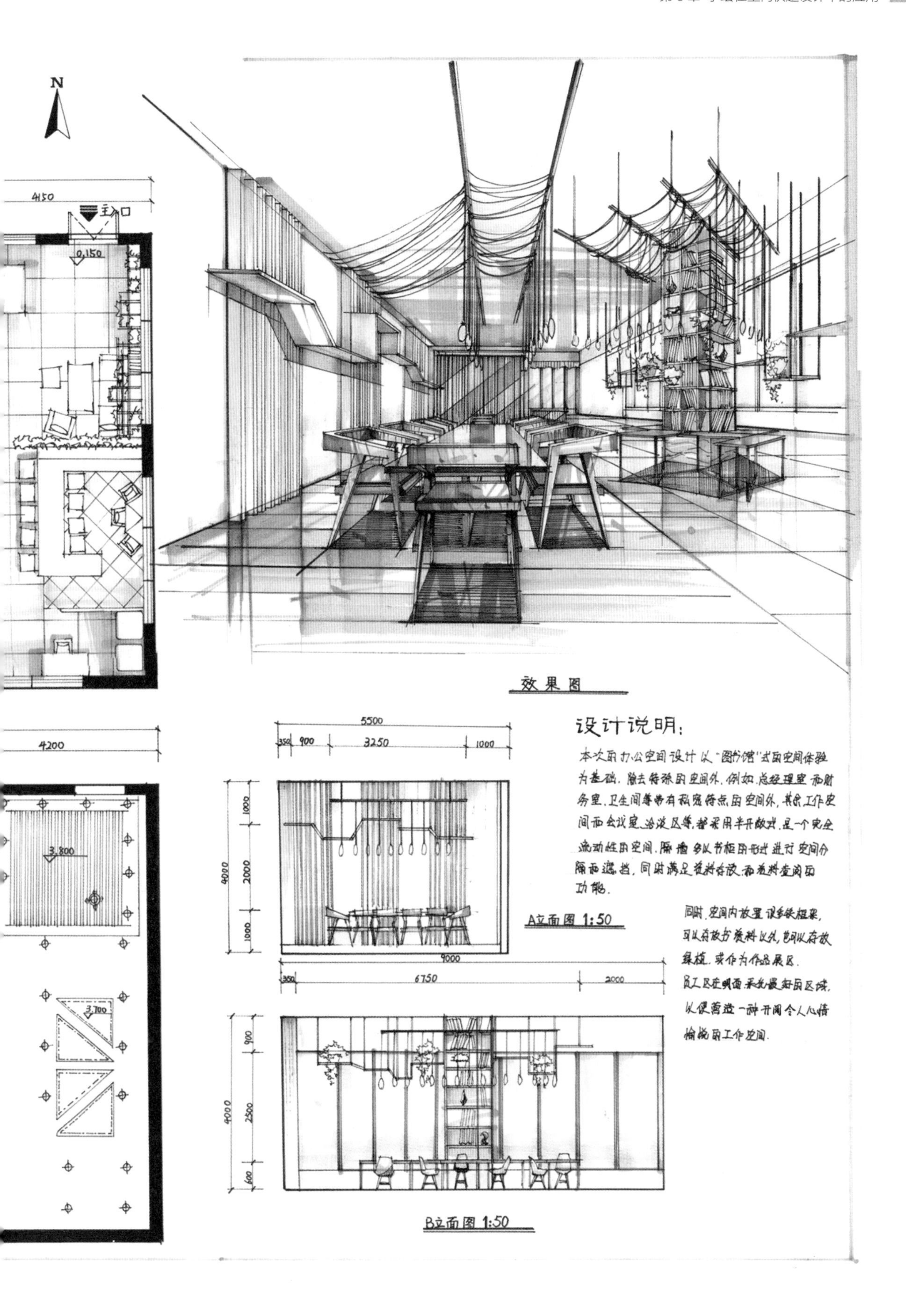
N
4150
主入口
0.150
4200
3.800
3.700
效果图
5500
350 900 3250 1000
1000
2000
1000
4000
A立面图 1:50
9000
350 6750 2000
900
2500
600
4000
B立面图 1:50
设计说明：
本次的办公空间设计以"图书馆"式的空间体验为基础，除去特殊的空间外，例如，总经理室和财务室，卫生间等带有私密特点的空间外，其余工作空间和会议室、洽谈区等，都采用半开敞式，是一个完全流动性的空间，隔墙多以书柜的形式进行空间分隔和遮挡，同时满足资料存放和资料查阅的功能。
同时，空间内放置很多铁框架，可以存放书资料以外，也可以存放绿植，或作为作品展区。
员工区在朝南采光最好的区域，以便营造一种开阔令人心情愉悦的工作空间。

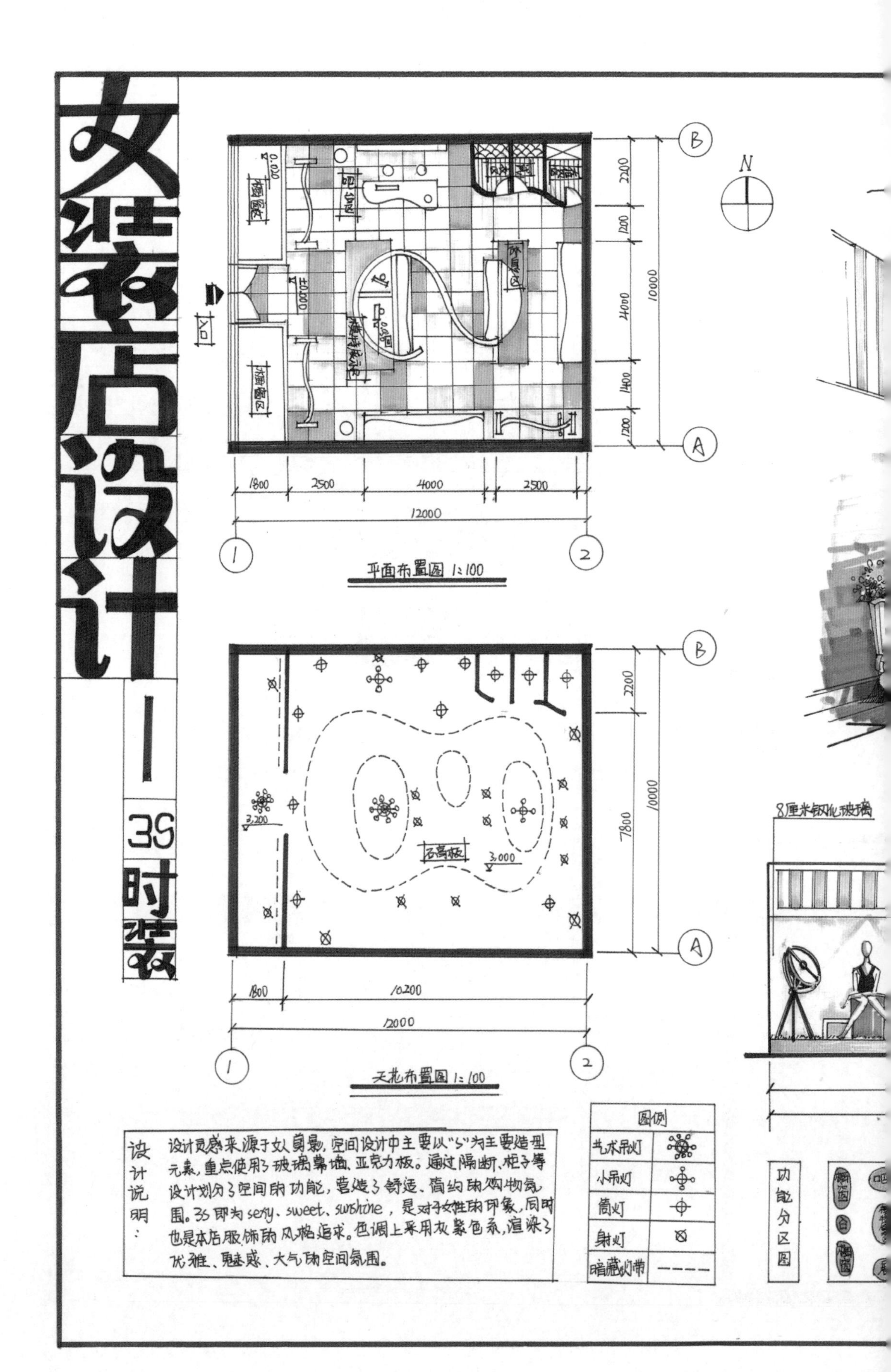

女装专卖店设计
—
3S时装
平面布置图 1:100
天花布置图 1:100
8厘米钢化玻璃
设计说明：
设计灵感来源于女人剪影，空间设计中主要以“S”为主要造型元素，重点使用了玻璃幕墙、亚克力板。通过隔断、柜子等设计划分了空间的功能，营造了舒适、简约的购物氛围。3S即为sexy、sweet、sunshine，是对女性的印象，同时也是本店服饰的风格追求。色调上采用灰紫色系，渲染了优雅、魅惑、大气的空间氛围。
图例
艺术吊灯
小吊灯
筒灯
射灯
暗藏灯带
功能分区图
12000
10000

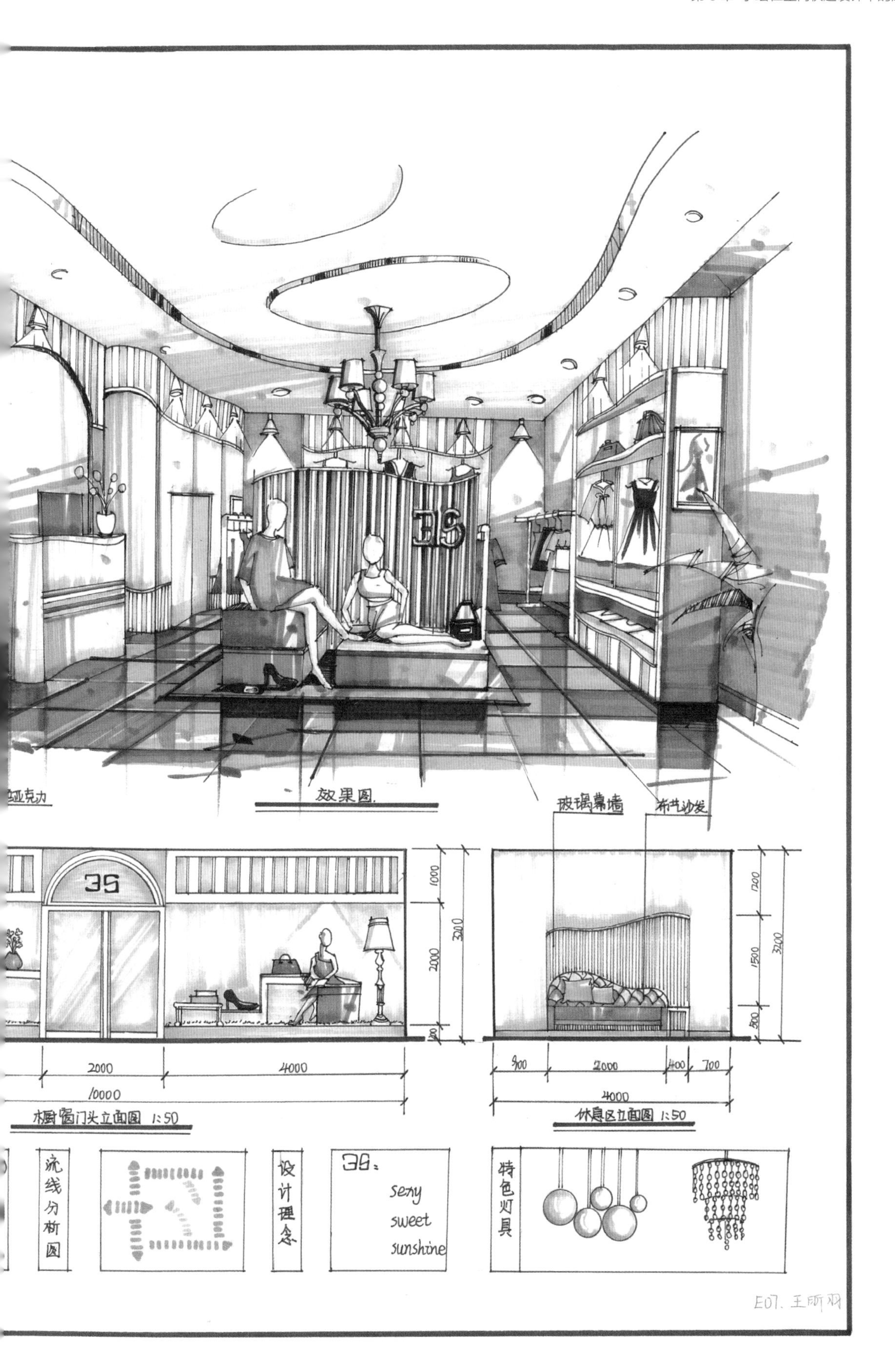
效果图.
玻璃幕墙
布艺沙发
亚克力
3S
1000
2000
3200
2000
4000
10000
橱窗门头立面图 1:50
1200
1500
500
3200
900
2000
400
700
4000
休息区立面图 1:50
流线分析图
设计理念
3S:
sexy
sweet
sunshine
特色灯具
E07. 王丽羽

服装店空间设计

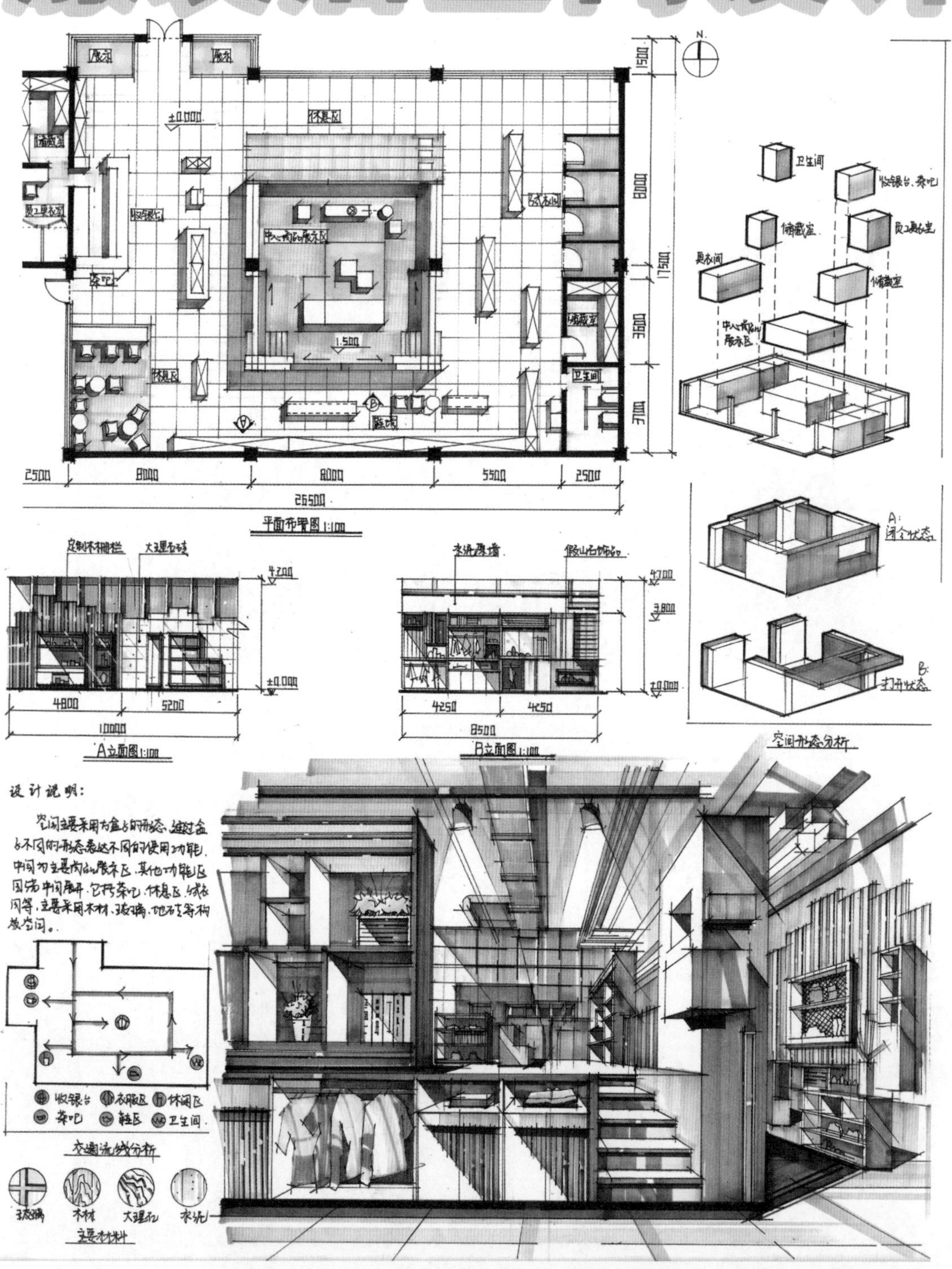
平面布置图 1:100
中心商品展示区
休息区
茶吧
试衣间
储藏室
员工更衣室
卫生间
收银台
展示
26500
2500
8000
8000
5500
2500
A立面图 1:100
定制木构栅栏
大理石砖
4800
5200
10000
B立面图 1:100
水泥隔墙
假山石饰品
4250
4250
8500
卫生间
收银台、茶吧
储藏室
员工更衣室
更衣间
储藏室
中心商品展示区
A:闭合状态
B:打开状态
空间形态分析
设计说明：
空间主要采用方盒子的形态，通过盒子不同的形态表达不同的使用功能，中间为主要商品展示区，其他功能区围绕中间展开，包括茶吧、休息区、试衣间等，主要采用木材、玻璃、地砖等构成空间。
收银台
衣服区
休闲区
茶吧
鞋区
卫生间
交通流线分析
玻璃
木材
大理石
水泥
主要材料